工业和信息化高职高专"十二五"规划教材立项项目

高等职业教育电子技术技能培养规划教材

Gaodeng Zhiye Jiaoyu Dianzi Jishu Jineng Peiyang Guihua Jiaocai

检测与传感技术

（第2版）

冯柏群 主编 黄颖辉 庄德新 金洪吉 副主编

Detection and Sensor Technology

(2nd Edition)

人 民 邮 电 出 版 社

北 京

图书在版编目（CIP）数据

检测与传感技术 / 冯柏群主编. -- 2版. -- 北京 :
人民邮电出版社, 2013.10(2020.1重印)
高等职业教育电子技术技能培养规划教材. 工业和信
息化高职高专“十二五”规划教材立项项目
ISBN 978-7-115-32943-1

Ⅰ. ①检… Ⅱ. ①冯… Ⅲ. ①自动检测－高等职业教
育－教材②传感器－高等职业教育－教材 Ⅳ. ①
TP274②TP212

中国版本图书馆CIP数据核字(2013)第224567号

内 容 提 要

本书采用学习单元，任务驱动的方式，介绍了常用传感器的结构、原理及在工程中的应用。全书分为14 个学习单元，每个单元根据学习内容分为若干个学习任务。主要内容包括检测与传感技术的认识、应变式传感器、电容式传感器、电感式传感器、电动势传感器、光传感器、温度传感器、超声波和微波传感器、半导体传感器、辐射式传感器、新型传感器、信号的放大与处理电路、信号的转换、典型检测系统简介。

本书适合于高职高专院校应用电子、工业自动化、测控技术与仪器、机电一体化等工科专业学生使用，也可作为相关专业工程技术人员的参考用书。

◆ 主　　编　冯柏群
副 主 编　黄颖辉　庄德新　金洪吉
责任编辑　李育民
执行编辑　王丽美
责任印制　杨林杰

◆ 人民邮电出版社出版发行　　北京市丰台区成寿寺路 11 号
邮编　100164　　电子邮件　315@ptpress.com.cn
网址　http://www.ptpress.com.cn
北京九州迅驰传媒文化有限公司印刷

◆ 开本：787×1092　1/16
印张：14.75　　2013 年 11 月第 2 版
字数：354 千字　　2020 年 1 月北京第 6 次印刷

定价：34.00 元

读者服务热线：(010)81055256　印装质量热线：(010)81055316
反盗版热线：(010)81055315
广告经营许可证：京东工商广登字 20170147 号

第 2 版前言

本书是《检测与传感技术》(ISBN:978-7-115-17465-9，人民邮电出版社出版）的修订本，在内容体系、深度、广度及教学的适应性等方面符合教育部颁布的“高职高专教育电子技术类课程教学基本要求”。

《检测与传感技术（第 2 版）》保持了第 1 版突出基本概念，突出工程应用，注重学生实践技能培养的特色。这次修订在模式上把教材内容规划为若干个学习单元，每个单元下分为若干个学习任务，每个单元后给学生布置相应的课外学习任务和相关技能实训，增强了对学生自学能力的培养，使教材更适应“实践和岗位的需要”，具有科学性、先进性，可读性强，便于自学。

与第 1 版相比，本次修订具体的变动和调整主要有以下几处。

1．增加弹性敏感元件介绍。

2．增加电动自行车中的霍尔电子转把和闸把技能实训项目。

3．增加光电器件的检测实训项目。

4．增加光控延迟照明灯的制作实训项目。

5．电冰箱温度超标指示电路的制作实训项目。

6．可燃气体泄漏报警器实训项目。

7．传感器在 MPS 系统中的应用。

此次修订由冯柏群任主编，黄颖辉、庄德新和金洪吉任副主编。冯柏群编写了单元九、单元十和单元十四，负责全书的统稿和定稿工作；黄颖辉任副主编，编写单元一和单元三；庄德新编写了单元六；金洪吉编写了单元四和单元八；常仁杰编写了单元十二和单元十三；马超编写单元七和单元十一；赵占全编写单元五；尚姝钰编写单元二。

由于编者水平有限，书中疏漏之处在所难免，恳请读者批评指正。

编　者

2013 年 6 月

目　录

单元一 检测与传感技术的认识

检测技术是人们为了对被测对象所包含的信息进行定性了解和定量掌握所采取的一系列技术措施，它是产品检验和质量控制的重要手段。人们十分熟悉借助于检测工具对产品进行质量评价，这是检测技术最重要的应用领域之一。

传感器是获取自然和生产领域中信息的主要途径与手段。传感器现已渗透到诸如工业生产、宇宙开发、海洋探测、环境保护、资源调查、医学诊断、生物工程、甚至文物保护等极其广泛的领域中。可以毫不夸张地说，从茫茫的太空，到浩瀚的海洋，以至各种复杂的工程系统，几乎每一个现代化项目，都离不开各种各样的传感器。随着信息技术的发展，生产过程的最优化控制、图像识别、人机联系以及智能化和无人化控制是这一发展趋势的重要标志。自动化技术和信息技术的发展要求传感器技术必须同步发展。

任务一　检测技术的认识

【知识教学目标】

1．了解检测系统的构成，熟悉测量误差的相关计算。

2．了解生产、生活中常见的传感器。

3．了解传感器的分类。

4．掌握传感器的作用、构成、性能指标。

【技能培养目标】

1．了解传感器及检测系统在生产现场中的应用。

2．能够进行参数的测量。

检测技术与现代化生产和科学技术的密切关系，使它成为一门十分活跃的技术学科，几乎渗透到人类的一切活动领域，发挥着越来越重要的作用。

【相关知识】

随着计算机技术的发展，一些检测系统已经发展成故障自诊断系统。可以采用计算机来处理检测信息，进行分析、判断，及时诊断出故障并自动报警或采取相应的对策。

检测技术也是自动化系统中不可缺少的组成部分。任何生产过程都可以看作是由物流和信息流组合而成的，反映物流的数量、状态和趋向的信息流则是管理和控制物流的依据。为了有目的地进行控制，首先必须通过检测获取有关信息，然后才能进行分析和判断以便实现自动控制。因此，自动检测技术与转换是自动化技术中不可缺少的组成部分。

一、检测系统的基本组成

检测系统应具有对被测对象的特征量进行检测、传输、处理及显示等功能，一个检测系统是传感器、变送器（变换器）和其他转换装置等的有机组合。图1-1所示为检测系统组成框图。

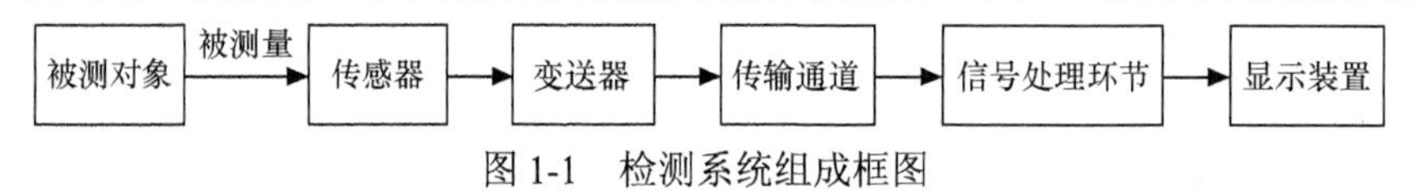

图1-1　检测系统组成框图

传感器是感受被测量（物理量、化学量、生物量等）的大小，并输出与之对应的可用输出信号（一般多为电量）的器件或装置。

变送器将传感器输出的信号变换成便于传输和处理的信号，大多数变送器的输出信号是统一的标准信号（目前多为4～20mA直流电流）。信号标准是系统环节之间的通信协议。

当测量系统的几个功能环节独立地分隔开时，必须由一个地方向另一个地方传输信号，传输环节的作用就是完成这种传输功能。传输通道将测量系统各环节的输入、输出信号连接起来，通常用电缆连接，或用光纤连接，以传输数据。

信号处理环节将传感器输出信号进行处理和转换，如对信号进行放大、运算、线性化、数/模或模/数转换，使其输出信号便于显示、记录。这种信号处理环节可用于自动控制系统，也可与计算机进行连接，以便对测量信号进行信息处理。

显示装置是将测量信息变为人的器官能接收的形式，以完成监视、控制或分析的目的。测量结果可以采用模拟显示，也可以采用数字显示或图形显示，也可以由记录装置进行自动记录或由打印机将数据打印出来。

二、开环测量系统和闭环测量系统

1. 开环测量系统

开环测量系统的全部信息转换只沿着一个方向进行，如图 1-2 所示。其中 x 是输入量，y 是输出量，k_1、k_2、k_3 为各个环节的传递系数。输出关系表示为

$$y = k_1k_2k_3x \tag{1-1}$$

因为开环测量系统是由多个环节串联而成的，因此系统的相对误差等于各环节相对误差之和，即

$$\delta = \delta_1 + \delta_2 + \cdots + \delta_n = \sum_{i=1}^{n}\delta_i \tag{1-2}$$

式中：δ——系统的相对误差；

δ_i——各环节的相对误差。

采用开环方式构成的测量系统结构较简单，但各环节特性的变化都会造成测量误差。

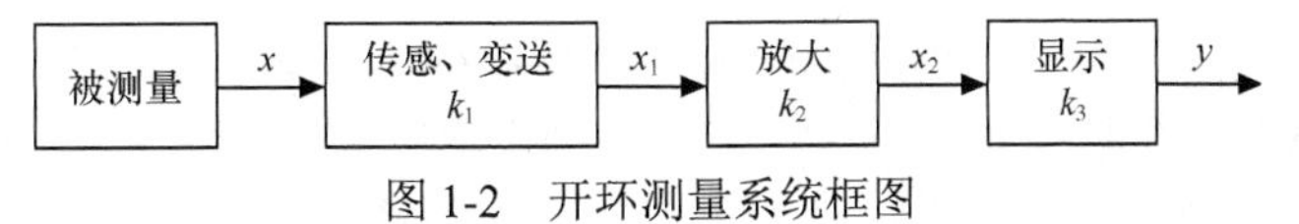

图 1-2　开环测量系统框图

2. 闭环测量系统

闭环测量系统有两个通道，一个正向通道，一个反馈通道，其结构如图 1-3 所示。其中 Δx 为正向通道的输入量，β 为反馈环节的传递系数，正向通道的总传递系数 $k = k_2k_3$。由图 1-3 得

$$\Delta x = x_1 - x_f$$

$$x_f = \beta y$$

$$y = k\Delta x = k(x_1 - x_f) = kx_1 - k\beta y$$

$$y = \frac{k}{1+k\beta}x_1 = \frac{1}{\frac{1}{k}+\beta}x_1$$

当 $k \gg 1$ 时，则

$$y \approx \frac{1}{\beta}x_1 \tag{1-3}$$

系统的输入输出关系为

$$y = \frac{kk_1}{1+k\beta}x \approx \frac{k_1}{\beta}x \tag{1-4}$$

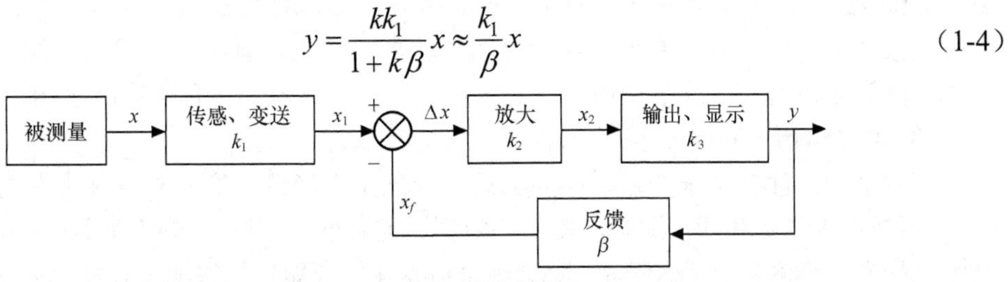

图 1-3　闭环测量系统框图

显然，这时整个系统的输入/输出关系由反馈环节的特性决定，放大器等环节特性的变化

不会造成测量误差，或者造成的测量误差很小。

据以上分析可知，在构成测量系统时，应将开环系统与闭环系统巧妙地组合在一起加以应用，才能达到所期望的目的。

三、测量方法及其分类

测量是在有关理论的指导下，用专门的仪器或设备，通过实验和必要的数据处理，求得被测量的值。在工业生产中，测量的目的是为了在限定的时间内，尽可能准确地收集被测对象的未知信息，以便掌握被测对象的参数，进而控制生产过程，例如，在电厂对锅炉水位的检测、在钢厂对热风炉风温的检测等。

测量方法的正确与否十分重要，直接关系到测量工作是否能正常运行，能否符合规定的技术要求。因此，必须根据不同测量任务的要求，找出切实可行的测量方法，然后根据测量方法选择合适的测量工具，组成测量装置，进行实际测量。如果测量方法不合理，即使有高级精密的测量仪器和设备，也不能得到理想的测量结果。

测量方法的分类多种多样。例如，根据在测量过程中，被测量是否随时间变化，可分为静态测量和动态测量；根据测量手段分类，可分为直接测量、间接测量和组合测量；按测量方式分类，可分为偏差式测量、零位式测量和微差式测量等。除了上述分类外，还有另外一些分类方法，例如，按测量敏感元件是否与被测介质接触，可分为接触式测量和非接触式测量；按测量系统是否向被测对象施加能量，可分为主动式测量和被动式测量；按测量性质可分为时域测量、频率测量、数据测量和随机测量等。

1．直接测量、间接测量和组合测量

（1）直接测量

用按已知标准标定好的测量仪器，对某一未知量直接进行测量，得出未知量的值，这类测量称为直接测量。例如，用弹簧压力表测压力，用磁电式电表测量电压或电流等。

直接测量并不意味着就是用直读式仪表进行测量，许多比较式仪器如电桥、电位差计等，虽然不一定能直接从仪器度盘上获得被测量的值，但因参与测量的对象就是被测量本身，所以仍属于直接测量。

直接测量的优点是测量过程简单且迅速，是工程技术中采用较为广泛的测量方法。

（2）间接测量

对几个被测量有确切函数关系的物体物理量进行直接测量，然后通过已知函数关系的公式、曲线或表格，求出该未知量，这类测量称为间接测量。例如，在直流电路中测出负载的电流 I 和电压 U，根据功率 $P=IU$ 的函数关系，便可求得负载消耗的电功率。

间接测量方法手段较麻烦，花费时间也较多，一般在直接测量很不方便、误差较大及缺乏直接测量的仪器等情况下采用。这类方法多用在实验室，工程中有时也用。

（3）组合测量

在测量中，使各个未知量以不同的组合形式出现（或改变测量条件来获得这种不同的组合），根据直接测量和间接测量所得到的数据，通过解一组联立方程而求出未知量的数值，这类测量称为组合测量，又称联立测量。组合测量中，未知量与被测量存在已知的函数关系（表现为方程组）。

例如，为了测量电阻的温度系数，可利用电阻值与温度间的关系公式，即

$$R_t = R_{20} + \alpha(t-20) + \beta(t-20)^2 \tag{1-5}$$

式中：α、β——电阻温度系数；

R_{20}——电阻在 20℃时阻值；

t——测试时的温度。

为了测出电阻的α与β值，采用改变测试温度的方法，在 3 种温度 t_1、t_2 及 t_3 下，分别测出对应的电阻值 R_{t1}、R_{t2} 及 R_{t3}，代入上述公式，得到一组联立方程，解此方程后便可求得α、β和 R_{20}。

组合测量的测量过程比较复杂，费时较多，但易达到较高的精度，因此被认为是一种特殊的精密测量方法，一般适用于科学实验和特殊场合。

2．偏差式测量法、零位式测量法和微差式测量法

（1）偏差式测量法

在测量过程中，用仪表指针相对于刻度线的位移（偏差）来直接表示被测量，这种方法称为偏差式测量法。它的测量过程比较简单、迅速，虽然测量精确度较低，但仍被广泛应用于工程测量。

如图 1-4 所示的压力表就是偏差式测量仪表。由于被测介质压力作用使弹簧变形，产生一个如弹簧反作用力，当被测介质压力产生的作用力与弹簧变形反作用力相平衡时，活塞达到平衡，这时指针偏移在标尺所对应的刻度值，就表示被测介质压力值。显然，压力表的指示精度取决于弹簧质量及刻度校准情况，由于弹簧变形力不是力的标准量，必须用标准重量校准弹簧，因此这类仪表的精确度不高于 0.5%。

（2）零位式测量法

零位式测量法（又称补偿式或平衡式测量法）是在测量过程中，用指零仪表的零位指示来检测测量系统是否处于平衡状态，当测量系统达到平衡时，用已知的基准量决定被测未知量的量值。例如用电位差计测量待测电势。

图 1-5 所示为直流电位差计简化等效电路。测量前先将被测电路开断，在电势 E 的作用下，调节电位器（RP_1），校准回路的工作电流 I，从而在电位器上可得某一基准电压 U_k。测量时调节电位器的活动触点，使检流计 G（作为零示器）回零（$I_g = 0$），则 $U_k = U_x$，这样，基准电压 U_k 的值就表示被测未知电压值 U_x。

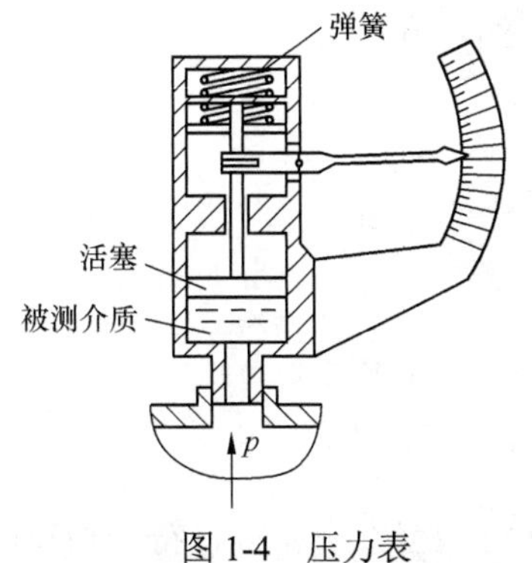

图 1-4　压力表

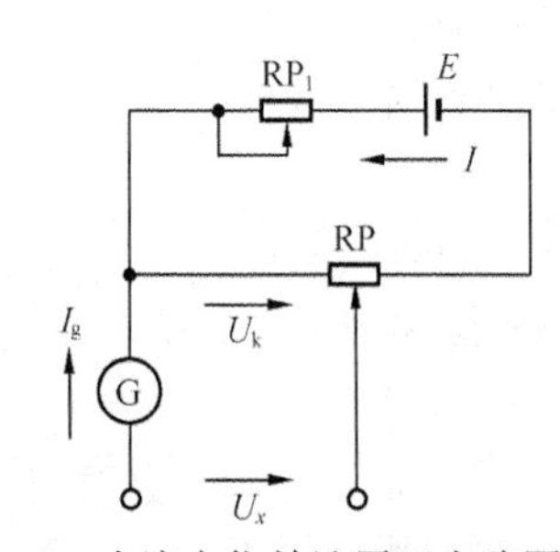

图 1-5　直流电位差计原理电路图

只要零示器的灵敏度足够高，零位式测量法可以获得较高的灵敏度，因为它主要取决于标准量的精度。但此法在测量过程中要进行平衡操作，费时较多，所以不适宜于测量变化迅速的信号，只适用于测量变化缓慢的信号。它在工程实践和实验室中应用很普遍。

（3）微差式测量法

微差式测量法是综合了偏差式测量法和零位式测量法的优点而提出的一种测量方法，它将被测未知量与已知的标准量进行比较，并取出差值，然后用偏差式测量法求出此偏差值。

设 N 为标准量，x 为被测量，另 $\varDelta$ 为两者之差，$\varDelta = x - N$，经移项后得 $x = N + \varDelta$，即被测量是标准量与偏差值之和。因为 N 是标准量，故误差很小，由于 $\varDelta << N$，因此可选用高灵敏度的偏差式仪表进行测量。即使 $\varDelta$ 的测量准确度较低，但因 $\varDelta << N$，所以总的测量准确度仍然很高。

图 1-6 所示为利用高灵敏度电压表和电位差计，采用微差法测量稳压电源，当负载波动时，输出电压微小的变动值。在图 1-6 中，r 和 E 分别表示稳压电源的等效内阻和电势，R_L 表示稳压电源的负载电阻；RP、RP_1 和 E_1 组成电位差计，G 和 R_m 分别为高灵敏度电压表表头和内阻。在测量之前，应预先调节电位计（RP_1）的值，使电位计（RP）工作电流 I_1 为基准值。然后，使稳压电源的 R_L 为额定值，进而调节电位计（RP）的活动触点位置，使高灵敏度电压表回零。增加和减小 R_L 的值，这时高灵敏度电压表的偏差指示值，即是负载变动所引起的稳压电源输出电压的微小波动值。注意，在这种电路中，要求高灵敏度电压表的内阻 R_m 足够大，即要求 R_m 远大于 RP、R_L、RP_1 及 r，否则误差会较大。

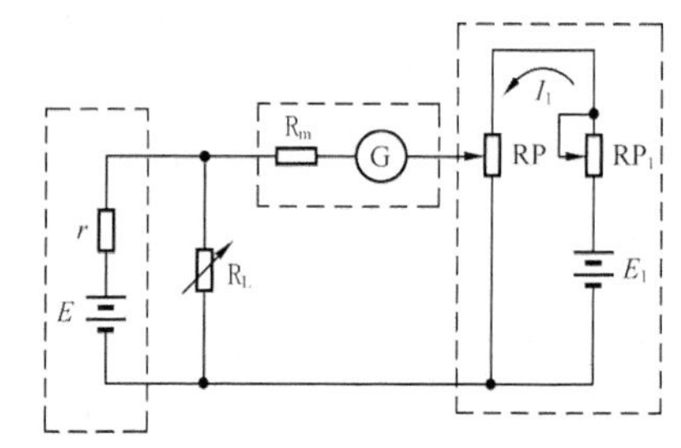

图 1-6　微差法测量稳压电源输出电压的微小变化

微差式测量法的优点是反应快，不需要进行反复的平衡操作和测量精度高，所以在工程测量中已获得越来越广泛的应用。

四、测量误差

测量误差是指测得值减去被测量的真值得到的值。由于真值往往不知道，因此测量的目的是希望通过测量获取被测量的真值。但由于种种原因，例如，传感器本身性能不十分优良、测量方法不完善、外界干扰的影响等，造成被测量的测得值与真值不一致，因而测量中总是存在误差。由于真值未知，所以在实际中，有时用约定真值代替真值，常用某量的多次测量结果来确定约定真值；或用精度高的仪器示值来代替约定真值。

1. 绝对误差

绝对误差可定义为

$$\varDelta = X - L \tag{1-6}$$

式中：$\varDelta$——绝对误差；

X——测量值；

L——真值。

绝对误差可正、可负，并有量纲。

在实际测量中有时要用到修正值，修正值是与绝对误差大小相等、符号相反的值，即

$$c = -\Delta x \tag{1-7}$$

式中：c——修正值，通常用高一等级的测量标准或标准仪器获得修正值。

利用修正值可对测量值进行修正，从而得到准确的、实际值修正后的实际测量值 x'，即

$$x' = x + c \tag{1-8}$$

修正值给出的方式，可以是具体的数值，也可以是一条曲线或一个公式。

采用绝对误差表示测量误差，不能很好地说明被测质量的好坏。例如，在温度测量时，绝对误差 $\Delta x = 1℃$，对体温测量是不允许的。而对钢水温度测量来说是极好的测量结果，所以用相对误差可以客观地反映测量的准确性。

2．实际相对误差

实际相对误差的定义式为

$$\delta = \frac{\Delta}{L} \times 100\% \tag{1-9}$$

式中：δ——实际相对误差，一般用百分数给出；

Δ——绝对误差；

L——真值。

由于被测量的真值 L 无法知道，实际测量时用测量值 x 代替真值 L 进行计算，这个相对误差成为标称相对误差，即

$$\delta = \frac{\Delta}{x} \times 100\% \tag{1-10}$$

3．引用误差

引用误差是仪表中通用的一种误差表示方法。它是相对于仪表满量程的一种误差，又称满量程相对误差，一般用百分数表示，即

$$\gamma = \frac{\Delta}{\text{测量范围的上限} - \text{测量范围的下限}} \times 100\% \tag{1-11}$$

式中：γ——引用误差；

Δ——绝对误差。

仪表的精确等级是根据最大引用误差来决定的。例如，0.5 级表的引用误差的最大值不超过±0.5%，1.0 级表的引用误差的最大值不超过±1%。

在仪表和传感器使用时，经常会遇到基本误差和附加误差两个概念。

4．基本误差

基本误差是指传感器或仪表在规定的条件下所具有的误差。例如，某传感器是在电源电压（220 ± 5）V、电网频率（50 ± 0.2）Hz、环境温度（20 ± 5）℃、湿度 65% ± 5%的条件下标定的，如果传感器在这个条件下工作，则传感器所具有的误差为基本误差。仪表的精度等级就是由基本误差决定的。

5．附加误差

附加误差是指传感器或仪表的使用条件偏离额定条件时出现的误差。例如，温度附加误差、频率附加误差、电源电压波动附加误差等。

五、检测技术的发展趋势

科学技术的迅猛发展，为检测技术的现代化创造了条件，主要表现在以下两个方面。

① 人们研究新理论、新材料和新工艺所取得的成果，将产生更多品质优良的新型传感器，如光纤传感器、液晶传感器、以高分子有机材料为敏感元件的压敏传感器、微生物传感器等。

另外，代替视觉、嗅觉、味觉和听觉的各种仿生传感器和检测超高温、超高压、超低温

和超高真空等极端参数的新型传感器将是今后传感器技术研究和发展的重要方向。新型传感器技术除了采用新理论、新材料和新工艺之外，还向着高精度、小型化和集成化的方向发展。传感器集成化的一个方向是将具有同样功能的传感器集成化，从而使对一个点的测量变成对一个平面或空间的测量；而另外一个方向是将不同功能的传感器集成化，从而使一个传感器可以同时测量不同种类的多个参数，如测量血液中各种成分的多功能传感器；除了传感器自身的集成化之外，还可以把传感器和后续电路集成化。传感器和集成电路的集成化可以减少干扰，提高灵敏度，方便使用。如果将传感器和数据处理电路集成在一起，则可以方便地实现实时数据处理。

② 检测系统或检测装置目前正迅速地由模拟式、数字式向智能化方向发展。带有微处理器的各种智能化仪表已经出现，这类仪表选用微处理器作控制单元，利用计算机可编程的特点，使仪表内的各个环节自动地协调工作，并且具有数据处理和故障诊断功能，成为新一代仪表，把检测技术自动化推进到一个新的水平。

任务二　传感器的认识

【知识教学目标】

1．掌握传感器组成及作用。

2．了解生产生活中常见的传感器。

3．熟悉传感器的分类。

4．掌握传感器的作用、构成、性能指标。

【技能培养目标】

1．了解传感器及检测系统在生产现场中的应用。

2．能够进行参数的测量。

【相关知识】

传感器是一种物理装置或生物器官，能够探测、感受外界的信号、物理条件（如光、热、湿度）或化学组成（如烟雾），并将探知的信息传递给其他装置或器官。随着科学技术的迅猛发展，非物理量的测试与控制技术已越来越广泛地应用于航天、航空、交通运输、冶金、机械制造、石化、轻工、技术监督与测试等技术领域，而且也正逐步进入人们的日常生活中去。可以说，测试技术与自动控制水平的高低，是衡量一个国家科学技术现代化程度的重要标志。

一、传感器的组成

传感器是能感受规定的被测量并按照一定的规律转换成可用输出信号的器件或装置。在有些学科领域，传感器又称为敏感元件、检测器、转换器等。这些不同名称，反映了在不同的技术领域中，使用者只是根据器件用途对同一类型的器件给出不同的技术术语而已。如在电子技术领域，常把能感受信号的电子元件称为敏感元件，如热敏元件、磁敏元件、光敏元件及气敏元件等，在超声波技术中则强调的是能量的转换，如压电式换能器等。这些提法在含义上有些狭窄，而传感器一词是使用最为广泛而概括的用语。

传感器输出信号通常是电量，它便于传输、转换、处理、显示等。电量有很多形式，如电压、电流、电容、电阻等，输出信号的形式由传感器的原理确定。

通常，传感器由敏感元件和转换元件组成，如图 1-7 所示。其中，敏感元件是指传感器中能直接感受或响应被测量的部分；转换元件是指传感器中能将敏感元件感受或响应的被测量转换成适于传输或测量的电信号部分。由于传感器输出信号一般都很微弱，需要信号调理与转换电路进行放大、运算调制等，此外信号调理转换电路及传感器的工作必须有辅助电源，因此，信号调理转换电路以及所需的电源都应作为传感器组成的一部分。随着半导体器件与集成技术在传感器中的应用，传感器的信号调理转换电路与敏感元件可以集成在同一芯片上，安装在传感器的壳体里。

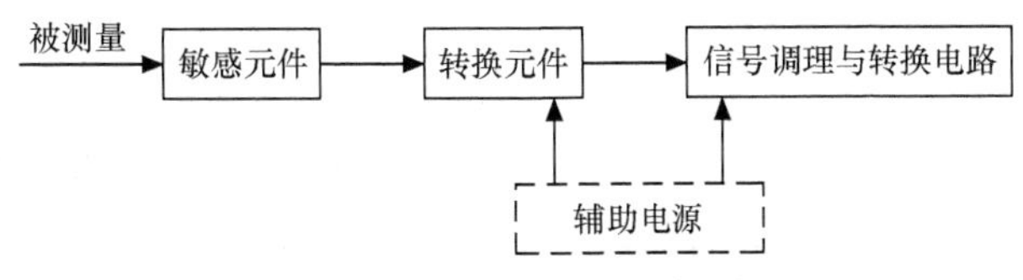

图 1-7 传感器组成方框图

传感器技术是一门知识密集型技术。传感器种类繁多，目前一般采用两种分类方法：一种是按被测参数分类，如温度、压力、位移、速度等；另一种是按传感器的工作原理来分，如应变式、电容式、压电式、磁电式等。本书是按后一种分类方法来介绍各种传感器的，而传感器的工程应用则是根据工程参数进行叙述的。对于初学者和应用传感器的工程技术人员来说，先从工作原理出发，了解各种各样的传感器，而对工程技术的被测参数应着重于如何合理选择和使用传感器。

二、传感器的分类

传感器的种类很多，其分类方法如表 1-1 所示。

表 1-1 传感器的分类

分类法	类型	说明
按基本效应	物理型、化学型、生物型	分别以转换中的物理效应、化学效应等命名
按构成原理	结构型	以转换元件结构参数变化实现信号的转换
	物性型	以转换元件物理特性变化实现信号的转换
按输入量	位移、压力、温度、流量、加速度等	以被测量（即按用途分类）
按工作原理	电阻式、热电式、光电式等	以传感器转换信号的工作原理命名
按能量关系	能量转换型（自然型）	传感器输出量直接由被测量能量转换而得
	能量转换型（外源型）	传感器输出量能量由外源供给，但受被测输入量控制
按输出信号形式	模拟式	输出为模拟信号
	数字式	输出为数字信号

按输入量的分类方法，似乎种类很多，但从本质上来讲，可以分为基本量和派生量两类，如长度、厚度、位置、磨损、应变及其振幅等物理量，都可以认为是从基本物理量位移中派生出来的，当需要测量上述物理量时，只要采用测量位移的传感器就可以了。所以了解基本量与派生量的关系，将有助于充分发挥传感器的效能。

表1-2所示为经常遇到的一些基本量和派生量。

表1-2　　基本物理量和派生物理量

基本物理量		派生物理量
位移	线位移	长度、厚度、应变、振幅等
	角位移	旋转角、偏振角、角振幅等
速度	线速度	速度、动量、振动等
	角速度	速度、角振动等
加速度	线加速度	振动、冲击、质量等
	角加速度	角振动、扭矩、转动惯量等
力	压力	重量、应力、力矩等
时间	频率	计数、统计分布等
温度		热容量、气体速度等
光		光通量与密度、光谱分布等

按输入量分类方法的优点是能够比较明确地表达了传感器的用途，便于使用者根据用途选用，但这类方法涉及的名目繁多，对建立传感器的一些基本概念，掌握基本原理及分析方法是不利的。

三、传感器的静态特性

传感器的静态特性是指被测量的值处于稳定状态时的输入与输出的关系。如果被测量是一个不随时间变化或随时间变化缓慢的量，可以只考虑其静态特性，这时传感器的输入量与输出量之间在数值上具有一定的对应关系，关系式中不含时间变量。对于静态特性而言，传感器的输入量 x 与输出量 y 之间的关系通常表示为

$$y = a_0 + a_1 x + a_2 x^2 + \cdots + a_n x^n \tag{1-12}$$

式中：a_0——输入量 x 为零时的输入量；

a_1，a_2，…，a_n——非线性项系数，各种系数决定了特性曲线的具体表示形式。

传感器的静态特性可用一组性能指标来描述，如灵敏度、迟滞、线性度、重复性、精度和漂移等。

1．灵敏度

灵敏度是传感器静态特性的一个重要指标，其定义是输出量增量 Δy 与引起的相应输入量增量 Δx 之比。用 S 表示灵敏度，即

$$S = \frac{\Delta y}{\Delta x} \tag{1-13}$$

它表示单位输入量的变化所引起传感器输出量变化。很显然，灵敏度值越大表示传感器越灵敏。

线性传感器的灵敏度就是它的静态特性的斜率，其灵敏度在整个测量范围内为常量，如图1-8（a）所示；而非线性传感器的灵敏度为变量，用 $S = \mathrm{d}y/\mathrm{d}x$ 表示，实际上就是输入输出特性曲线上某点的斜率，且灵敏度随输入量的变化而变化，如图1-8（b）所示。

从灵敏度的定义可知，传感器的灵敏度通常是一个有因次的量，因此表述某传感器灵敏

度时，必须说明它的因次。

2．线性度

传感器的线性度是指传感器的输出与输入之间数量关系的线性程度。输出与输入关系可分为线性特性和非线性特性。从传感器的性能看，希望具有线性关系，即理想的输入输出关系。但实际遇到的传感器大多为非线性，如图 1-9 所示。

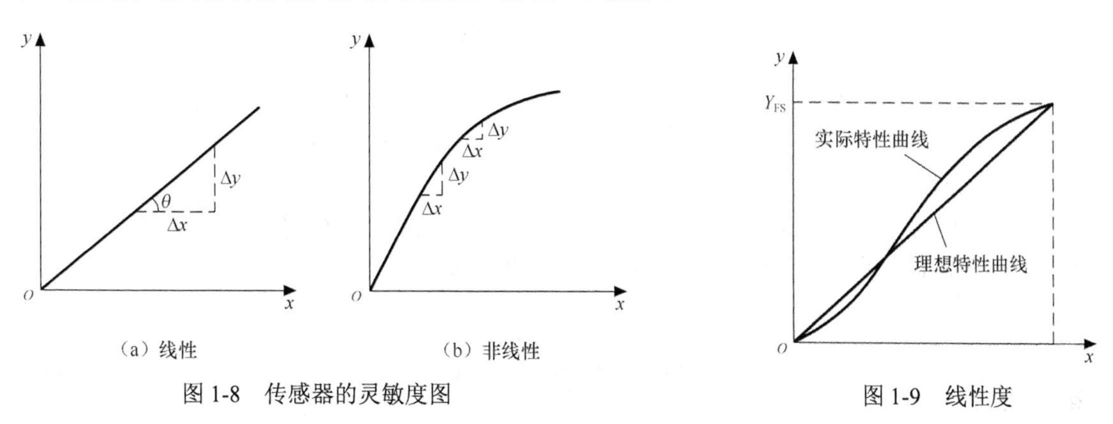

（a）线性　（b）非线性

图 1-8　传感器的灵敏度图

图 1-9　线性度

在实际使用中，为了标定和数据处理的方便，希望得到线性关系，因此引入各种非线性补偿环节，如采用非线性补偿电路或计算机软件进行线性化处理，从而使传感器的输出与输入关系为线性或接近线性。但如果传感器非线性的方次不高，且输入量的变化较小时，可用一条直线（切线或割线）近似地代表实际曲线的一段，使传感器输入输出特性线性变化，所采用的直线为拟合直线。

传感器的线性度是指在全程测量范围内实际特性曲线与拟合直线之间的最大偏差值 ΔL_{max} 与满量程输出值 Y_{FS} 之比。线性度也称为非线性误差，用 γ_L 表示，即

$$\gamma_L = \pm \frac{\Delta L_{max}}{Y_{FS}} \times 100\% \tag{1-14}$$

式中：ΔL_{max}——最大非线性绝对误差；

Y_{FS}——满量程输出值。

选取拟合直线的方法很多，图 1-10 所示为几种直线的拟合方法。即使是同类传感器，拟合直线不同，其线性度也是不同的。通常用最小二乘法求取拟合直线，应用此方法拟合的直线与实际曲线的所有点的平方和为最小，其线性误差较小。

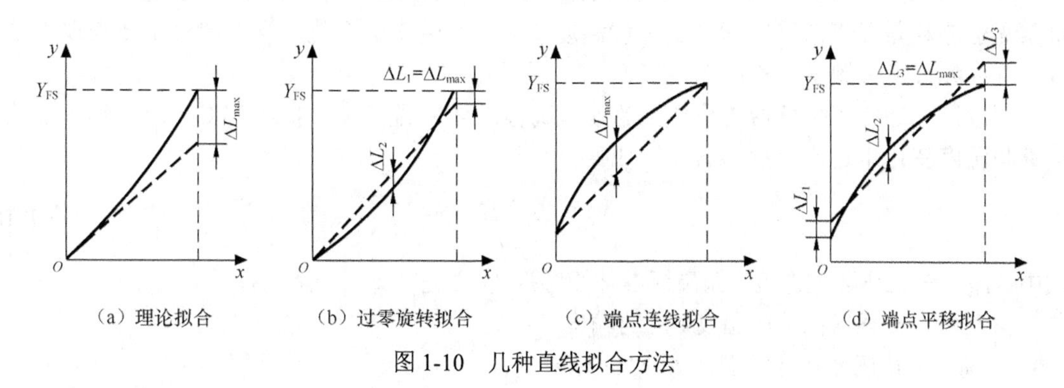

（a）理论拟合　（b）过零旋转拟合　（c）端点连线拟合　（d）端点平移拟合

图 1-10　几种直线拟合方法

3．迟滞

传感器在输入量由小到大（正行程）及输入量由大到小（反行程）变化期间其输入/输出特性曲线不重合的现象为迟滞，如图 1-11 所示。也就是说，对于同大小的输入信号传感器的正反行程输出信号大小不等，这个差值称为迟滞差值。传感器在全量程范围内最大迟滞差值与满量程输出值之比称为迟滞误差，用 γ_H 表示，即

$$\gamma_H = \frac{\Delta H_{max}}{Y_{FS}} \times 100\% \tag{1-15}$$

产生这种现象的主要原因是由于传感器敏感元件材料的物理性质和机械零部件的缺陷所造成的，如弹性敏感元件弹性滞后、运动部件摩擦、传动机构的间隙、紧固件松动等。

4．重复性

重复性是指传感器在输入量按同一方向作全量程连续多次变化时，所得特性曲线不一致的程度，如图 1-12 所示。重复性误差属于随机误差，常用标准差计算，也可用正反行程中最大重复差值计算，即

$$\gamma_R = \pm \frac{(2 \sim 3)\delta}{Y_{FS}} \times 100\% \tag{1-16}$$

或

$$\gamma_R = \pm \frac{\Delta R_{max}}{Y_{FS}} \times 100\% \tag{1-17}$$

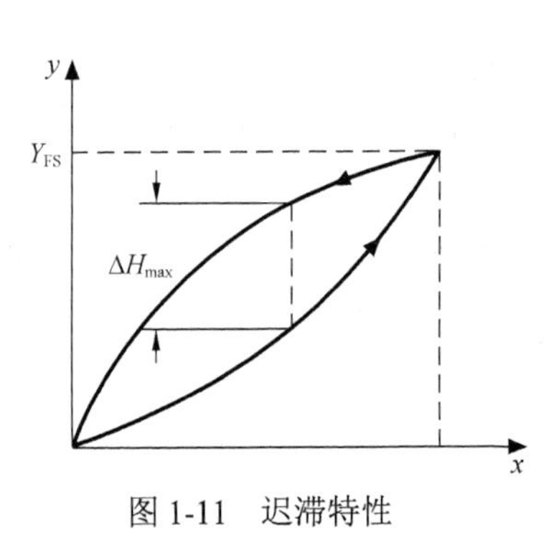

图 1-11　迟滞特性

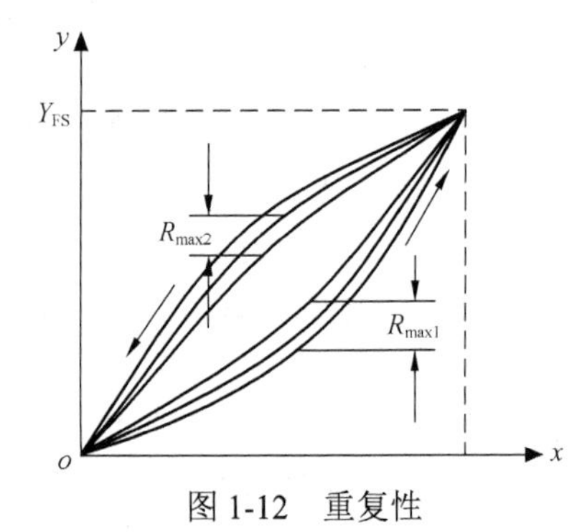

图 1-12　重复性

5．漂移

传感器的漂移是指在输入量不变的情况下，传感器输出量随时间变化，此现象称为漂移。产生漂移的原因有两个方面：一是传感器的自身结构参数；二是周围环境（如温度、湿度等）。最常见的漂移是温度漂移，即周围环境温度变化引起输出的变化，温度漂移主要表现为温度零点漂移和温度灵敏度漂移。

温度漂移通常用传感器工作环境温度偏离标准环境温度（一般为 20℃）时的输出值的变化量与温度变化量之比（ξ）来表示，即

$$\xi = \frac{y_t - y_{20}}{\Delta t} \tag{1-18}$$

式中：Δt——工作环境温度 t 偏离标准环境温度 t_{20} 之差，即 $\Delta t = t - t_{20}$；

y_t——传感器在环境温度 t 时的输出；

y_{20}——传感器在环境温度 t_{20} 时的输出。

6. 精度

精度是评价系统的优良程度。精度分为准确度和精密度。所谓准确度就是测量值对于真值的偏离程度，为了修正这种偏差需要进行校正，完全校正是很麻烦的。因此，使用时需尽可能地减小误差。

所谓精密度就是测量相同对象每次测量也会得到不同的值，即离散偏差。精密度越高的传感器价格也就越高。

任务布置

课外学习

1. 从工业控制的技术资料或家用电器的说明书中搜集传感器使用的相关知识。
2. 查阅资料，收集你所了解的控制系统、工业生产及日常生活环境中传感器的应用。
3. 通过知识点的学习进行传感器功能设计。

课后习题

1. 分析你所了解的生产中的传感器。
2. 分析日常生活中应用的传感器。
3. 什么是间接测量、直接测量和组合测量？
4. 什么是测量误差？测量误差有几种表示方法？它们通常适用于什么场合？
5. 什么是测量值的绝对误差、相对误差、引用误差？
6. 检测系统有哪几部分组成？
7. 什么叫传感器？它由哪几部分组成？它们的相互作用及相互关系如何？
8. 什么是传感器的静态特性？
9. 传感器的静态特性有哪些性能指标？
10. 什么叫迟滞？什么叫重复性？什么叫线性度？

单元二
应变式传感器

电阻应变式传感器是利用电阻应变片将应变转换为电阻变化的传感器，由在弹性元件上粘贴电阻应变敏感元件构成。当被测物理量作用在弹性元件上时，弹性元件的变形引起应变敏感元件的阻值变化，通过转换电路转变成电量输出，电量变化的大小反映了被测物理量的大小。应变式电阻传感器是目前在测量力、力矩、压力、加速度、重量等参数中应用最广泛的传感器之一。

任务一　应变式传感器的工作原理

【知识教学目标】

1．掌握电阻应变式传感器的结构和工作原理。

2．熟悉应变式传感器的温度误差及补偿。

3．熟悉应变片的材料及粘贴。

【技能培养目标】

1．能够改善温度误差。

2．能够正确选择应变片材料。

3．能够利用应变片测量物体受力大小。

【相关知识】

电阻应变片是利用应变效应的原理制成的，应用最为广泛的是电阻式传感器，主要用于机械量的检测，如炮管的压力、弹性元件变形、流量和加速度等量的检测。我们日常生活中见到的商业计价秤、邮包秤、人体秤等都是利用应变效应制造的。

一、工作原理分析

电阻应变片的工作原理是以应变效应为基础的。导体或半导体材料在外界力的作用下产生机械变形时，其电阻值相应发生变化，这种现象称为“应变效应”。

如图 2-1 所示，一根金属电阻丝，在其未受力时，原始电阻值为

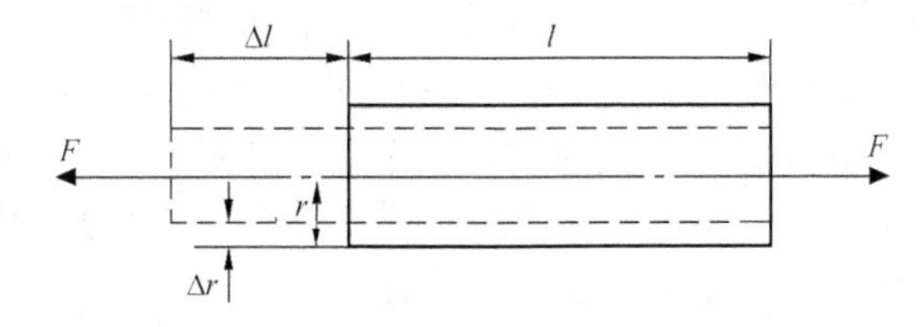

图 2-1　金属电阻丝应变效应

$$R=\rho\frac{l}{A} \tag{2-1}$$

式中：ρ——电阻丝的电阻率；

l——电阻丝的长度；

A——电阻丝的截面积。

当电阻丝受到拉力 F 作用时，将伸长 Δl，横截面面积相应减小 ΔA，电阻率因材料晶格发生变形等因素影响而改变了 $\mathrm{d}\rho$，从而引起电阻值相对变化量为

$$\frac{\mathrm{d}R}{R}=\frac{\mathrm{d}l}{l}-\frac{\mathrm{d}A}{A}+\frac{\mathrm{d}\rho}{\rho} \tag{2-2}$$

$\mathrm{d}l/l$ 为长度相对变化量，用应变 ε 表示为

$$\varepsilon=\frac{\mathrm{d}l}{l} \tag{2-3}$$

$\mathrm{d}A/A$ 为圆形电阻丝的截面积相对变化量，设 r 为电阻丝的半径，微分后可得 $\mathrm{d}A=2\pi r\mathrm{d}r$，则

$$\frac{\mathrm{d}A}{A}=2\frac{\mathrm{d}r}{r} \tag{2-4}$$

由材料力学可知，在弹性范围内，金属丝受拉力时，沿轴向伸长，沿径向缩短，$\mathrm{d}l/l=\varepsilon$ 为金属电阻丝的轴向应变，那么轴向应变和径向应变的关系可表示为

$$\frac{\mathrm{d}r}{r}=-\mu\frac{\mathrm{d}l}{l}=-\mu\varepsilon \tag{2-5}$$

式中：μ——电阻丝材料的泊松比，负号表示应变方向相反。

将式（2-3）和式（2-5）代入式（2-2），可得

$$\frac{\mathrm{d}R}{R}=(1+2\mu)\varepsilon+\frac{\mathrm{d}\rho}{\rho} \tag{2-6}$$

或

$$\frac{\frac{\mathrm{d}R}{R}}{\varepsilon}=(1+2\mu)+\frac{\frac{\mathrm{d}\rho}{\rho}}{\varepsilon} \tag{2-7}$$

通常，把单位应变能引起的电阻值变化称为电阻丝的灵敏系数。其物理意义是单位应变所引起的电阻相对变化量，表达式为

$$K=\frac{\frac{\mathrm{d}R}{R}}{\varepsilon}=1+2\mu+\frac{\frac{\mathrm{d}\rho}{\rho}}{\varepsilon} \tag{2-8}$$

灵敏系数 K 受两个因素影响：一个是应变片受力后材料几何尺寸的变化，即 $1+2\mu$；另一个是应变片受力后材料的电阻率发生的变化，即（$\mathrm{d}\rho/\rho$）$/\varepsilon$。对金属材料来说，电阻丝灵敏度系数表达式中 $1+2\mu$ 的值要比（$\mathrm{d}\rho/\rho$）$/\varepsilon$ 大得多，而半导体材料的（$\mathrm{d}\rho/\rho$）$/\varepsilon$ 项的值比 $1+2\mu$ 大得多。大量实验证明，在电阻丝拉伸极限内，电阻的相对变化与应变成正比，即 K 为常数。

半导体应变片是用半导体材料制成的，其工作原理是基于半导体材料的压阻效应。压阻效应是指半导体材料当某一轴向受外力作用时，其电阻率 ρ 发生变化的现象。

当半导体应变片受轴向力作用时，其电阻相对变化为

$$\frac{\frac{\mathrm{d}R}{R}}{\varepsilon}=(1+2\mu)+\frac{\frac{\mathrm{d}\rho}{\rho}}{\varepsilon} \tag{2-9}$$

式中，$\mathrm{d}\rho/\rho$ 为半导体应变片的电阻率相对变化量，其值与半导体敏感元件在轴向所受的应变力有关，其关系为

$$\frac{\mathrm{d}\rho}{\rho}=\pi\cdot\sigma=\pi\cdot E\cdot\varepsilon \tag{2-10}$$

式中：π——半导体材料的压阻系数；

σ——半导体材料的所受应变力；

E——半导体材料的弹性模量；

ε——半导体材料的应变。

将式（2-10）代入式（2-9）中得

$$\frac{\mathrm{d}R}{R}=(1+2\mu+\pi E)\varepsilon \tag{2-11}$$

实验证明，$\pi\delta$ 比 $1+2\mu$ 大上百倍，所以 $1+2\mu$ 可以忽略，因而半导体应变片的灵敏系数为

$$K=\frac{\frac{\mathrm{d}R}{R}}{\varepsilon}=\pi\cdot E \tag{2-12}$$

半导体应变片的灵敏系数比金属丝式应变片高 50～80 倍，但半导体材料的温度系数大，应变时非线性比较严重，使它的应用范围受到一定的限制。

用应变片测量应变或应力时，根据上述特点，在外力作用下，被测对象产生微小机械变形，应变片随着发生相同的变化，同时应变片电阻值也发生相应变化。当测得应变片电阻值变化量为 ΔR 时，便可得到被测对象的应变值，根据应力与应变的关系，得到应力值 σ 为

$$\sigma=E\cdot\varepsilon \tag{2-13}$$

由此可知，应力值 σ 正比于应变 ε，而试件应变 ε 正比于电阻值的变化，所以应力 σ 正比于电阻值的变化，这就是利用应变片测量应变的基本原理。

二、应变片的种类、材料及粘贴

1．金属电阻应变片的种类

金属电阻应变片由敏感栅、基片、覆盖层和引线等部分组成，如图 2-2 所示。

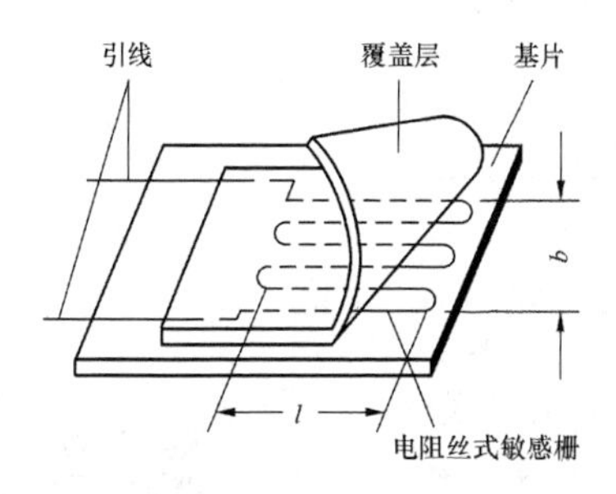

图 2-2　金属应变片的结构

敏感栅是应变片的核心部分，它粘贴在绝缘的基片上，其上再粘贴起保护作用的覆盖层，两端焊接引出导线。金属电阻应变片的敏感栅有丝式和箔式两种形式，如图 2-3 所示。故金属电阻应变片常见的有丝式电阻应变片和箔式电阻应变片。丝式电阻应变片的敏感栅由直径 0.01～0.05mm 的电阻丝平行排列而成。箔式电阻应变片是利用光刻、腐蚀等工艺制成的一种很薄的金属箔栅，其厚度一般为 0.003～0.01mm，可制成各种形状的敏感栅（即应变花），其优点是表面积和截面积之比较大，散热性能好，允许通过的电流较大，可制成各种所需的形状，便于批量生产。覆盖层与基片将敏感栅紧密地粘贴在中间，对敏感栅的几何形状起着固定和绝缘、保护作用，基片要将被测体的应变准确地传递到敏感栅上，因此它很薄，一般为 0.03～0.06mm，使它与被测体及敏感栅能牢固地粘合在一起，此外它还应有良好的绝缘性能、抗潮湿性能和耐热性能。基片和覆盖层的材料有胶膜、纸、玻璃纤维布等。

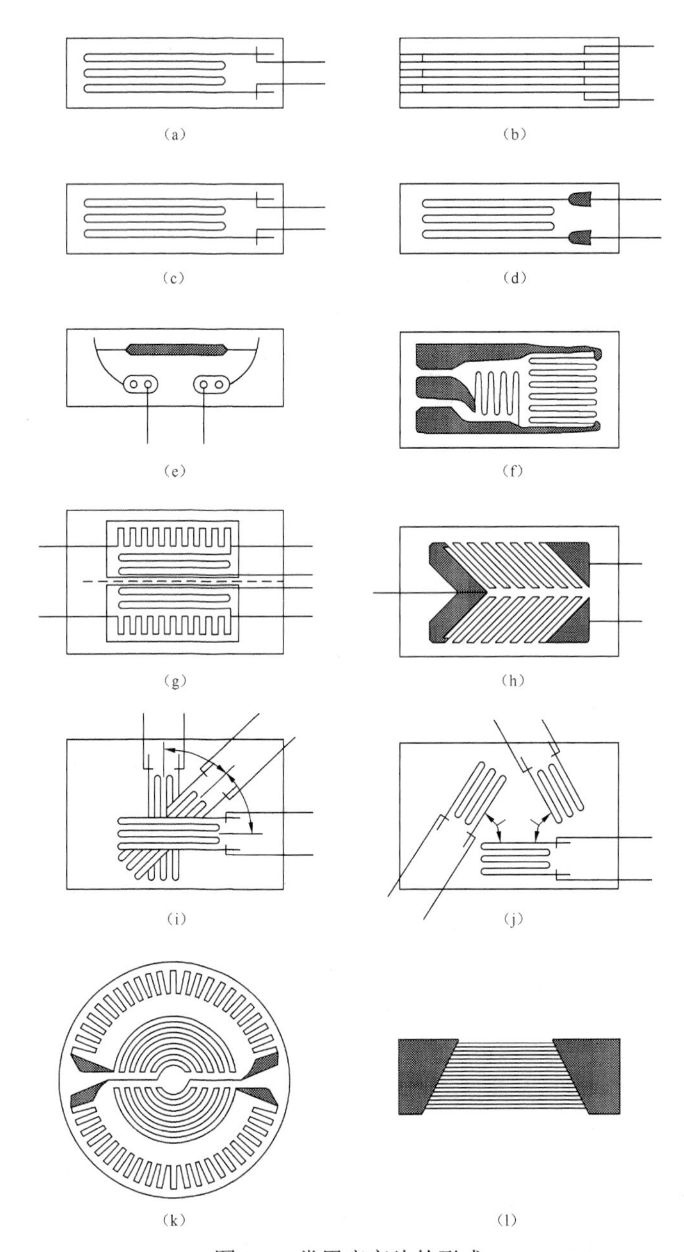

图 2-3　常用应变片的形式

2．金属电阻应变片的材料

对电阻丝材料应有如下要求。

① 灵敏系数大，且在相当大的应变范围内保持常数。

② ρ 值大，即在相同长度、相同横截面积的电阻丝中具有较大的电阻值。

③ 电阻温度系数小，否则因环境温度变化也会改变其阻值。

④ 与铜线的焊接性能好，与其他金属的接触电势小。

⑤ 机械强度高，具有优良的机械加工性能。

表 2-1 列出了常用金属电阻丝材料的性能数据。

表 2-1　　常用金属电阻丝材料的性能

<table>
<tr><th rowspan="2">材　料</th><th colspan="2">成　分</th><th rowspan="2">灵敏系数 K_0</th><th rowspan="2">电阻率/(μΩ · mm)(20℃)</th><th rowspan="2">电阻温度系数 $\times 10^{-6}$/℃ (0～100℃)</th><th rowspan="2">最高使用温度/℃</th><th rowspan="2">对铜的热电势/(μV/℃)</th><th rowspan="2">线膨胀系数 $\times 10^{-6}$/℃</th></tr>
<tr><th>元素</th><th>%</th></tr>
<tr><td rowspan="2">康铜</td><td>Ni</td><td>45</td><td rowspan="2">1.9～2.1</td><td rowspan="2">0.45～0.25</td><td rowspan="2">±20</td><td>300(静态)</td><td rowspan="2">43</td><td rowspan="2">15</td></tr>
<tr><td>Cu</td><td>55</td><td>400(动态)</td></tr>
<tr><td rowspan="2">镍铬合金</td><td>Ni</td><td>80</td><td rowspan="2">2.1～2.3</td><td rowspan="2">0.9～1.1</td><td rowspan="2">110～130</td><td>450(静态)</td><td rowspan="2">3.8</td><td rowspan="2">14</td></tr>
<tr><td>Cr</td><td>20</td><td>800(动态)</td></tr>
<tr><td rowspan="4">镍铬铝合金(6J22,卡马合金)</td><td>Ni</td><td>74</td><td rowspan="4">2.4～2.6</td><td rowspan="4">1.24～1.42</td><td rowspan="4">±20</td><td>450(静态)</td><td rowspan="4">3</td><td rowspan="8">13.3</td></tr>
<tr><td>Cr</td><td>20</td><td></td></tr>
<tr><td>Al</td><td>3</td><td></td></tr>
<tr><td>Fe</td><td>3</td><td>800(动态)</td></tr>
<tr><td rowspan="4">镍铬铝合金(6J23)</td><td>Ni</td><td>75</td><td rowspan="4">2.4～2.6</td><td rowspan="4">1.24～1.42</td><td rowspan="4">±20</td><td>450(静态)</td><td rowspan="4">3</td></tr>
<tr><td>Cr</td><td>20</td><td></td></tr>
<tr><td>Al</td><td>3</td><td></td></tr>
<tr><td>Cu</td><td>2</td><td>800(动态)</td></tr>
<tr><td rowspan="3">铁镍铝合金</td><td>Fe</td><td>70</td><td rowspan="3">2.8</td><td rowspan="3">1.3～1.5</td><td rowspan="3">30～40</td><td>700(静态)</td><td rowspan="3">2～3</td><td rowspan="3">14</td></tr>
<tr><td>Cr</td><td>25</td><td></td></tr>
<tr><td>Al</td><td>5</td><td>1000(动态)</td></tr>
<tr><td>铂</td><td>Pt</td><td>100</td><td>4～6</td><td>0.09～0.11</td><td>3900</td><td>800(静态)</td><td>7.6</td><td>8.9</td></tr>
<tr><td rowspan="2">铂钨合金</td><td>Pt</td><td>92</td><td rowspan="2">3.5</td><td rowspan="2">0.68</td><td rowspan="2">227</td><td rowspan="2">100(动态)</td><td rowspan="2">6.1</td><td rowspan="2">8.3～9.2</td></tr>
<tr><td>W</td><td>8</td></tr>
</table>

康铜是目前应用最广泛的应变丝材料。它有很多优点：灵敏系数稳定性好，不但在弹性变形范围内能保持为常数，进入塑性变形范围内也基本上能保持为常数；康铜的电阻温度系数较小且稳定，当采用合适的热处理工艺时，可使电阻温度系数在$\pm 50 \times 10^{-6}$/℃范围内；康铜的加工性能好，易于焊接，因而许多应变式传感器以康铜作为应变丝材料。

3．金属电阻应变片的粘贴

应变片是用黏结剂粘贴到被测件上的。黏结剂形成的胶层必须准确迅速地将被测件应变传递到敏感栅上。选择黏结剂时必须考虑应变片材料和被测件材料性能，不仅要求黏结力强，黏结后机械性能可靠，而且黏合层要有足够大的剪切弹性模量，良好的电绝缘性，蠕变和滞后小，耐湿，耐油，耐老化，动态应力测量时耐疲劳等。还要考虑到应变片的工作条件，如温度、相对湿度、稳定性要求，以及贴片固化时加热、加压的可能性等。

常用的黏结剂类型有硝化纤维素型、氰基丙烯酸型、聚酯树脂型、环氧树脂型和酚醛树脂型等。

粘贴工艺包括被测件粘贴表面处理、贴片位置确定、涂底胶、贴片、干燥固化、贴片质量检查、引线的焊接与固定以及防护与屏蔽等。黏结剂的性能及应变片的粘贴质量直接影响应变片的工作特性，如零漂、蠕变、滞后、灵敏系数、线性以及它们受温度变化影响的程度。可见，黏结剂的选择和正确的粘贴工艺与应变片的测量精度有着极重要的关系。

三、应变片的温度误差及补偿

1．应变片的温度误差

由于测量现场环境温度的改变而给测量带来的附加误差，称为应变片的温度误差。产生应变片温度误差的主要因素有以下两个方面。

（1）电阻温度系数的影响

敏感栅的电阻丝阻值随温度变化的关系可表示为

$$R_t = R_0(1+\alpha_0 \Delta t) \tag{2-14}$$

式中：R_t——温度为 t 时的电阻值；

R_0——温度为 t_0 时的电阻值；

α_0——温度为 t_0 时金属丝的电阻温度系数；

Δt——温度变化值，$\Delta t = t - t_0$。

当温度变化 Δt 时，电阻丝电阻的变化值为

$$\Delta R_\alpha = R_t - R_0 = R_0 \alpha_0 \Delta t \tag{2-15}$$

（2）试件材料和电阻丝材料的线膨胀系数的影响

当试件与电阻丝材料的线膨胀系数相同时，不论环境温度如何变化，电阻丝的变形仍和自由状态一样，不会产生附加变形。

当试件与电阻丝材料的线膨胀系数不同时，由于环境温度的变化，电阻丝会产生附加变形，从而产生附加电阻变化。

设电阻丝和试件在温度为 0℃时的长度均为 l_0，它们的线膨胀系数分别为 β_s 和 β_g，若两者不粘贴，则它们的长度分别为

$$l_s = l_0(1+\beta_s \Delta t) \tag{2-16}$$

$$l_g = l_0(1+\beta_g \Delta t) \tag{2-17}$$

当两者粘贴在一起时，电阻丝产生的附加变形 Δl、附加应变 ε_β 和附加电阻变化 ΔR_β 分别为

$$\Delta l = l_g - l_s = (\beta_g - \beta_s) l_0 \Delta t \tag{2-18}$$

$$\varepsilon_\beta = \frac{\Delta l}{l_0} = (\beta_g - \beta_s)\Delta t \tag{2-19}$$

$$\Delta R_\beta = K_0 R_0 \varepsilon_\beta = K_0 R_0 (\beta_g - \beta_s)\Delta t \tag{2-20}$$

由式（2-15）和式（2-20）可得，由于温度变化而引起的应变片总电阻相对变化量为

$$\begin{aligned} \frac{\Delta R_t}{R_0} &= \frac{\Delta R_\alpha + \Delta R_\beta}{R_0} \\ &= \alpha_0 \Delta t + K_0(\beta_g - \beta_s)\Delta t \\ &= [\alpha_0 + K_0(\beta_g - \beta_s)]\Delta t \end{aligned} \tag{2-21}$$

折合成附加应变量或虚假的应变 ε_t，则

$$\varepsilon_t = \frac{\frac{\Delta R_0}{R_0}}{K_0} = [\frac{\alpha_0}{K_0} + (\beta_g - \beta_s)]\Delta t \tag{2-22}$$

由式（2-21）和式（2-22）可知，因环境温度变化而引起的附加电阻的相对变化量，除了与环境温度有关外，还与应变片自身的性能参数（K_0、α_0、β_s）以及被测试件线膨胀系数 β_g 有关。

2．电阻应变片的温度补偿方法

电阻应变片的温度补偿方法通常有线路补偿和应变片自补偿两大类。

（1）线路补偿法

电桥补偿是最常用且效果较好的线路补偿。图 2-4（a）所示为电桥补偿法的原理图。电桥输出电压 U_o 与桥臂参数的关系为

$$U_o = A(R_1R_4 - R_BR_3) \tag{2-23}$$

式中，A 为由桥臂电阻和电源电压决定的常数。由上式可知，当 R_3 和 R_4 为常数时，R_1 和 R_B 对电桥输出电压 U_o 的作用方向相反。利用这一基本关系可实现对温度的补偿。

测量应变时，工作应变片 R$_1$ 粘贴在被测试件表面上，补偿应变片 R$_B$ 粘贴在与被测试件材料完全相同的补偿块上，且仅工作应变片承受应变，如图 2-4（b）所示。

当被测试件不承受应变时，R$_1$ 和 R$_B$ 又处于同一环境温度为 t 的温度场中，调整电桥参数使之达到平衡，此时有

$$U_o = A(R_1R_4 - R_BR_3) = 0 \tag{2-24}$$

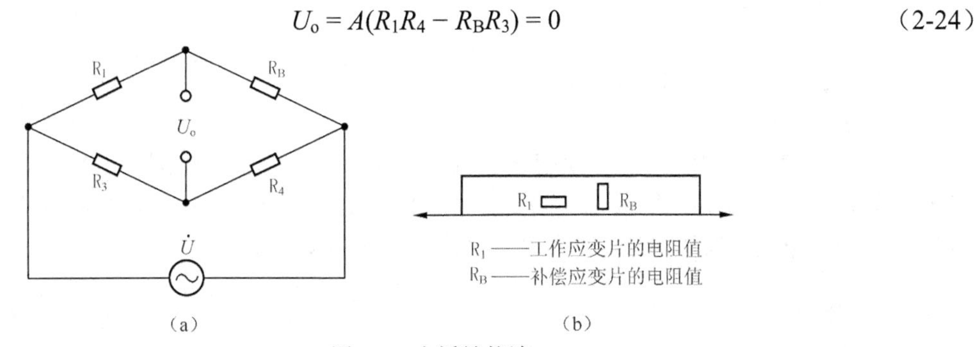

图 2-4　电桥补偿法

工程上，一般按 $R_1 = R_B = R_3 = R_4$ 选取桥臂电阻。

当温度升高或降低 $\Delta t = t - t_0$ 时，两个应变片因温度相同而引起的电阻变化量相等，电桥仍处于平衡状态，即

$$U_o = A[(R_1 + \Delta R_{1t})R_4 - (R_B + \Delta R_{Bt})R_3] = 0 \tag{2-25}$$

若此时被测试件有应变 ε 的作用，则工作应变片电阻 R_1 有新的增量 $\Delta R_1 = R_1K\varepsilon$，而补偿片因不承受应变，故不产生新的增量，此时电桥输出电压为

$$U_o = AR_1R_4K\varepsilon \tag{2-26}$$

由上式可知，电桥的输出电压 U_o 仅与被测试件的应变 ε 有关，而与环境温度无关。

应当指出，若要实现完全补偿，上述分析过程必须满足以下 4 个条件。

① 在应变片工作过程中，保证应变电阻 $R_3 = R_4$。

② R_1 和 R_B 两个应变片应具有相同的电阻温度系数 α、线膨胀系数 β、应变灵敏度系数 K 和初始电阻值 R_0。

③ 粘贴补偿片的补偿块材料与粘贴工作片的被测试件材料必须一样，两者线膨胀系数相同。

④ 两应变片应处于同一温度场。

（2）应变片的自补偿法

这种温度补偿法是利用自身具有温度补偿作用的应变片（称之为温度自补偿应变片）来补偿的。温度自补偿应变片的工作原理，可由式（2-21）得出，要实现温度自补偿，必须有

$$\alpha_0 = -K_0(\beta_g - \beta_s) \tag{2-27}$$

上式表明，当被测试件的线膨胀系数 β_g 已知时，如果合理选择敏感栅材料，即其电阻温度系数 α_0、灵敏系数 K_0 以及线膨胀系数 β_s 满足式（2-27），则不论温度如何变化，均有 $\Delta R_t/\Delta R_0 = 0$，从而达到温度自补偿的目的。

任务二　应变式传感器的测量电路

【知识教学目标】

1．掌握直流电桥结构、类型和工作原理。

2．熟悉非线性误差及补偿。

3．了解电压灵敏度的概念。

【技能培养目标】

1．能够分析测量误差。

2．能熟练使用电桥进行信号的测试。

【相关知识】

由于机械应变一般都很小，要把微小应变引起的微小电阻变化测量出来，同时要把电阻相对变化 $\Delta R / R$ 转换为电压或电流的变化，因此，需要有专用的用于测量应变变化而引起电阻变化的测量电路。工程中通常采用直流电桥和交流电桥。

一、直流电桥

1．直流电桥平衡条件

电桥电路如图 2-5 所示，图中 E 为电源电压，R_1、R_2、R_3 及 R_4 为桥臂电阻，R_L 为负载电阻。

当 $R\to\infty$时，电桥输出电压为

$$U_o = E\left(\frac{R_1}{R_1+R_2} - \frac{R_3}{R_3+R_4}\right) \tag{2-28}$$

当电桥平衡时，$U_o = 0$，则

$$R_1R_4 = R_2R_3$$

或

$$\frac{R_1}{R_2} = \frac{R_3}{R_4} \tag{2-29}$$

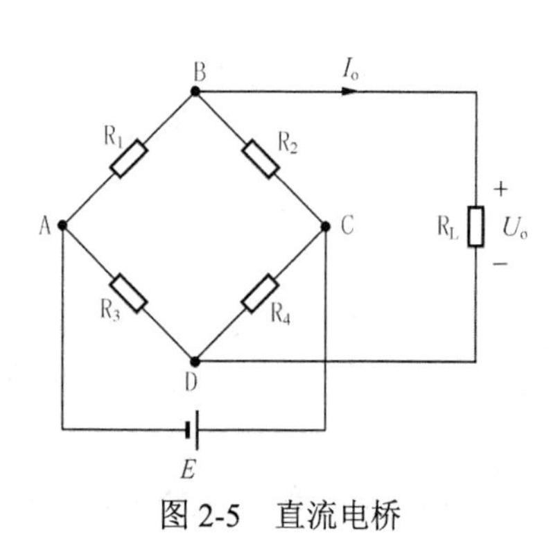

图 2-5　直流电桥

式（2-29）为电桥平衡条件。这说明欲使电桥平衡，其相邻两臂电阻的比值应相等，或相对两臂电阻的乘积应相等。

2．电压灵敏度

ΔR_1为电阻应变片电阻，R_2、R_3、R_4为电桥固定电阻，这就构成了单臂电桥。应变片工作时，其电阻值变化很小，电桥相应输出电压也很小，一般需要加入放大器进行放大。由于放大器的输入阻抗比桥路输出阻抗高很多，所以此时仍视电桥为开路情况。当受外界环境变化而应变时，若应变片电阻变化为ΔR，其他桥臂固定不变，电桥输出电压$U_o \neq 0$，则电桥不平衡，输出电压为

$$\begin{aligned} U_o &= E\left(\frac{R_1+\Delta R_1}{R_1+\Delta R_1+R_2}-\frac{R_3}{R_3+R_4}\right) \\ &= E\frac{\Delta R_1 R_4}{(R_1+\Delta R_1+R_2)(R_3+R_4)} \\ &= E\frac{\dfrac{R_4}{R_3}\dfrac{\Delta R_1}{R_1}}{\left(1+\dfrac{\Delta R_1}{R_1}+\dfrac{R_2}{R_1}\right)\left(1+\dfrac{R_4}{R_3}\right)} \end{aligned} \quad （2-30）$$

设桥臂比$n=R_2/R_1$，由于$\Delta R_1 \ll R_1$，分母中$\Delta R_1/R_1$可忽略，并考虑到平衡条件$R_2/R_1=R_4/R_3$，则式（2-30）可写为

$$U_o=\frac{n}{(1+n)^2}\frac{\Delta R_1}{R_1}E \quad （2-31）$$

电桥电压灵敏度定义为

$$K_U=\frac{U_o}{\dfrac{\Delta R_1}{R_1}}=\frac{n}{(1+n)^2}E \quad （2-32）$$

分析式（2-32）可得以下结论。

① 电桥电压灵敏度正比于电桥供电电压，供电电压越高，电桥电压灵敏度越高，但供电电压的提高受到应变片允许功耗的限制，所以要作适当选择。

② 电桥电压灵敏度是桥臂电阻比值n的函数，应恰当地选择桥臂比n的值，保证电桥具有较高的电压灵敏度。

下面讨论当E值确定后，n取何值时才能使K_U最高。

由$\mathrm{d}K_U/\mathrm{d}n$求$K_U$的最大值，得

$$\frac{\mathrm{d}K_U}{\mathrm{d}n}=\frac{1-n^2}{(1+n)^4}=0 \quad （2-33）$$

求得$n=1$时，K_U为最大值。这就是说，在供桥电压确定后，当$R_1=R_2=R_3=R_4$时，电桥电压灵敏度最高，此时有

$$U_o=\frac{E}{4}\cdot\frac{\Delta R_1}{R_1} \quad （2-34）$$

$$K_U=\frac{E}{4} \quad （2-35）$$

从上述可知，当电源电压 E 和电阻相对变化量 $\Delta R/R$ 一定时，电桥的输出电压及其灵敏度也是定值，且与各桥臂电阻阻值大小无关。

3．非线性误差及其补偿方法

式（2-31）是略去分母中的 $\Delta R_1/R_1$ 项，电桥输出电压与电阻相对变化成正比的理想情况下得到的，实际情况则应按下式计算，即

$$U_o' = E\frac{n\dfrac{\Delta R_1}{R_1}}{\left(1+n+\dfrac{\Delta R_1}{R_1}\right)(1+n)} \tag{2-36}$$

U_0' 与 $\Delta R_1/R_1$ 的关系是非线性的，非线性误差为

$$\gamma_L = \frac{U_o - U_o'}{U_o} = \frac{\dfrac{\Delta R_1}{R_1}}{1+n+\dfrac{\Delta R_1}{R_1}} \tag{2-37}$$

如果是四等臂电桥，$R_1 = R_2 = R_3 = R_4$，即 $n = 1$，则

$$\gamma_L = \frac{\dfrac{\Delta R_1}{2R_1}}{1+\dfrac{\Delta R_1}{2R_1}} \tag{2-38}$$

对于一般应变片来说，所受应变 ε 通常在 5 000μ 以下，若取 $K = 2$，则 $\Delta R_1 / R_1 = K\varepsilon = 0.01$，代入式（2-38）计算得非线性误差为 0.5%；若 $K = 130$，$\varepsilon = 1\,000\mu$ 时，$\Delta R_1 / R_1 = 0.130$，则得到非线性误差为 6%，故当非线性误差不能满足测量要求时，必须予以消除。

为了减小和克服非线性误差，常采用如图 2-6 所示差动电桥。在试件上安装两个工作应变片，一个受拉应变，一个受压应变，接入电桥相邻桥臂，称为半桥差动电路，如图 2-6（a）所示。该电桥输出电压为

$$U_o = E\left(\frac{\Delta R_1 + R_1}{\Delta R_1 + R_1 + R_2 - \Delta R_2} - \frac{R_3}{R_3 + R_4}\right) \tag{2-39}$$

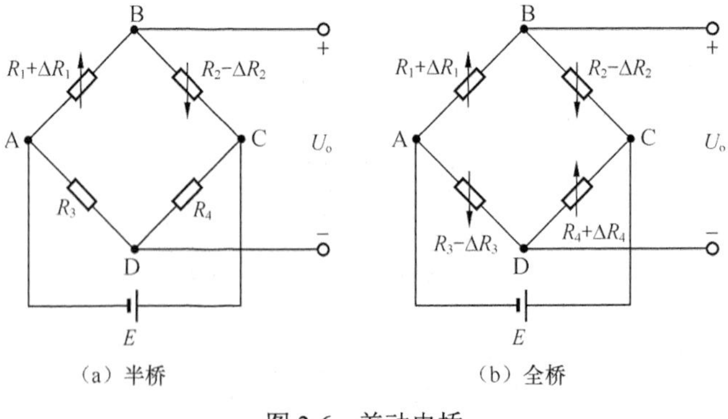

（a）半桥　　（b）全桥

图 2-6　差动电桥

若 $\Delta R_1 = \Delta R_2$，$R_1 = R_2$，$R_3 = R_4$，则得

$$U_o = \frac{E}{2} \cdot \frac{\Delta R_1}{R_1} \tag{2-40}$$

由式（2-40）可知，U_o 与 $\Delta R_1/R_1$ 呈线性关系，差动电路无非线性误差，而且电桥电压灵敏度 $K_U = E/2$，是单臂工作时的两倍，同时还具有温度补偿作用。

若将电桥的四臂接入 4 片应变片，如图 2-6（b）所示，即两个受拉应变，两个受压应变，将两个应变符号相同的接入相对桥臂上，构成全桥差动电路。若 $\Delta R_1 = \Delta R_2 = \Delta R_3 = \Delta R_4$，且 $R_1 = R_2 = R_3 = R_4$，则

$$U_o = E\frac{\Delta R_1}{R_1} \tag{2-41}$$

$$K_U = E \tag{2-42}$$

此时全桥差动电路不仅没有非线性误差，而且电压灵敏度为单应变片工作时的 4 倍，同时仍具有温度补偿作用。

二、交流电桥

根据直流电桥分析可知，由于应变电桥输出电压很小，一般都要加放大器，而直流放大器易于产生零漂，因此应变电桥多采用交流电桥，如图 2-7 所示。

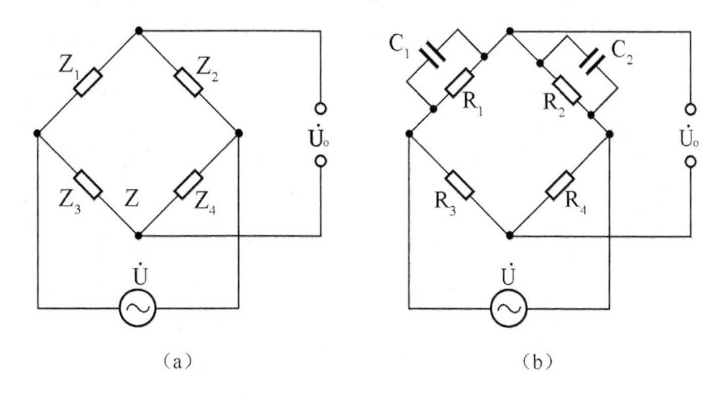

图 2-7　交流电桥

图 2-7 所示为半桥差动交流电桥的一般形式，$\dot{U}$ 为交流电压源，由于供桥电源为交流电源，引线分布电容使得二桥臂应变片呈现复阻抗特性，即相当于两只应变片各并联了一个电容，则每一桥臂上复阻抗分别为

$$\left.\begin{aligned} Z_1 &= \frac{R_1}{1 + \mathrm{j}\omega R_1 C_1} \\ Z_2 &= \frac{R_2}{1 + \mathrm{j}\omega R_2 C_2} \\ Z_3 &= R_3 \\ Z_4 &= R_4 \end{aligned}\right\} \tag{2-43}$$

式中：C_1、C_2——应变片引线分布电容。

由交流电路分析可得

$$\dot{U}_o = \dot{U}\frac{Z_1Z_4 - Z_2Z_3}{(Z_1+Z_2)(Z_3+Z_4)} \tag{2-44}$$

要满足电桥平衡条件，即 $U_o = 0$，则

$$Z_1Z_4 = Z_2Z_3 \tag{2-45}$$

将式（2-43）代入式（2-45），可得

$$\frac{R_1}{1+\mathrm{j}\omega R_1C_1}R_4 = \frac{R_2}{1+\mathrm{j}\omega R_2C_2}R_3 \tag{2-46}$$

整理式（2-46），得

$$\frac{R_3}{R_1} + \mathrm{j}\omega R_3C_1 = \frac{R_4}{R_2} + \mathrm{j}\omega R_4C_2 \tag{2-47}$$

其实部、虚部分别相等，整理可得交流电桥的平衡条件为

$$\frac{R_2}{R_1} = \frac{R_4}{R_3}$$

及

$$\frac{R_2}{R_1} = \frac{C_1}{C_2} \tag{2-48}$$

对这种交流电容电桥，除要满足电阻平衡条件外，还必须满足电容平衡条件。为此，在桥路上除设有电阻平衡调节外还设有电容平衡调节。电桥平衡调节电路如图2-8所示。

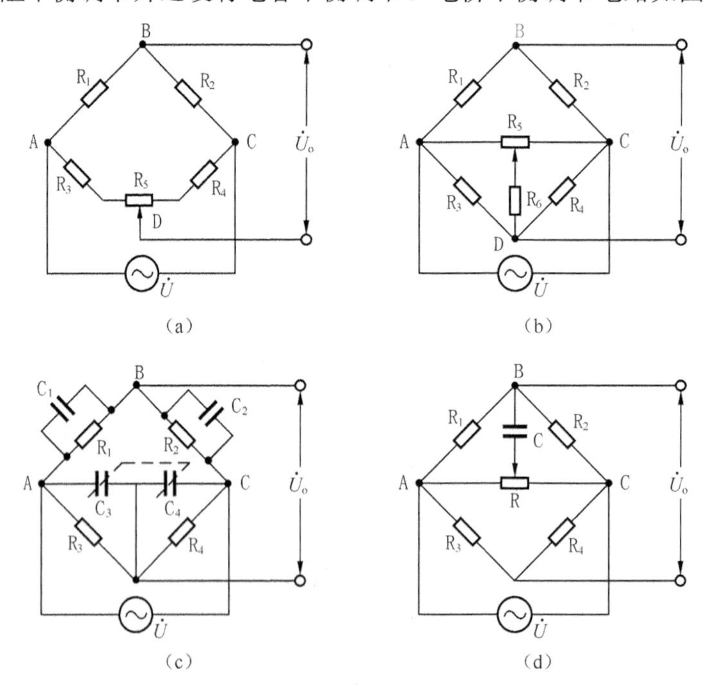

图2-8　交流电桥平衡调节

当被测应力变化引起 $Z_1 = Z_{10} + \Delta Z$，$Z_2 = Z_{20} - \Delta Z$ 变化时（且 $Z_{10} = Z_{20} = Z_0$），则电桥输出为

$$\dot{U}_o = \dot{U}\left(\frac{Z_0+\Delta Z}{2Z_0} - \frac{1}{2}\right) = \frac{1}{2}\dot{U}\frac{\Delta Z}{Z_0} \tag{2-49}$$

任务三　应变式传感器的应用

【知识教学目标】

1．了解应变式传感器的应用领域。

2．理解应变式传感器现场应用原理。

【技能培养目标】

能够应用应变式传感器进行力的测试。

【相关知识】

在科研和工业生产中常常需要研究机械设备构件或组件承受应变的状况，测量构件形变时的应变力。例如，在高压容器（高压气瓶、高压锅炉）生产过程中必须采用应变测量方法检测耐压和变形时的压力；火炮生产时需了解火炮发射时炮管的形变，飞机导弹研制时要在特殊的“风洞”实验场中模拟高空状态下飞行时机身、机翼等各部件的形变情况；汽车制造时需测试汽车底盘承压时的形变，而各种形变会借用弹性敏感元件实现力的变换。常用变换力和变换压力的弹性敏感元件如图 2-9 和图 2-10 所示。

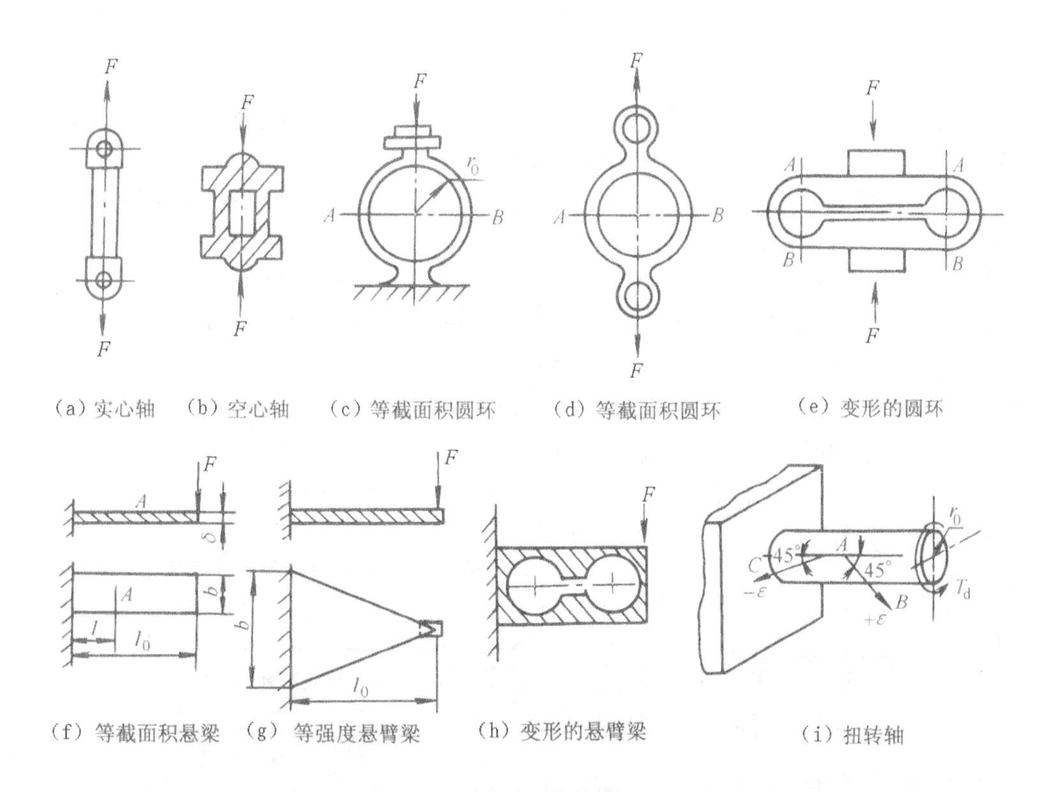

图 2-9　变换力的弹性敏感元件

应变式传感器能够把被测量的各种力信号转变成电阻值的变化，再通过测量电路转换成电压信号输出，从而得到被测量的大小，在工程上得到广泛的应用。

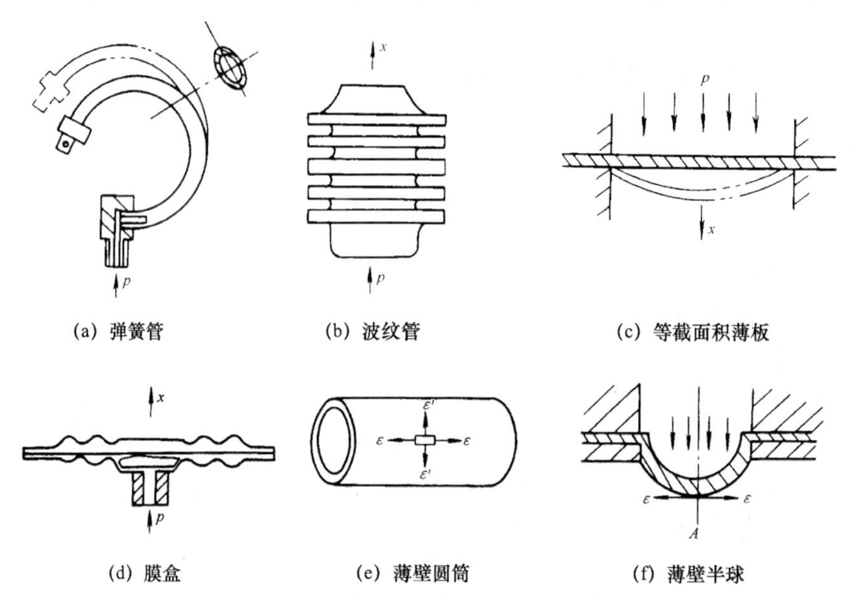

图 2-10　变换压力的弹性敏感元件

一、柱（筒）式力传感器

被测物理量为荷重或力的应变式传感器时，统称为应变式力传感器。其主要用途是作为各种电子秤与材料试验机的测力元件、用于发动机的推力测试、水坝坝体承载状况监测等。

应变式力传感器要求有较高的灵敏度和稳定性，当传感器在受到侧向作用力或力的作用点少量变化时，不应对输出有明显的影响。

图 2-11（a）、（b）所示分别为柱式、筒式力传感器，应变片粘贴在弹性体外壁应力分布均匀的中间部分，对称地粘贴多片，电桥连线时考虑尽量减小载荷偏心和弯矩影响。贴片在圆柱面上的展开位置及其在桥路中的连接如图 2-11（c）、（d）所示，应变电阻 R_1 和 R_3 串接，R_2 和 R_4 串接，并置于桥路对臂上，以减小弯矩影响，横向贴片应变电阻 R_5 和 R_7 串接，R_6 和 R_8 串接，作温度补偿时，接于另两个桥臂上。

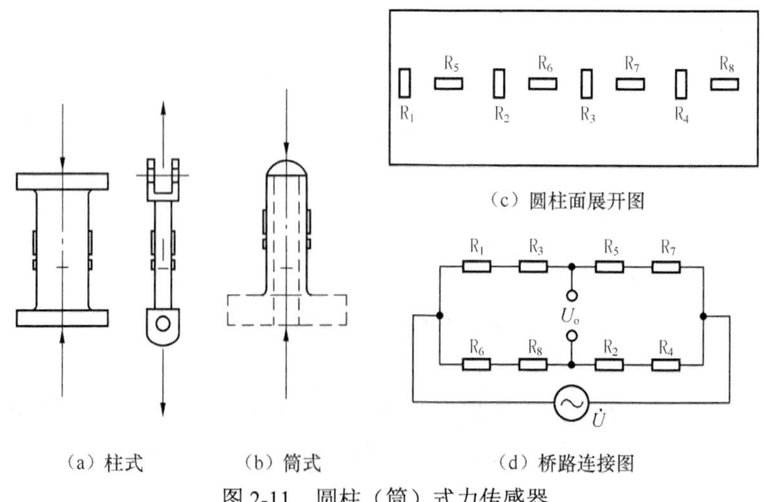

图 2-11　圆柱（筒）式力传感器

二、应变式压力传感器

应变式压力传感器主要用来测量流动介质的动态和静态压力，如动力管道设备的进出口气体或液体的压力、发动机内部的压力、枪管及炮管内部的压力、内燃机管道的压力等。

应变片压力传感器大多采用膜片式或筒式弹性元件。

图 2-12 所示为膜片式压力传感器，应变片贴在膜片内壁，在压力 p 作用下，膜片产生径向应变 ε_r 和切向应变 ε_t，表达式分别为

$$\varepsilon_r = \frac{3p(1-\mu^2)(R^2-3x^2)}{8h^2E} \tag{2-50}$$

$$\varepsilon_t = \frac{3p(1-\mu^2)(R^2-x^2)}{8h^2E} \tag{2-51}$$

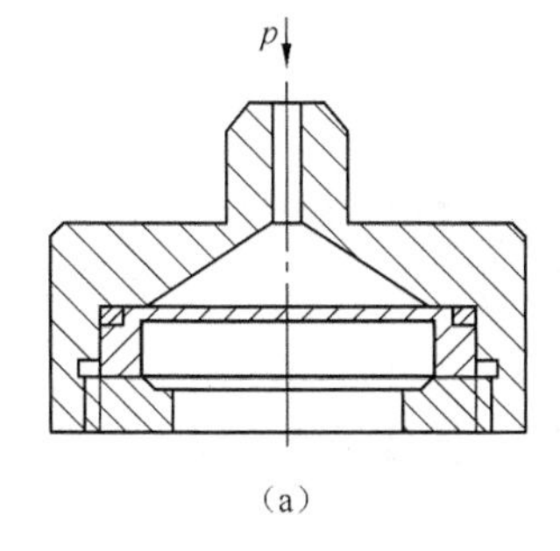

(a)

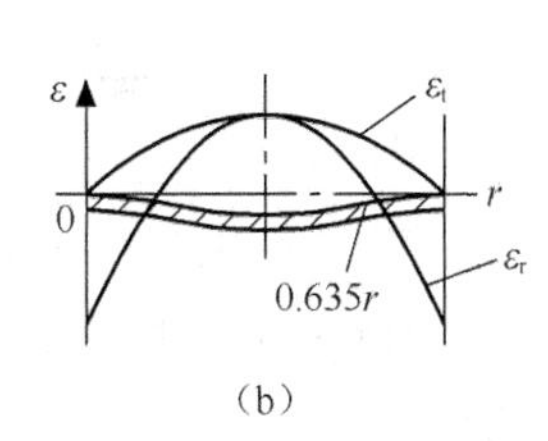

(b)

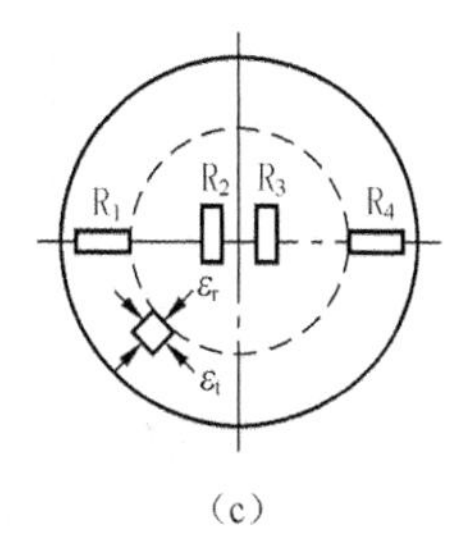

(c)

图 2-12　膜片式压力传感器

式中：p——膜片上均匀分布的压强；

R、h——膜片的半径和厚度；

x——离圆心的径向距离。

由应力分布图可知，膜片弹性元件承受压力 p 时，其应变的变化曲线特点为：当 $x=0$ 时，$\varepsilon_{r.max} = \varepsilon_{r.max}$；当 $x=R$ 时，$\varepsilon_t=0$，$\varepsilon_r=-2\varepsilon_{r.max}$。

根据以上特点，一般在平膜片圆心处切向粘贴 R_1、R_4 两个应变片，在边缘处沿径向贴 R_2、R_3 两个应变片，然后接成全桥测量电路。

三、应变式容器内液体重量传感器

图 2-13 所示为插入式测量容器内液体重量的传感器示意图。该传感器有一根传压杆，上端安装微压传感器，为了提高灵敏度，共安装了两只。下端安装感压膜，感压膜感受上面液体的压力。当容器中溶液增多时，感压膜感受的压力就增大。将其上两个传感器的电桥应变电阻 R_t 接成正向串联的双电桥电路，此时输出电压为

$$U_o = U_1 - U_2 = (K_1 - K_2)h\rho g \tag{2-52}$$

式中：K_1，K_2——传感器传输系数。

由于 $h\rho g$ 表征着感压膜上面液体的重量，对于等截面的柱式容器，则

$$h\rho g = \frac{Q}{A} \tag{2-53}$$

式中：Q——容器内感压膜上面溶液的重量；

A——柱形容器的截面积。

将式（2-52）与式（2-53）两式联立，得到容器内感压膜上面溶液重量与电桥输出电压之间的关系式为

$$U_o = \frac{(K_1 - K_2)Q}{A} \tag{2-54}$$

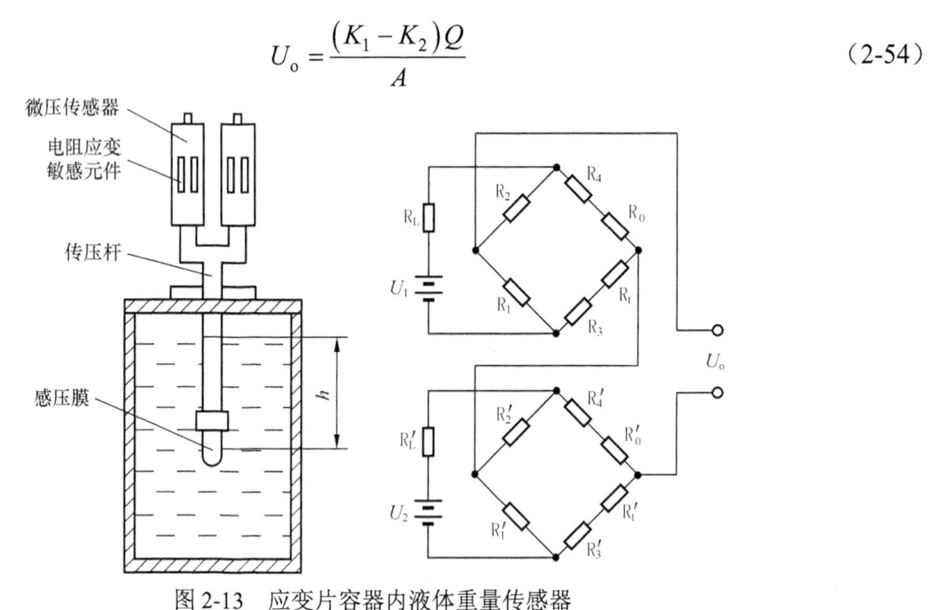

图 2-13　应变片容器内液体重量传感器

上式表明，电桥输出电压与柱式容器内感压膜上面溶液的重量呈线性关系，因此用此种方法可以测量容器内储存的溶液重量。

四、应变式加速度传感器

应变式加速度传感器主要用于物体加速度的测量。其基本工作原理是：物体运动的加速度与作用在它上面的力成正比，与物体的质量成反比，即 $a = F/m$ 。

图 2-14 所示为应变片式加速度传感器的结构示意图，图中等强度梁的自由端安装在质量块上，另一端固定在壳体上。等强度梁上粘贴有 4 个电阻应变敏感元件。为了调节振动系统阻尼系数，在壳体内充满硅油。

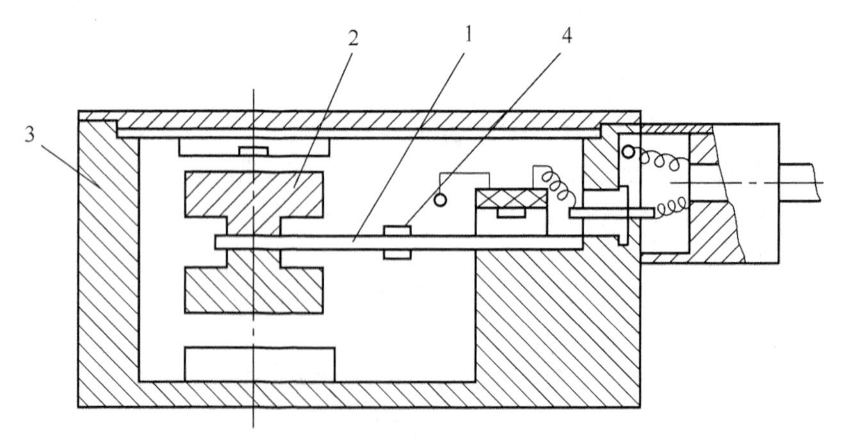

1—等强度梁　2—质量块　3—壳体　4—电阻应变敏感元件

图 2-14　电阻应变式加速度传感器结构图

测量时，将传感器壳体与被测对象刚性连接，当被测物体以加速度 a 运动时，质量块受到一个与加速度方向相反的惯性力作用，使悬臂梁变形，该变形被粘贴在悬臂梁上的应变片感受到并随之产生应变，从而使应变片的电阻发生变化。电阻的变化引起由应变片组成的桥路出现不平衡，从而输出电压，即可得出加速度 a 值的大小。

应变片加速度传感器不适用于频率较高的振动和冲击场合，一般适用频率为 10～60Hz 范围。

五、半导体力敏应变片在电子皮带秤上的应用

荷重传感器是皮带秤的关键组成部件，采用半导体力敏应变片作为敏感元件，虽然在同样压力下它的弹性形变较金属箔式应变片小，但其灵敏度却要高得多，这种传感器灵敏度可达 7～10mV/kg，额定压力为 5kg 的荷重传感器可输出 50mV 左右。

电子皮带秤工作原理如图 2-15 所示。

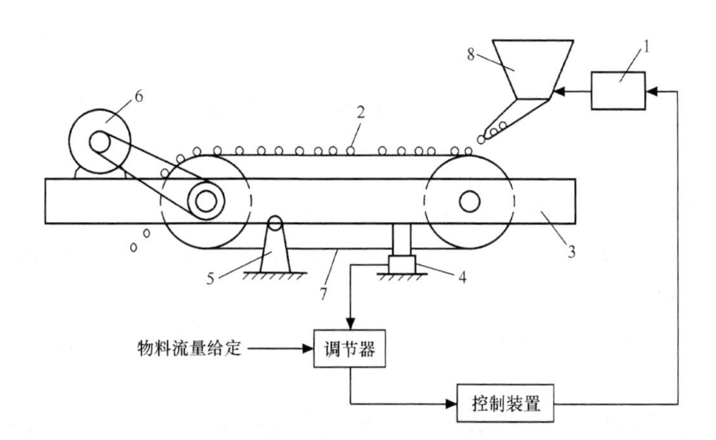

1—电磁振动给料机　2—物料　3—秤架　4—力敏荷重传感器（包括放大器）
5—支点　6—减速电机　7—环行皮带　8—料仓

图 2-15　电子皮带秤工作原理示意图

当未给料时，整个皮带秤重量通过调节秤架上的平衡锤使之自重基本作用在支点上，仅留很小一部分压力作为传感器预压力。当电磁振动机开始给料时，通过皮带运动，使物料平铺在皮带上。此时皮带上物料重量一部分通过支点传到基座，另一部分作用于传感器上。设每米物料重量为 P，传感器受力为 F，则 $F = CP$（C 为系数，取决于传感器距支点的距离）。当传感器受力后，传感器中的弹性元件将产生变形，因此，粘贴于弹性元件上的力敏应变电桥就有电压信号 ΔU 输出，其值为

$$\Delta U = \frac{\Delta R}{R} U$$

式中：U——应变电桥的电源电压；

$\Delta R/R$——应变片的相对变化。

当 U 和 R 恒定时，ΔU 与受力成正比，因此 ΔU 与 P 成正比。在皮带速度 v 不变时，单位时间内皮带上物料流量为 $Q = Pv$，即 Q 与 P 成正比。所以测量 ΔU 的大小就相当于间接地测量 Q 的大小。

通过放大器将测得的毫伏信号放大，再送入调节器，与物料流量给定值进行比较后，通过控制装置去自动调节给料机的给料量。当实测流量低时，调节器使给料机增加给料量，直至实际流量与给定流量相等，调节器就保持不变，反之亦然。依次循环，达到了物料连续计量与自动调节给料量的目的。

任务布置

一、课外学习

1. 查阅应变片的常用材料及粘贴技术。
2. 查询应交片的粘贴工艺步骤。
3. 应用应变式传感器设计一个测力的电路。

二、实训

【实训】 半导体应变片单臂电桥的测试

1. 实训目的

① 观察并了解应变片的结构及粘贴方式。

② 测试应变梁变形的应变输出，进一步理解应变式传感器的工作原理。

2. 实训所需部件

直流稳压电源、电桥、差动放大器、半导体应变计、测微头、电压表。

3. 实训原理

半导体材料的“压阻效应”特别明显，可以反映出很微小的形变，当电桥的一个桥臂换成半导体应变片后，就构成单臂电桥，当相邻两桥臂换成受力方向相反的应变片时，即可构成半桥。若应变片不受力，4 个桥臂电阻构成的电桥在电位计 W_D 调节下能够达到平衡状态，即输出为零，若悬臂梁受力，则电桥输出不再为零，且随受力的增加而增大。

4. 实训步骤

① 差动放大器调零：将差动放大器的两输入端接地，增益调节适当，输出端接地，调节调零旋钮使输出为 0。

② 按图 2-16 接线，电桥中 R_1 为半导体应变片（电阻），其余电阻为固定电阻。

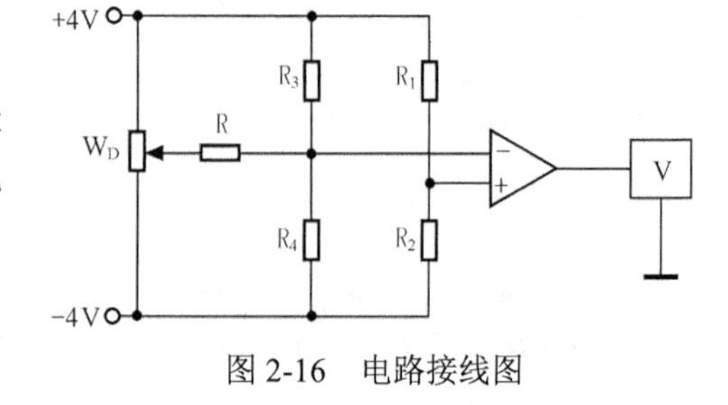

图 2-16 电路接线图

③ 调节电桥平衡：悬臂梁不受力时，电压表读数应该为 0，若不为 0 时，调节电位器 W_D 使电桥输出为 0。

④ 旋转测微头，带动悬臂梁分别作向上和向下的运动，以水平状态下的输出为零，向上和向下各移动 4mm，每移动 0.5mm 记录一个数据，填入表 2-2 中。

⑤ 用测出的 V、X 值，画出 V-X 曲线，求出灵敏度。

表 2-2　　数据记录表

位移/mm	0	0.5	1.0	1.5	2.0	2.5	3.0	3.5	4.0
电压/V ↑									
电压/V ↓									

课后习题

1．什么叫应变效应？利用应变效应解释金属电阻应变片的工作原理。

2．试述应变片温度误差的概念、产生原因和补偿办法。

3．如果试件材质为合金钢，线膨胀系数 $\beta_g = 11 \times 10^{-6}$/℃，电阻应变片敏感栅材质为康铜，其电阻温度系数 $\alpha = 15 \times 10^{-6}$/℃，线膨胀系数 $\beta_s = 14.9 \times 10^{-6}$/℃。当传感器的环境温度从 10℃变化到 50℃时，所引起的附加电阻相对变化量 $(\Delta R/R)_t$ 为多少？折合成附加应变 ε_t 为多少？

4．什么是直流电桥？若按不同的桥臂工作方式分类，可分为哪几种？各自的输出电压如何计算？

5．拟在等截面的悬臂梁上粘贴 4 个完全相同的电阻应变片，并组成差动全桥电路。

① 4 个应变片应怎样粘贴在悬臂梁上？

② 画出相应的电桥电路图。

6．图 2-5 为一直流应变电桥。图中 $E = 4$V，$R_1 = R_2 = R_3 = R_4 = 120\Omega$。

① R_1 为金属应变片，其余为外接电阻，当 R_1 的增量为 $\Delta R_1 = 1.2\Omega$时，电桥输出电压 U_o 为多少？

② R_1、R_2 都是应变片，且批号相同，感应应变的极性和大小都相同，其余为外接电阻，此时电桥输出电压 U_o 为多少？

③ 在题②中，如果 R_2 与 R_1 感受应变的极性相反，且 $\Delta R_1 = \Delta R_2 = 1.2\Omega$，电桥输出电压 U_o 为多少？

7．图 2-17 所示为等强度梁测力系统，R_1 为电阻应变片，应变片灵敏系数 $K = 2.05$，未受应变时，$R_1 = 120\Omega$。当试件受力 F 时，应变片承受平均应变 $\varepsilon = 800\mu$m/m，试求：

① 应变片电阻变化量 ΔR_1 及电阻相对变化量 $\Delta R_1/R_1$；

② 将电阻应变片 R_1 置于单臂测量电桥，电桥电源电压为直流 3V，求电桥输出电压及电桥非线性误差；

③ 若要减小非线性误差，应采取何种措施？分析其电桥输出电压及非线性误差大小。

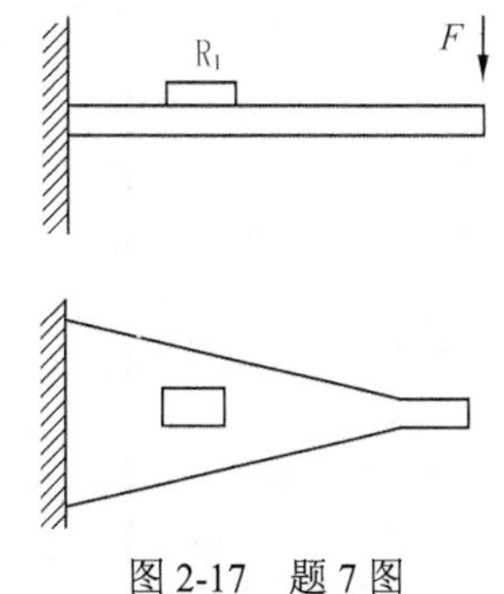

图 2-17　题 7 图

单元三
电容式传感器

电容式传感器是将被测非电量的变化转换为电容量变化的一种传感器。它结构简单、体积小、分辨率高，可非接触式测量，并能在高温、辐射和强烈振动等恶劣条件下工作。广泛应用于压力、差压、液位、振动、位移、加速度、成分含量等多方面测量。随着电容测量技术的迅速发展，电容式传感器在非电量测量和自动检测中得到了广泛的应用。

任务一　电容式传感器的类型和工作原理

【知识教学目标】

1．了解电容式传感器的结构形式。

2．理解电容式传感器的工作原理。

3．熟悉电容式传感器的测量电路。

【技能培养目标】

1．了解电容传感器在生产现场中的应用。

2．能够利用电容式传感器进行参数的测量。

【相关知识】

一、电容式传感器的类型及原理

由绝缘介质分开的两个平行金属板组成的平板电容器，如果不考虑边缘效应，其电容量为

$$C=\frac{\varepsilon A}{d} \tag{3-1}$$

式中：ε——电容极板间介质的介电常数，$e=e_0e_r$，其中 e_0 为真空介电常数，e_r 为极板间介质的相对介电常数；

A——两平行板正对面积；

d——两平行板之间的距离。

当被测参数变化使得式（3-1）中的 A、d 或 ε 发生变化时，电容量 C 也随之变化。如果保持其中两个参数不变，而仅改变其中一个参数，就可把该参数的变化转换为电容量的变化，通过测量电路就可以转换为电量输出。因此，电容式传感器可分为变极距型、变面积型和变介电常数型 3 种。图 3-1 所示为常用电容器的结构形式，其中图（b）、（c）、（d）、（f）、（g）和（h）为变面积型，图（a）和（e）为变极距型，图（i）～（l）为变介电常数型。

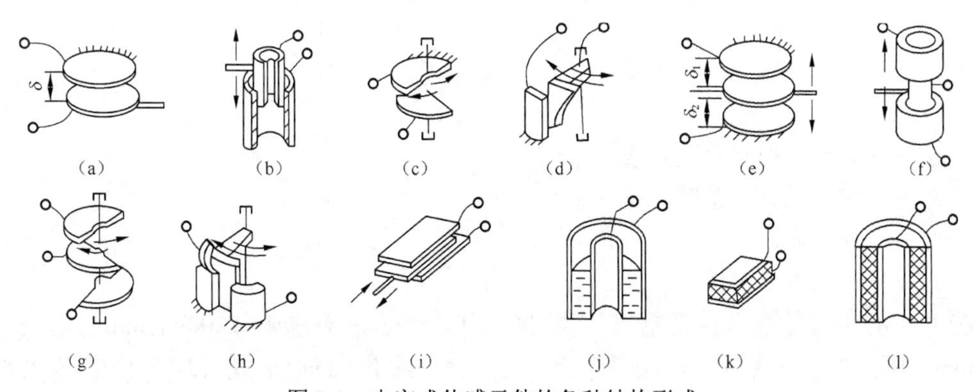

图 3-1　电容式传感元件的各种结构形式

1．变极距型电容传感器

图 3-2 所示为变极距型电容式传感器的原理图。当传感器的ε_r和 A 为常数，初始极距为

d_0时，由式（3-1）可知其初始电容量 C_0 为

$$C_0=\frac{\varepsilon_0\varepsilon_r A}{d_0} \tag{3-2}$$

若电容器极板间距离由初始值 d_0 缩小了 Δd，电容量增大了 ΔC，则有

$$C=C_0+\Delta C=\frac{\varepsilon_0\varepsilon_r A}{d_0-\Delta d}=\frac{C_0}{1-\dfrac{\Delta d}{d_0}}=\frac{C_0\left(1+\dfrac{\Delta d}{d_0}\right)}{1-\left(\dfrac{\Delta d}{d_0}\right)^2} \tag{3-3}$$

由式（3-3）可知，传感器的输出特性不是线性关系，而是如图 3-3 所示的曲线关系。

在式（3-3）中，若 $\Delta d/ d_0<<1$ 时，$1-(\Delta d/d_0)^2\approx 1$，则式（3-3）可以简化为

$$C=C_0+C_0\frac{\Delta d}{d_0} \tag{3-4}$$

此时 C 与 Δd 近似呈线性关系，所以变极距型电容式传感器只有在 $\Delta d/d$ 很小时，才有近似的线性关系。

另外，由式（3-4）可以看出，在 d_0 较小时，对于同样的 Δd 变化所起的 ΔC 可以增大，从而使传感器灵敏度提高。但 d_0 过小，容易引起电容器击穿或短路，为此，极板间可采用高介电常数的材料（云母、塑料膜等）作介质，如图 3-4 所示，此时电容 C 变为

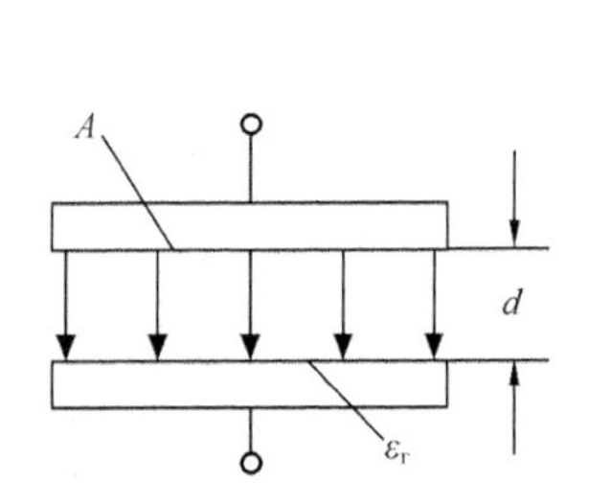

图 3-2　变极距型电容式传感器

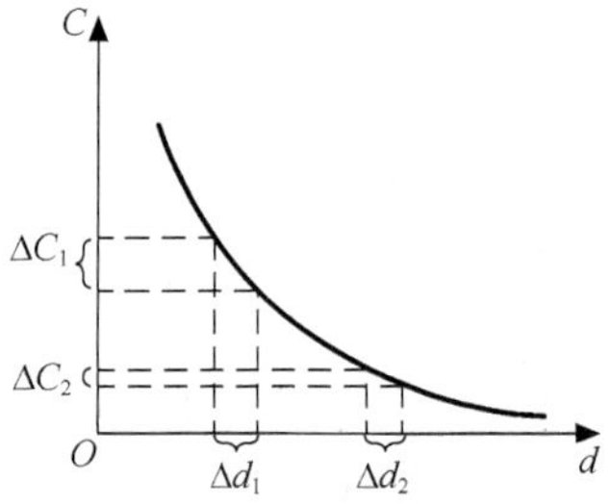

图 3-3　电容量与极板间距的关系

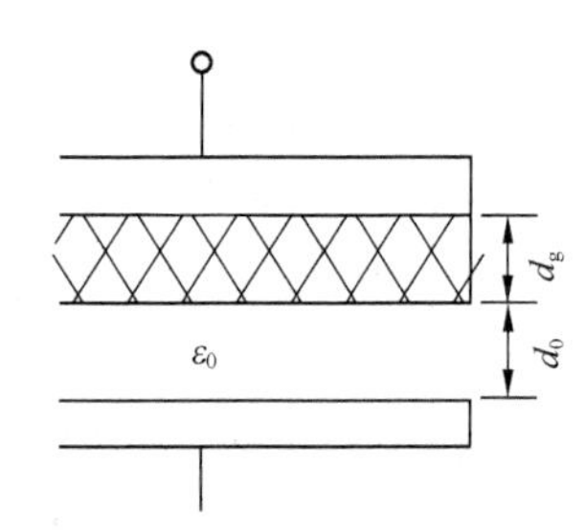

图 3-4　放置云母片的电容器

$$C=\frac{A}{\dfrac{d_g}{\varepsilon_0\varepsilon}+\dfrac{d_0}{\varepsilon_0}} \tag{3-5}$$

式中：ε_g ——云母的相对介电常数，$\varepsilon_g=7$；

ε_0 ——空气的介电常数，$\varepsilon_0=1$；

d_0 ——空气隙厚度；

d_g ——云母片的厚度。

云母片的相对介电常数是空气的 7 倍，其击穿电压不小于 1000kV/mm，而空气仅为 3kV/mm。因此有了云母片，极板间起始距离可大大减小。同时，式（3-5）中的 $d_g/\varepsilon_0\varepsilon_g$ 是恒定值，它能使传感器的输出特性的线性度得到改善。

一般变极板间距离电容式传感器的起始电容在 20～100pF 之间，极板间距离在 25～200μm 的范围内。最大位移应小于间距的 1/10，故在微位移测量中应用最广。

2．变面积型电容式传感器

图 3-5 所示为变面积型电容传感器原理结构示意图。被测量通过动极板移动引起两极板有效覆盖面积 A 改变，从而得到电容量的变化。当动极板相对于定极板沿长度方向平移 Δx 时，则电容变化量为

$$\Delta C = C - C_0 = -\frac{\varepsilon_0 \varepsilon_r \Delta x}{d} \tag{3-6}$$

式中，$C_0=\varepsilon_0\varepsilon_r ba/d$ 为初始电容。电容相对变化量为

$$\frac{\Delta C}{C_0} = \frac{\Delta x}{a} \tag{3-7}$$

很明显，这种传感器其电容量 C 与水平位移 Δx 呈线性关系。

图 3-6 所示为电容式角位移传感器原理图。当动极板有一个角位移θ时，与定极板间的有效覆盖面积就发生改变，从而改变了两极板间的电容量。当$\theta=0$ 时，则

$$C_0 = \frac{\varepsilon_0 \varepsilon_r A_0}{d_0} \tag{3-8}$$

式中：ε_r——介质相对介电常数；

d_0——两极板间距离；

A_0——两极板间初始覆盖面积。

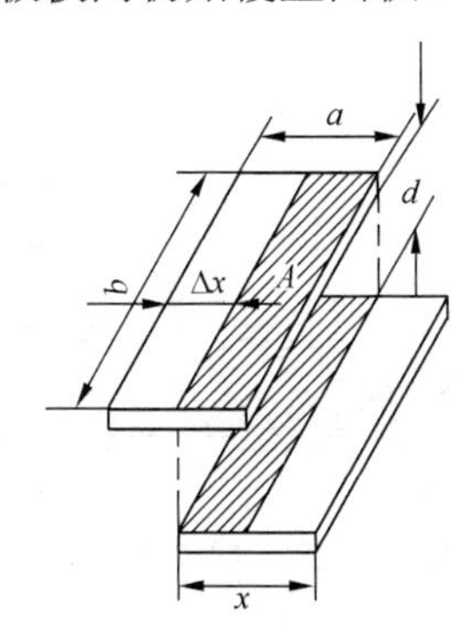

图 3-5　变面积型电容器原理图

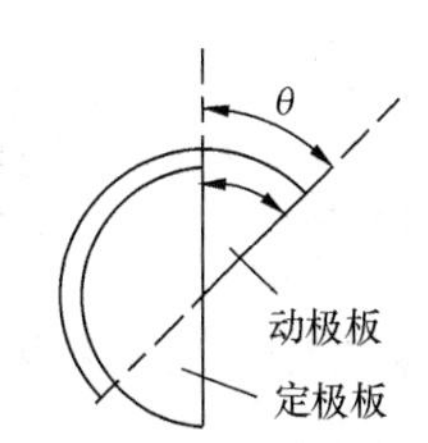

图 3-6　电容式角位移传感器原理图

当$\theta \neq 0$ 时，则

$$C = \frac{\varepsilon_0 \varepsilon_r A_0 \left(1 - \dfrac{\theta}{\pi}\right)}{d_0} = C_0 - C_0 \frac{\theta}{\pi} \tag{3-9}$$

从式（3-9）可以看出，传感器的电容量 C 与角位移θ呈线性关系。

3．变介质型电容式传感器

图 3-7 所示为一种变极板间介质的电容式传感器用于测量液位高低的结构原理图。设被测介质的介电常数为ε_1、液面高度为 h、变换器总高度为 H、内筒外径为 d、外筒内径为 D，此时变换器电容值为

$$C = \frac{2\pi\varepsilon_1 h}{\ln\dfrac{D}{d}} + \frac{2\pi\varepsilon(\mathrm{H}-h)}{\ln\dfrac{D}{d}} = \frac{2\pi\varepsilon H}{\ln\dfrac{D}{d}} + \frac{2\pi h(\varepsilon_1 - \varepsilon)}{\ln\dfrac{D}{d}} = C_0 + \frac{2\pi h(\varepsilon_1 - \varepsilon)}{\ln\dfrac{D}{d}} \tag{3-10}$$

式中：ε——空气介电常数；

C_0——由变换器的基本尺寸决定的初始电容值，即

$$C_0 = \frac{2\pi\varepsilon H}{\ln\dfrac{D}{d}} \tag{3-11}$$

由式（3-10）可见，此变换器的电容增量正比于被测液位高度 h。

变介质型电容传感器有较多的结构形式，可以用来测量纸张、绝缘薄膜等的厚度，也可用来测量粮食、纺织品、木材或煤等非导电固体介质的湿度。图 3-8 所示为一种常用的结构形式。图中两平行电极固定不动，极距为 d_0，相对介电常数为ε_{r2}的电介质以不同深度插入电容器中，从而改变两种介质的极板覆盖面积。传感器总容量 C 为

$$C = C_1 + C_2 = \varepsilon_0 b_0 \frac{\varepsilon_{r1}(L_0 - L) + \varepsilon_{r2} L}{d_0} \tag{3-12}$$

式中：L_0、b_0——极板的长度、宽度；

L——第二种介质进入极板间的长度。

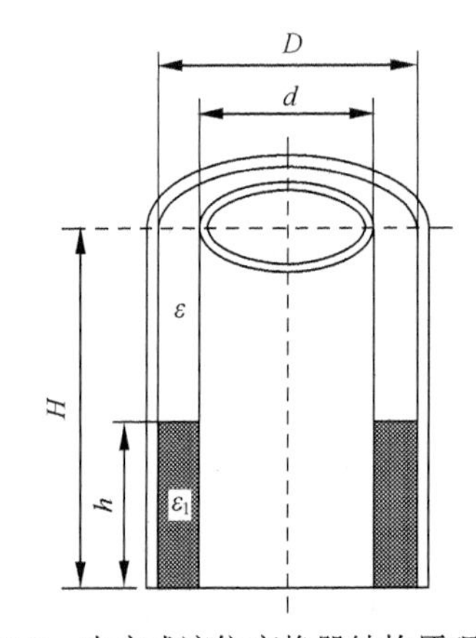

图 3-7　电容式液位变换器结构原理图

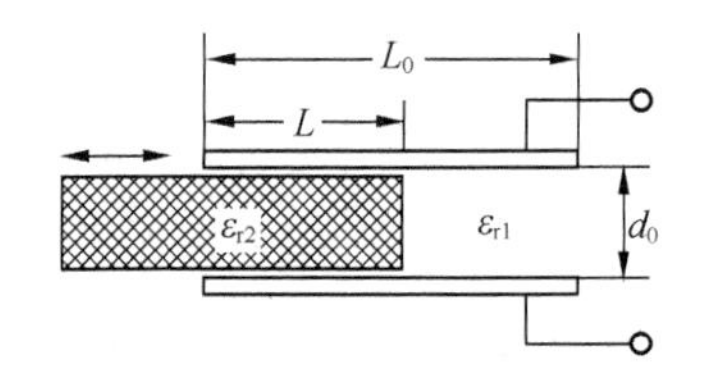

图 3-8　变介质型电容式传感器

若电介质 $\varepsilon_{r1}=1$，当 $L=0$ 时，传感器初始电容 $C_0=\varepsilon_0\varepsilon_{r1}L_0b_0/d_0$。当被测介质 ε_{r2} 进入极板间 L 深度后，引起电容相对变化量为

$$\frac{\Delta C}{C_0} = \frac{C - C_0}{C_0} = \frac{(\varepsilon_{r2} - 1)L}{L_0} \tag{3-13}$$

表 3-1 列出几种常用的电介质材料的相对介电常数ε_r。

表 3-1　介质材料的相对介电常数

材　　料	相对介电常数ε_r	材　　料	相对介电常数ε_r
真空	1.00000	硬橡胶	4.3
其他气体	1～1.2	石英	4.5
纸	2.0	玻璃	5.3～7.5
聚四氟乙烯	2.1	陶瓷	5.5～7.0

续表

材　　料	相对介电常数ε_r	材　　料	相对介电常数ε_r
石油	2.2	盐	6
聚乙烯	2.3	云母	6～8.5
硅油	2.7	三氧化二铝	8.5
米及谷类	3～5	乙醇	20～25
环氧树脂	3.3	乙二醇	35～40
石英玻璃	3.5	甲醇	37
二氧化硅	3.8	丙三醇	47
纤维素	3.9	水	80
聚氯乙烯	4.0	钛酸钡	1 000～10 000

二、电容式传感器的测量电路

电容式传感器中电容值以及电容变化值都十分微小，这样微小的电容量还不能直接为 目前的显示仪表所显示，也很难为记录仪所接收。这就必须借助于测量电路检出这一微小电容增量，并将其转换成与其成单值函数关系的电压、电流或者频率。电容转换电路有调频电路、运算放大器式电路、二极管双 T 形交流电桥、脉冲宽度调制电路等。

1．调频电路

调频测量电路把电容式传感器作为振荡器谐振回路的一部分，当输入量导致电容量发生变化时，振荡器的振荡频率就发生变化。虽然可将频率作为测量系统的输出量，用以判断被测非电量的大小，但此时系统是非线性的，不易校正，因此必须加入鉴频器，将频率的变化转换为电压振幅的变化，这样经过放大就可以用仪器指示或记录仪记录下来。调频式测量电路原理框图如图 3-9 所示。图中调频振荡器的振荡频率为

$$f=\frac{1}{2\pi\sqrt{LC}} \tag{3-14}$$

式中：L——振荡回路的电感；

C——振荡回路的总电容，$C=C_1+C_2+C_x$，其中 C_1 为振荡回路固有电容，C_2 为传感器引线分布电容，$C_x=C_0\pm\Delta C$ 为传感器的电容。

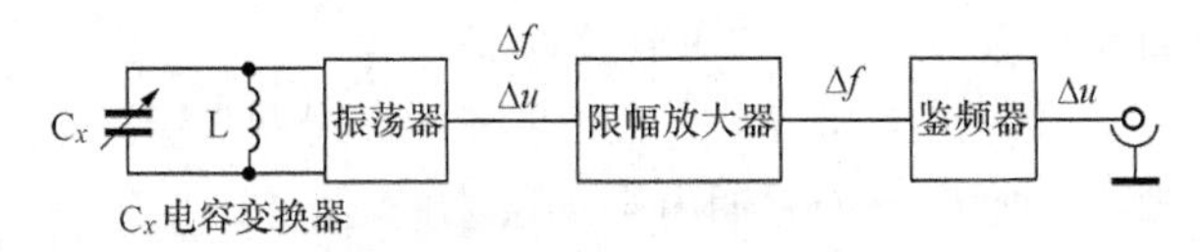

图 3-9　调频式测量电路原理图

当被测信号为 0 时，$\Delta C=0$，则 $C=C_1+C_2+C_0$，所以振荡器有一个固有频率 f_0，其表示式为

$$f_0=\frac{1}{2\pi\sqrt{(C_1+C_2+C_0)L}} \tag{3-15}$$

当被测信号不为 0 时，$\Delta C\neq 0$，振荡器频率有相应变化，此时频率为

$$f=\frac{1}{2\pi\sqrt{(C_1+C_2+C_0\mp\Delta C)L}}=f_0\pm\Delta f \tag{3-16}$$

调频电容传感器测量电路具有较高的灵敏度，可以测量高至 0.01μm 级位移变化量。信号的输出频率易于用数字仪器测量，并与计算机通信，抗干扰能力强，可以发送、接收，以达到遥测遥控的目的。

2．运算放大器式电路

运算放大器的放大倍数非常大，而且输入阻抗 Z_i 很高。运算放大器的这一特点可以作为电容式传感器比较理想的测量电路。图 3-10 所示为运算放大器式电路原理图，图中 C_x 为电容式传感器电容；$\dot{U}_i$ 是交流电源电压；$\dot{U}_o$ 是输出信号电压；Σ是虚地点。由运算放大器工作原理可得

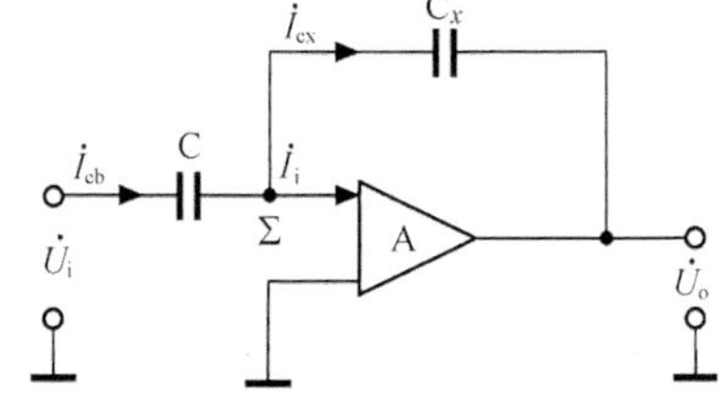

图 3-10　运算放大器式电路原理图

$$\dot{U}_o=-\frac{C}{C_x}\dot{U}_i \tag{3-17}$$

如果传感器是一只平板电容，则 $C_x=\varepsilon A/d$，代入式（3-17），可得

$$\dot{U}_o=-\dot{U}_i\frac{C}{\varepsilon A}d \tag{3-18}$$

式中：“−”号——输出电压 $\dot{U}_o$ 的相位与电源电压反相。

式（3-18）说明运算放大器的输出电压与极板间距离 d 呈线性关系。运算放大器式电路虽解决了单个变极板间距离式电容传感器的非线性问题，但要求 Z_i 及放大倍数足够大。为保证仪器精度，还要求电源电压 $\dot{U}_i$ 的幅值和固定电容 C 值稳定。

3．二极管双 T 形交流电桥

图 3-11 所示为二极管双 T 形交流电桥电路原理图。e 是高频电源，它提供了幅值为 U 的对称方波，VD_1、VD_2 为特性完全相同的两只二极管，固定电阻 $R_1=R_2=R$，C_1、C_2 为传感器的两个差动电容。

当传感器没有输入时，$C_1=C_2$。其电路工作原理：当 e 为正半周时，二极管 VD_1 导通、VD_2 截止，于是电容 C_1 充电，其等效电路如图 3-11（b）所示；在随后负半周出现时，电容 C_1 上的电荷通过电阻 R_1，负载电阻 R_L 放电，流过 R_L 的电流为 I_1。当 e 为负半周时，VD_2 导通、VD_1 截止，则电容 C_2 充电，其等效电路如图 3-11（c）所示；在随后出现正半周时，C_2 通过电阻 R_2，负载电阻 R_L 放电，流过 R_L 的电流为 I_2。根据上面所给的条件，则电流 $I_1=I_2$，且方向相反，在一个周期内流过 R_L 的平均电流为零。

若传感器输入不为 0，则 $C_1\neq C_2$、$I_1\neq I_2$，此时在一个周期内通过 R_L 上的平均电流不为零，因此产生输出电压，输出电压在一个周期内平均值为

$$U_o=I_LR_L=\frac{1}{T}\int_0^T\left[I_1(t)-I_2(t)\right]\mathrm{d}tR_L\approx\frac{R(R+2R_L)}{(R+R_L)^2}\cdot R_LUf(C_1-C_2) \tag{3-19}$$

式中：f——电源频率。

当 R_L 已知时，式（3-19）中

$$\left[\frac{R(R+2R_{\mathrm{L}})}{(R+R_{\mathrm{L}})^2}\right]\cdot R_{\mathrm{L}} = M \tag{3-20}$$

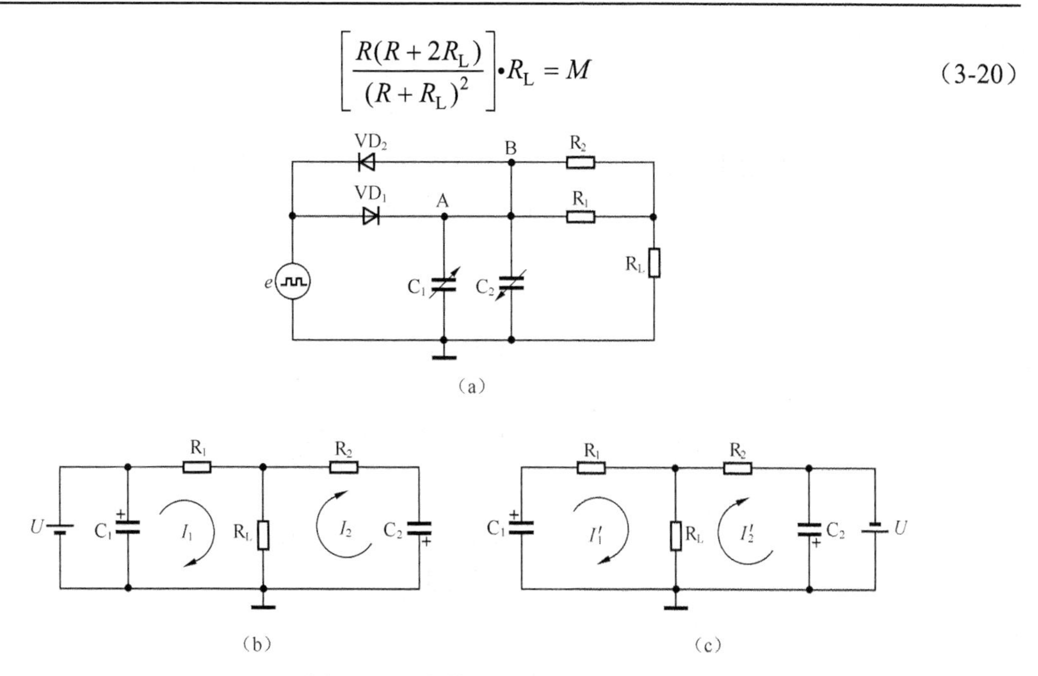

图 3-11　二极管双 T 形交流电桥

则式（3-19）可改写为

$$U_o=UfM(C_1-C_2) \tag{3-21}$$

从式（3-21）可知，输出电压 U_o 不仅与电源电压幅值和频率有关，而且与 T 形网络中电容 C_1 和 C_2 的差值有关。当电源电压确定后，输出电压 U_o 是电容 C_1 和 C_2 的函数。该电路输出电压较高，当电源频率为 1.3MHz，电源电压 U=46V 时，电容在−7～7pF 变化，可以在 1MΩ 负载上得到−5～5V 的直流输出电压。电路的灵敏度与电源电压幅值和频率有关，故输入电源要求稳定。当 U 幅值较高，使二极管 VD_1、VD_2 工作在线性区域时，测量的非线性误差很小。电路的输出阻抗与电容 C_1、C_2 无关，而仅与 R_1、R_2 及 R_L 有关，为 1～100kΩ。输出信号的上升沿时间取决于负载电阻。对于 1kΩ的负载电阻上升时间为 20μs 左右，故可用来测量高速的机械运动。

4．脉冲宽度调制电路

脉冲宽度调制电路如图 3-12 所示。图中 C_{x1}、C_{x2} 为差动式电容传感器，电阻 R_1=R_2，N_1、N_2 为比较器。当双稳态触发器处于某一状态，Q= 1、$\overline{Q}$= 0，A 点高电位通过 R_1 对 C_{x1} 充电，时间常数 τ_1= R_1C_{x1}，直至 F 点电位高于参比电位 U_r，比较器 N_1 输出正跳变信号。与此同时，因 $\overline{Q}$=0，电容器 C_{x2} 上已充电流通过 VD_2 迅速放电至零电平。N_1 正跳变信号激励触发器翻转，使 Q=0、$\overline{Q}$=1，于是 A 点为低电位，C_{x1} 通过 VD_1 迅速放电，而 B 点高电位通过 R_2 对 C_{x2} 充电，时间常数为 τ_2=$R_2 C_{x2}$，直至 G 点电位高于参比电位 U_r。比较器 N_2 输出正跳变信号，使触发器发生翻转。重复前述过程，电路各点波形如图 3-13 所示。当差动电容器 $C_{x1}=C_{x2}$ 时，电路各点波形如图 3-13（a）所示，A、B 两点间的平均电压值为零。当差动电容 $C_{x1}\neq C_{x2}$，且 C_{x1}＞C_{x2}，则 τ_1=$R_1 C_{x1}$＞ τ_2=$R_2 C_{x2}$。由于充放电时间常数变化，使电路中各点电压波形产生相应改变。电路各点波形如图 3-13（b）所示，此时 U_A、U_B 脉冲宽度不再相等，一个周期（T_1+T_2）时间内的平均电压值不为零。此 U_{AB} 电压经低通滤波器滤波

后，可获得 U_o 输出为

$$U_o = U_A - U_B = U_1 \frac{T_1 - T_2}{T_1 + T_2} \tag{3-22}$$

式中：U_1——触发器输出高电平；

T_1、T_2——分别为 C_{x1}、C_{x2} 充电至 U_r 时所需时间。

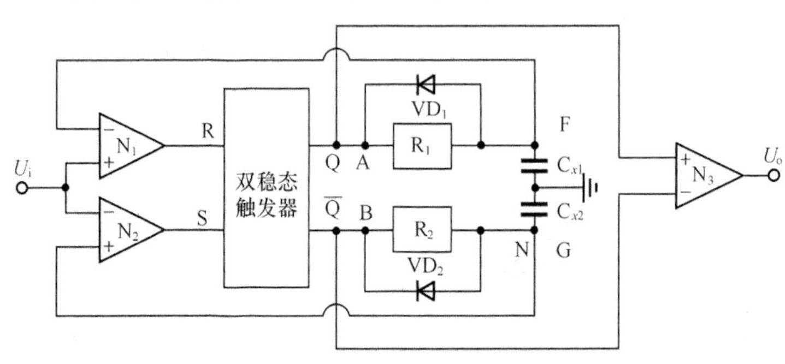

图 3-12　脉冲宽度调制电路

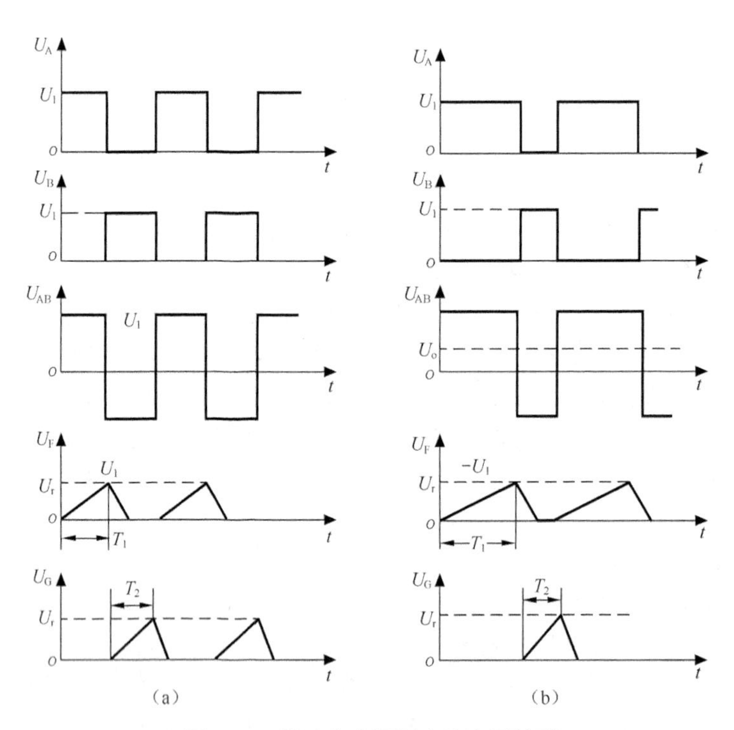

图 3-13　脉冲宽度调制电路电压波形

由电路知识可知

$$T_1 = R_1 C_{x1} \ln \frac{U_1}{U_1 - U_r} \tag{3-23}$$

$$T_2 = R_2 C_{x2} \ln \frac{U_1}{U_1 - U_r} \tag{3-24}$$

将 T_1、T_2 代入式（3-22），得

$$U_o = \frac{C_{x1} - C_{x2}}{C_{x1} + C_{x2}} U_1 \tag{3-25}$$

把平行板电容的公式代入式（3-25），在变极板距离的情况下可得

$$U_o = \frac{d_2 - d_1}{d_1 + d_2} U_1 \tag{3-26}$$

式中：d_1、d_2——分别为C_{x1}、C_{x2}极板间距离。

当差动电容$C_{x1}=C_{x2}=C_0$，即$d_1=d_2=d_0$时，$U_o=0$；若$C_{x1} \neq C_{x2}$，设$C_{x1} > C_{x2}$，即$d_1=d_0-\Delta d$，$d_2=d_0+\Delta d$，则有

$$U_o = \frac{\Delta d}{d_0} U_1 \tag{3-27}$$

同样，在变面积电容传感器中，则

$$U_o = \frac{\Delta A}{A} U_1 \tag{3-28}$$

由此可见，差动脉宽调制电路适用于变极板距离以及变面积差动式电容传感器，并具有线性特性，且转换效率高，经过低通放大器就有较大的直流输出，频率的变化对输出没有影响。

任务二　电容式传感器的应用

【知识教学目标】

熟悉电容式传感器在工程中的应用。

【技能培养目标】

利用电容式传感器设计测力电路。

【相关知识】

电容式传感器是将被测非电量的变化转换为电容量变化的一种传感器。它结构简单、体积小、分辨率高，可非接触式测量，并能在高温、辐射和强烈振动等恶劣条件下工作。广泛应用于压力、差压、液位、振动、位移、加速度、成分含量等多方面测量。随着电容测量技术的迅速发展，电容式传感器在非电量测量和自动检测中得到了广泛的应用。

一、电容式加速度传感器

图 3-14 所示为差动式电容加速度传感器结构图。它有两个固定极板（与壳体绝缘），中间有一个用弹簧片支撑的质量块，此质量块的两个端面经过磨平抛光后作为可动极板（与壳体电连接）。

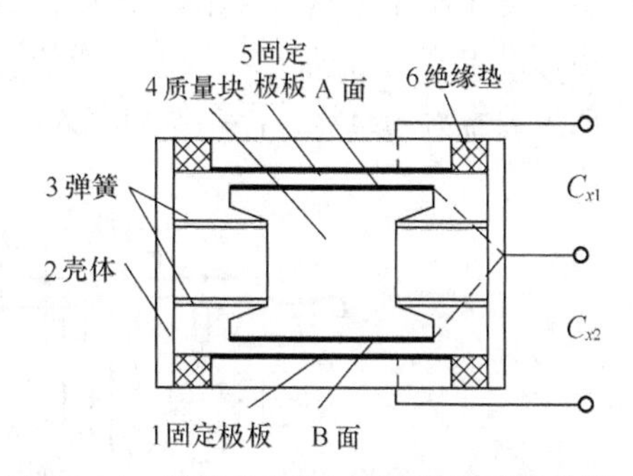

图 3-14　差动式电容加速度传感器结构图

当传感器壳体随被测对象沿垂直方向作直线加速运动时，质量块在惯性空间中相对静止，两个固定电极将相对于质量块在垂直方向产生大小正比于被测加速度的位移。此位移使两电容的间隙发生变化，一个增加，

一个减小，从而使 C_1、C_2 产生大小相等、符号相反的增量，此增量正比于被测加速度。

电容式加速度传感器的主要特点是频率响应快和量程范围大，大多采用空气或其他气体作阻尼物质。

二、电容式压力传感器

图 3-15 所示为差动电容式压力传感器的结构图，图中所示膜片为动电极，两个在凹形玻璃上的金属镀层为固定电极，构成差动电容器。

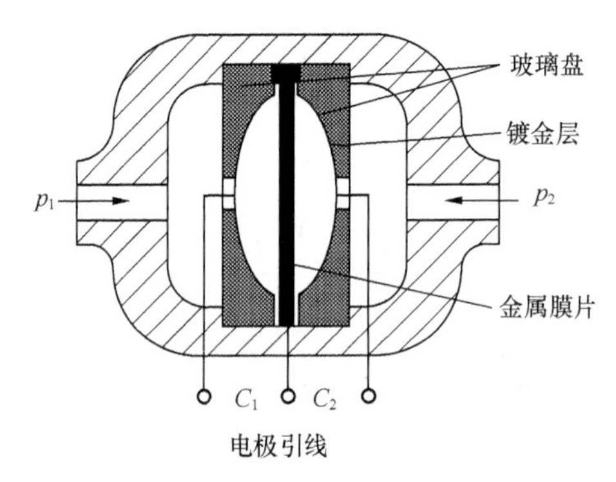

图 3-15　差动式电容压力传感器结构图

当被测压力或压力差作用于膜片并产生位移时，所形成的两个电容器的电容量，一个增大，一个减小。该电容的变化经测量电路转换成与压力或压力差相对应的电流或电压的变化。

三、差动式电容测厚传感器

电容测厚传感器是用来对金属带材在轧制过程中进行厚度的检测，其工作原理是在被测带材的上下两侧各置放一块面积相等、与带材距离相等的极板，这样一两块极板与带材就构成了两个电容器 C_1、C_2。把两块极板用导线连接起来成为一个极，而带材就是电容的另一个极，其总电容为 C_1+C_2，如果带材的厚度发生变化，将引起电容量的变化，用交流电桥将电容的变化量测出来，经过放大即可由电表指示测量结果。

差动式电容测厚传感器的测量原理框图如图 3-16 所示。音频信号发生器产生的音频信号，接入变压器 T 的一次绕组，变压器二次侧的两个绕组作为测量电桥的两臂，电桥的另外两桥臂由标准电容 C_0 和带材与极板形成的被测电容 C_x（$C_x=C_1+C_2$）组成。电桥的输出电压经放大器放大后整流为直流，再经差动放大，即可用指示电表指示出带材厚度的变化。

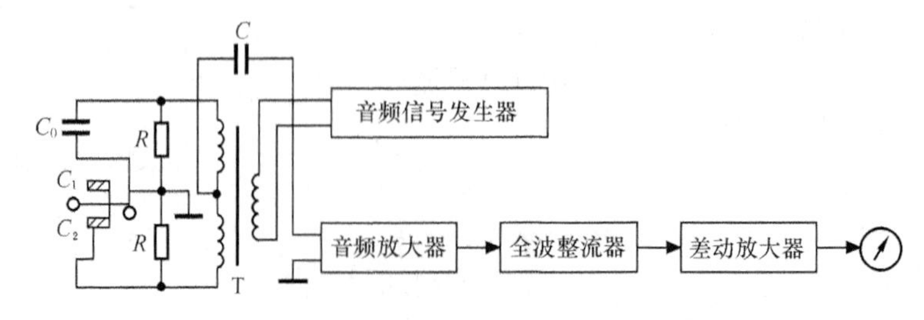

图 3-16　差动式电容测厚仪系统组成框图

任务布置

一、课外学习

1. 根据所学电容式传感器的知识设计一个能够测量液位或鉴别不同物质的应用电路。
2. 收集电容式传感器在工程中的应用实例。

二、实训

【实训】　电容式传感器特性测试

1. 实训目的

掌握电容式传感器的工作原理和测量方法。

2. 实训原理

电容式传感器有多种类型，本仪器中使用的是差动变面积式电容传感器。传感器由两组定片和一组动片组成。当安装于振动台上的动片上、下改变位置，与两组静片之间的重叠面积发生变化，极间电容也发生相应变化，成为差动电容。如将上层定片与动片形成的电容定为 C_{x1}，下层定片与动片形成的电容定为 C_{x2}，当将 C_{x1} 和 C_{x2} 桥路作为相邻两臂时，桥路的输出电压与电容量的变化有关，即与振动台的位移有关。

3. 实训所需部件

电容式传感器、电容变换器、差动放大器、低通滤波器、低频振荡器、测微仪。

4. 实训步骤

① 差动放大器调零。

② 按图 3-17 所示接线，电容变换器和差动大器的增益适中。

③ 装上测微仪，带动振动台产生位移，使电容动片位于两静片中，此时差动放大器输出应为零。

④ 以此为起点，向上和向下移动动片，每次 0.5mm，直至动片全部重合为止。记录数据于表 3-2 中，并做出 *V*-*X* 曲线，求得灵敏度。

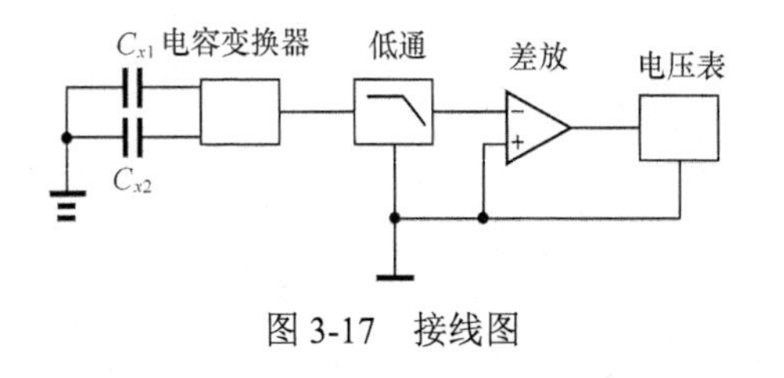

图 3-17　接线图

表 3-2　**数据记录表**

X/mm	2.0	1.5	1.0	0.5	0	−0.5	−1.0	−1.5	2.0
V/V									

⑤ 低频振荡器输出接“激振 I”端，移开测微头，适当调节频率和振幅，使差放输出波形较大但不失真，用示波器观察波形。

5. 注意事项

① 电容动片与两定片之间的距离须相等，必要时可稍做调整。移位和振动时均不可有擦片现象，否则会造成输出信号突变。

② 如果差动放大器输出端用示波器观察到波形中有杂波，请将电容变换器增益进一步减小。

③ 由于悬臂梁弹性恢复滞后，虽然测微仪回到初始刻度，但差放输出电压并不回零，此时可反方向旋动测微仪，使输出电压过零后再回到初始位置，反复几次，差放电压即到零，然后进行负方向实验。

课后习题

1．根据工作原理可将电容式传感器分为哪几种类型？每种类型各有什么特点？各适用于什么场合？

2．如何改善单极式变极距型传感器的非线性？

3．图 3-7 所示为电容式液位计测量原理图。请为该测量装置设计匹配测量电路，要求输出电压 U_o 与液位 h 之间呈线性关系。

4．有一个以空气为介质的变面积型平板电容传感器，如图 3-5 所示，其中 $a = 8$mm，$b = 12$mm，两极板间距离为 1mm。一块板在原始位置上平移了 5mm 后，求该传感器的位移灵敏度 K（已知空气相对介电常数 ε =1F/m，真空时的介电常数 $\varepsilon_0 = 8.854\times10^{-12}$F/m）。

5．图 3-11 所示为电容式传感器的双 T 电桥测量电路，已知 R_1=R_2=R=40kΩ，R_L=20kΩ，e=10V，f=1MHz，C_1=10pF，C_2=10pF，ΔC_1=1pF。求 U_L 的表达式及对应上述已知参数的 U_L 值。

6．差动电容式传感器接入变压器交流电桥，当变压器二次侧两绕组电压有效值均为 U 时，试推导电桥空载输出电压 U_o 与 C_{x1}、C_{x2} 的关系式。若采用变极距型电容传感器，设初始截距均为 δ_0，改变 $\Delta\delta$ 后，求空载输出电压 U_o 与 $\Delta\delta$ 的关系式。

7．简述差动式电容测厚传感器系统的工作原理。

单元四
电感式传感器

电感式传感器是利用线圈自感或互感系数的变化来实现非电量电测的一种装置。利用电感式传感器，能对位移、压力、振动、应变、流量等参数进行测量。它具有结构简单、灵敏度高、输出功率大、输出阻抗小、抗干扰能力强及测量精度高等一系列优点，因此在机电控制系统中得到广泛的应用。它的主要缺点是响应较慢，不宜用于快速动态测量，而且传感器的分辨率与测量范围有关，测量范围越大，分辨率越低，反之则越高。

电感式传感器种类很多，本单元主要介绍变磁阻式、互感式和电涡流式 3 种传感器。

任务一　变磁阻式传感器

【知识教学目标】

1．理解变磁阻式传感器的工作原理。

2．了解变磁阻式传感器的测量电路。

3．了解变磁阻式传感器在工程中的应用。

【技能培养目标】

能够利用变磁阻式传感器进行位移、力和速度的测量。

【相关知识】

变磁阻式传感器是利用线圈自感的变化实现非电量测量的一种装置，可以直接测量直线位移，还可以通过敏感元件将振动、力等转换成位移量进行检测。

一、工作原理

变磁阻式传感器的结构如图 4-1 所示。它由线圈、铁芯和衔铁 3 部分组成。铁芯和衔铁由导磁材料如硅钢片或坡莫合金制成，在铁芯和衔铁之间有气隙，气隙厚度为δ，传感器的运动部分与衔铁相连。当衔铁移动时，气隙厚度δ发生改变，引起磁路中磁阻变化，从而导致电感线圈的电感值变化，因此只要能测出这种电感量的变化，就能确定衔铁位移量的大小和方向。

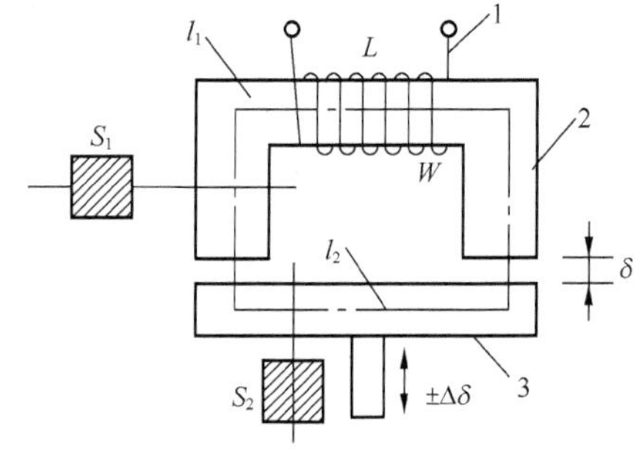

1—线圈；2—铁芯（定铁芯）；3—衔铁（动铁芯）

图 4-1　变磁阻式传感器

根据电感的定义，线圈中电感量可由下式确定，即

$$L = \frac{\Psi}{I} = \frac{W\Phi}{I} \tag{4-1}$$

式中：ψ——线圈总磁链；

I——通过线圈的电流；

W——线圈的匝数；

Φ——穿过线圈的磁通。

由磁路欧姆定律，得

$$\Phi = \frac{IW}{R_m} \tag{4-2}$$

式中：R_m——磁路总磁阻。

对于变隙式传感器，因为气隙很小，所以可以认为气隙中的磁场是均匀的。若忽略磁路磁损，则磁路总磁阻为

$$R_m = \frac{l_1}{\mu_1 S_1} + \frac{l_2}{\mu_2 S_2} + \frac{2\delta}{\mu_0 S_0} \tag{4-3}$$

式中：μ_1——铁芯材料的导磁率；

μ_2——衔铁材料的导磁率；

l_1——磁通通过铁芯的长度；

l_2——磁通通过衔铁的长度；

S_1——铁芯的截面面积；

S_2——衔铁的截面面积；

μ_0——空气的导磁率；

S_0——气隙的截面积；

δ——气隙的厚度。

通常气隙磁阻远大于铁芯和衔铁的磁阻，即

$$\left.\begin{aligned}\frac{2\delta}{\mu_0 S_0} >> \frac{l_1}{\mu_1 S_1}\\ \frac{2\delta}{\mu_0 S_0} >> \frac{l_2}{\mu_2 S_2}\end{aligned}\right\} \tag{4-4}$$

则式（4-3）可写为

$$R_{\mathrm{m}} = \frac{2\delta}{\mu_0 S_0} \tag{4-5}$$

因此，线圈的电感值可近似地表示为

$$L = \frac{W^2}{R_{\mathrm{m}}} = \frac{W^2 \mu_0 S_0}{2\delta} \tag{4-6}$$

上式表明，当线圈匝数为常数时，电感 L 仅仅是磁路中磁阻 R_{m} 的函数，只要改变 δ 或 S_0 均可导致电感变化，因此变磁阻式传感器又可分为变气隙型电感式传感器和变面积型电感式传感器。使用最广泛的是变气隙型电感传感器。图 4-2、图 4-3 所示为两种变磁阻式传感器的原理结构图。

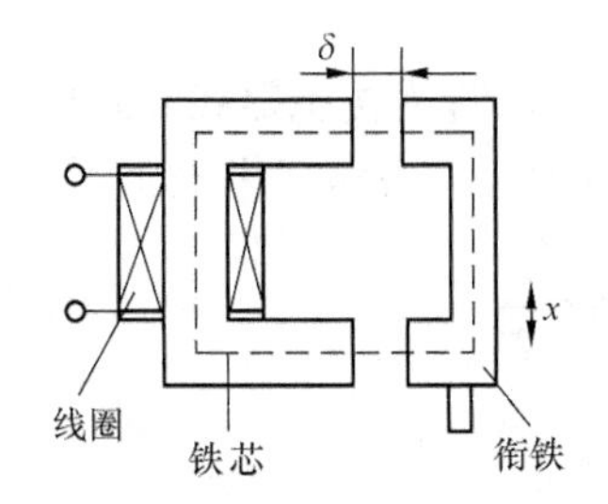

图 4-2　变面积型电感式传感器

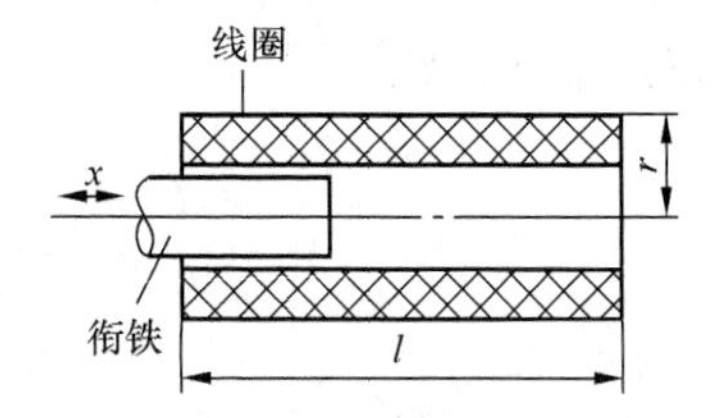

图 4-3　变气隙型电感式传感器

在实际使用中，常采用两个相同的传感器线圈共用一个衔铁，构成差动式电感传感器。图 4-4 所示为差动式电感传感器的原理结构图。由图 4-4（a）可知，差动变气隙式电感传感器由两个相同的电感线圈和磁路组成，测量时，衔铁通过导杆与被测位移量相连，当被测体上下移动时，导杆带动衔铁也以相同的位移上下移动，使两个磁回路中磁阻发生大小相等，方向相反的变化，导致一个线圈的电感量增加，另一个线圈的电感量减小，形成差动形式。

差动式电感传感器的结构要求两个导磁体的几何尺寸和材料完全相同，两个线圈的电气参数和几何尺寸等方面均应完全一致。差动式结构除了可以改善线性、提高灵敏度外，对温度变化、电源频率变化等影响也可以进行补偿，从而减少了外界影响造成的误差。

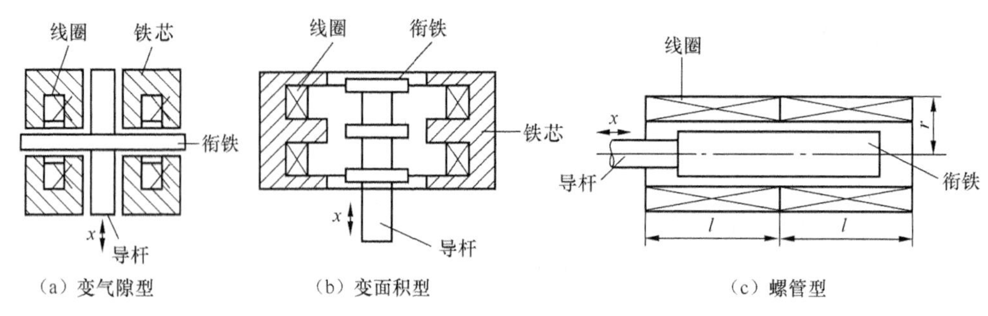

图 4-4　差动式电感传感器

二、测量电路

变磁阻式传感器的测量电路有交流电桥式、交流变压器式以及谐振式等几种形式。

1．交流电桥式测量电路

图 4-5 所示为交流电桥测量电路，把传感器的两个线圈作为电桥的两个桥臂 Z_1 和 Z_2，另外两个相邻的桥臂用纯电阻代替，设 $Z_1=Z+\Delta Z_1$、$Z_2=Z-\Delta Z_2$，Z 是衔铁在中间位置时单个线圈的复阻抗，ΔZ_1、ΔZ_2 分别是衔铁偏离中心位置时两线圈阻抗的变化量。对于高 Q 值（$Q=\omega L/R$）的差动式电感传感器，有 $\Delta Z_1+\Delta Z_2\approx j\omega(\Delta L_1+\Delta L_2)$，其输出电压为

$$\dot{U}_o=\frac{\Delta Z}{2(Z_1+Z_2)}\dot{U}=\frac{\Delta Z}{2Z}\dot{U}_\infty(\Delta L_1+\Delta L_2) \tag{4-7}$$

式中：L_0——衔铁在中间位置时单个线圈的电感；

ΔL——单线圈电感的变化量。

2．变压器式交流电桥

变压器式交流电桥测量电路如图 4-6 所示，电桥两臂 Z_1、Z_2 为传感器线圈阻抗，另外两桥臂为交流变压器次级线圈的 1/2 阻抗。当负载阻抗为无穷大时，桥路输出电压为

$$\dot{U}=\frac{Z_1\dot{U}}{Z_1+Z_2}-\frac{\dot{U}}{2}=\frac{Z_1-Z_2}{Z_1+Z_2}\cdot\frac{\dot{U}}{2} \tag{4-8}$$

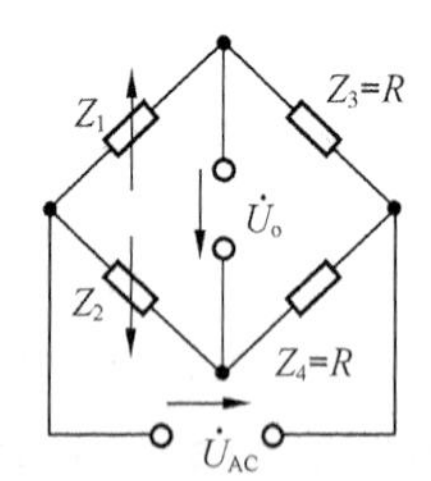

图 4-5　交流电桥测量电路

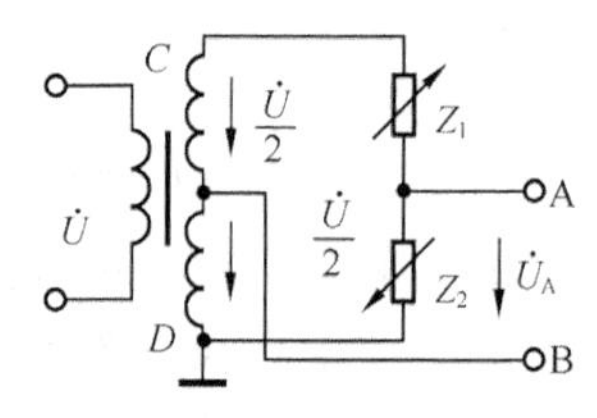

图 4-6　变压器式交流电桥

当传感器的衔铁处于中间位置，即 $Z_1=Z_2=Z$ 时，有 $U_o=0$，电桥平衡。

当传感器衔铁上移时，即 $Z_1=Z+\Delta Z$，$Z_2=Z-\Delta Z$，此时

$$\dot{U}_o=-\frac{\Delta Z}{Z}\cdot\frac{\dot{U}}{2}=-\frac{\Delta L}{L}\cdot\frac{\dot{U}}{2} \tag{4-9}$$

当传感器衔铁下移时，则 $Z_1=Z-\Delta Z$，$Z_2=Z+\Delta Z$，此时

$$\dot{U}_o=-\frac{\Delta Z}{Z}\bullet\frac{\dot{U}}{2}=\frac{\Delta L}{L}\bullet\frac{\dot{U}}{2} \tag{4-10}$$

从式（4-9）及式（4-10）可知，衔铁上下移动相同距离时，输出电压的大小相等，但方向相反。由于 U_o 是交流电压，输出指示无法判断位移方向，必须配合相敏检波电路来解决。

三、变磁阻式传感器的应用

图 4-7 所示为变气隙电感式压力传感器的结构图。它由膜盒、铁芯、衔铁及线圈等组成，衔铁与膜盒的上端连在一起。

当压力进入膜盒时，膜盒的顶端在压力 P 的作用下产生与压力 P 大小成正比的位移。于是衔铁也发生移动，从而使气隙发生变化，流过线圈的电流也发生相应的变化，电流表指示值就反映了被测压力的大小。

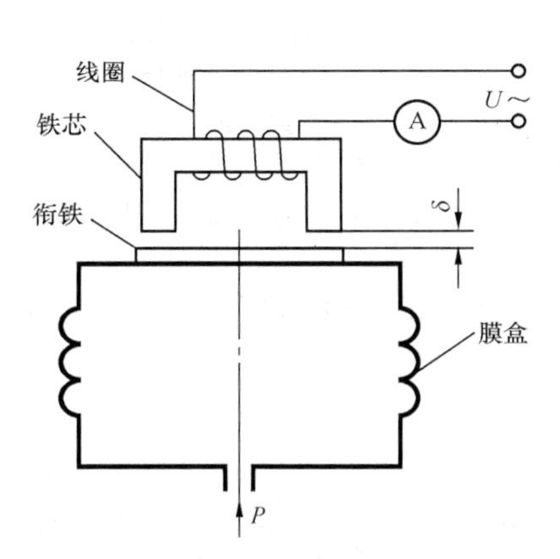

图 4-7　变气隙电感式压力传感器结构图

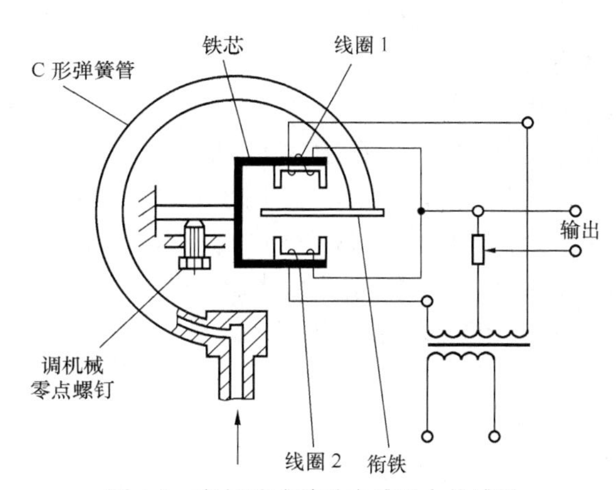

图 4-8　变气隙式差动电感压力传感器

任务二　差动变压器式传感器

【知识教学目标】

1．了解差动变压器式传感器的结构形式。

2．理解差动变压器式传感器的工作原理。

3．熟悉差动变压器式传感器的测量电路。

【技能培养目标】

1．了解差动变压器式传感器在生产现场中的应用。

2．能够利用差动变压器式传感器进行参数的测量。

【相关知识】

差动变压器能够把被测的非电量变化转换成绕组互感量的变化。这种传感器是根据变压器的基本原理制成的，并且次级绕组用差动的形式连接，故称之为差动变压器式传感器。

差动变压器结构形式较多，有变气隙式、变面积式和螺线管式等。在非电量测量中，应用最多的是螺线管式差动变压器，它可以测量 1～100mm 机械位移，并具有测量精度高、灵

敏度高、结构简单、性能可靠等优点。

一、差动变压器式传感器的工作原理

差动变压器的结构如图 4-9 所示，主要由一个初级绕组、两个次级绕组和插入绕组中央的圆柱形铁芯等组成。

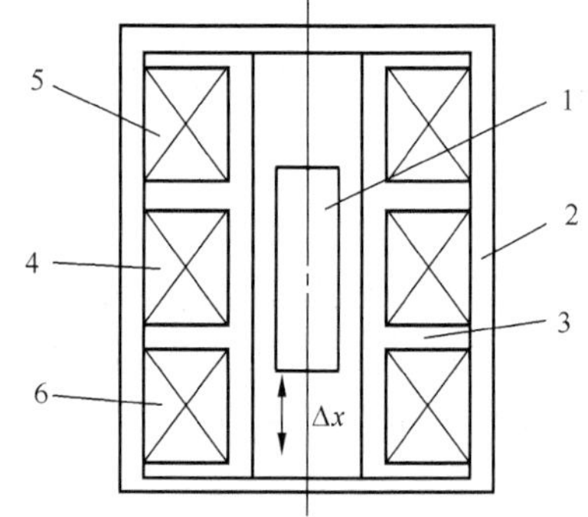

1—活动衔铁　2—导磁外壳　3—骨架
4—匝数为 W_1 的初级绕组
5—匝数为 W_{2a} 的次级绕组
6—匝数为 W_{2b} 的次级绕组

图 4-9　螺线管式差动变压器结构

差动变压器传感器中的两个次级绕组反相串联，在忽略铁损、导磁体磁阻和绕组分布电容的理想条件下，其等效电路如图 4-10 所示。当初级绕组加以激励电压 U 时，根据变压器的工作原理，在两个次级绕组 W_{2a} 和 W_{2b} 中便会产生感应电势 e_{2a} 和 e_{2b}。如果工艺上保证变压器结构完全对称，则当活动衔铁处于初始平衡位置时，必然会使两互感系数 $M_1=M_2$。根据电磁感应原理，将有 $e_{2a}=e_{2b}$。由于变压器两次级绕组反相串联，因而有 $U_o=e_{2a}-e_{2b}=0$，即差动变压器输出电压为零。

当活动衔铁向上移动时，由于磁阻的影响，W_{2a} 中的磁通将大于 W_{2b} 中的磁通，使 $M_1>M_2$，因而 e_{2a} 增加，而 e_{2b} 减小。反之，e_{2b} 增加，e_{2a} 减小。因为 $U_o=e_{2a}-e_{2b}$，所以当 e_{2a}、e_{2b} 随着衔铁位移 x 变化时，U_o 也必将随 x 而变化。

图 4-11 所示为差动变压器输出电压 U_o 与活动衔铁位移 Δx 的关系曲线。图中实线为理论特性曲线，虚线为实际特性曲线。

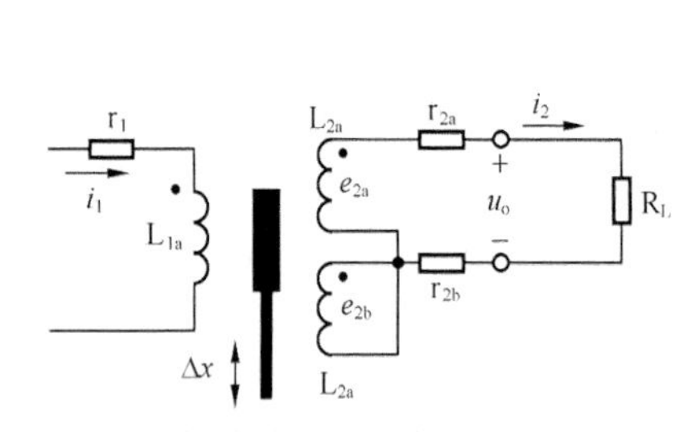

图 4-10　螺线管式差动变压器的等效电路

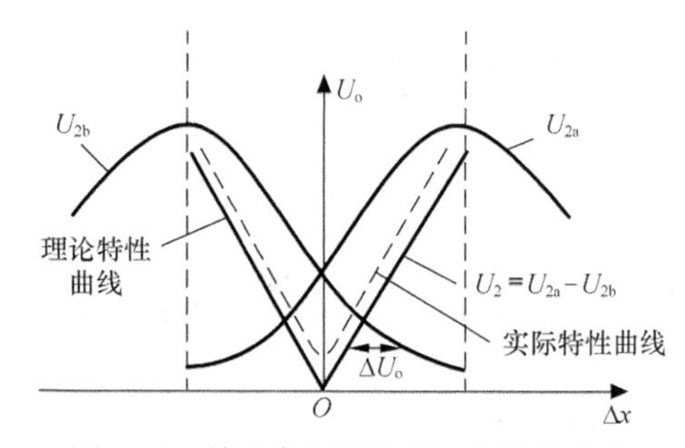

图 4-11　差动变压器输出电压特性曲线

由图 4-11 可以看出，在理想情况下，当衔铁位于中心位置时，两个次级绕组感应电压大小相等、方向相反，差动输出电压为零，但实际情况是差动变压器输出电压往往并不等于零。差动变压器在零位移时的输出电压称为零点残余电压，记作 ΔU_o，它的存在使传感器的输出特性不经过零点，造成实际特性与理论特性不完全一致。

二、差动变压器式传感器的测量电路

1．差动整流电路

图 4-12 所示为两种半波整流差动输出电路的形式，差动变压器的两个次级输出电压分别进行半波整流，将整流后的电压或电流的差值作为输出。图 4-12（a）、图 4-12（c）适用于低阻抗负载，图 4-12（b）、图 4-12（d）适用于交流阻抗负载，可变电阻用于调整零点残余电压。

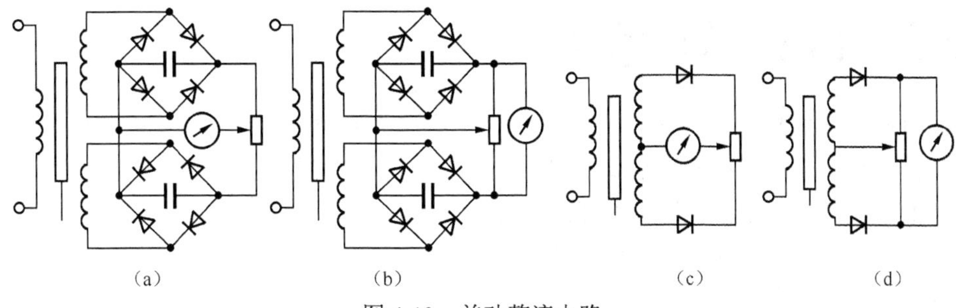

图 4-12 差动整流电路

差动整流电路还可以接成全波电压输出和全波电流输出的形式。

差动整流电路结构简单，根据差动输出电压的大小和方向就可以判断出被测量（如位移）的大小和方向，不需要考虑相位调整和零点残余电压的影响，分布电容影响小，便于远距离传输，因而获得广泛的应用。

2．相敏检波电路

相敏检波电路要求比较电压与差动变压器二次输出电压频率相同，相位相同或相反。为了保证这一点，通常在电路中接入移相电路。另外，由于比较电压在检波电路中起开关作用，因此其幅值应尽可能大，一般应为信号电压的 3～5 倍。图 4-13 中 RP_1 为电桥调零电位器。对于小位移测量，由于输出信号小，在电路中还要接入放大器。

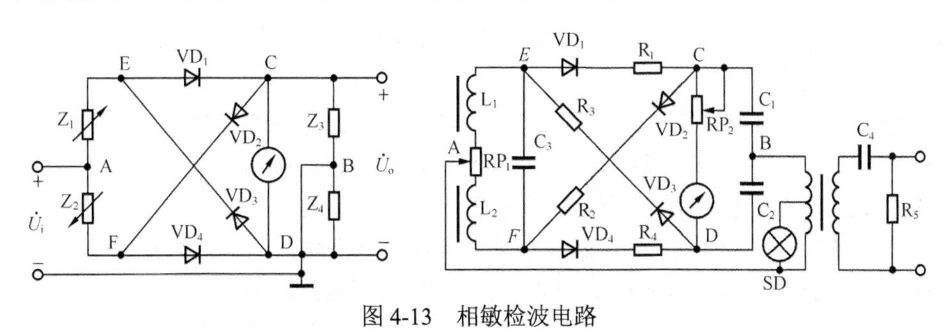

图 4-13 相敏检波电路

此外，交流电桥也是常用的测量电路。

三、差动变压器式传感器的应用

差动变压器式传感器可以直接用于位移测量，也可以测量与位移有关的任何量，如振动、加速度、应变、比重、张力和厚度等。

图 4-14 所示为差动变压器式加速度传感器的原理结构示意图，由悬臂梁和差动变压器构成。测量时，将悬臂梁底座及差动变压器的绕组骨架固定，而将衔铁的 A 端与被测振动体相连，此时传感器作为加速度测量中的惯性元件，它的位移与被测加速度成正比，使加速度测量转变为位移的测量。当被测体带动衔铁以 $\Delta x(t)$的幅度振动时，导致差动变压器的输出电压也按相同规律变化。

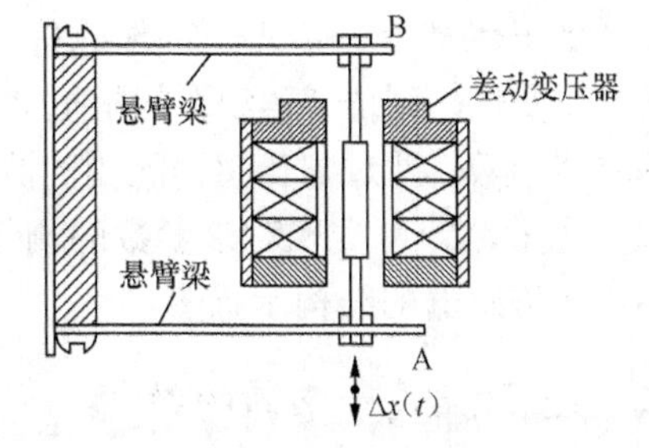

图 4-14 差动变压器式加速度传感器原理图

任务三　电涡流式传感器

【知识教学目标】

1．了解电涡流式传感器的结构形式。

2．理解电涡流式传感器的工作原理。

3．熟悉电涡流式传感器的测量电路。

【技能培养目标】

1．了解电涡流式传感器在生产现场中的应用。

2．能够利用电涡流式传感器进行参数的测量。

【相关知识】

根据法拉第电磁感应定律，块状金属导体置于变化磁场中或在磁场中作切割磁力线运动时，金属导体内将会产生旋涡状的感应电流，该旋涡状的感应电流称为电涡流，简称涡流。

根据电涡流效应原理制成的传感器称为电涡流式传感器。利用电涡流传感器可以实现对位移、材料厚度、金属表面温度、应力、速度以及材料损伤等进行非接触式的连续测量，并且这种测量方法具有灵敏度高、频率响应范围宽、体积小等优点。

一、电涡流式传感器的工作原理

按照电涡流在导体内贯穿的情况，可以把电涡流传感器分为高频反射式和低频透射式两类，二者的工作原理相似。

将一个通以正弦交变电流 I_1、频率为 f、外半径为 r 的扁平线圈置于金属导体附近，则线圈周围空间将产生一个正弦交变磁场 H_1，使金属导体中感应电涡流 I_2，I_2 又产生一个与 H_1 方向相反的交变磁场 H_2，如图4-15所示。根据楞次定律，H_2 的反作用必然削弱线圈的磁场 H_1。由于磁场 H_2 的作用，涡流要消耗一部分能量，导致传感器线圈的等效阻抗发生变化。线圈阻抗的变化取决于被测金属导体的电涡流效应。而电涡流效应既与被测体的电阻率 ρ、磁导率 μ 以及几何形状有关，还与线圈的几何参数、线圈中激磁电流频率 f 有关，同时还与线圈与导体间的距离 x 有关。

因此，传感器线圈受电涡流影响时的等效阻抗 Z 的函数关系式为

$$Z = F(\rho, \mu, r, f, x) \tag{4-11}$$

式中：r ——线圈外半径。

如果保持上式中其他参数不变，而只使其中一个参数发生变化，则传感器线圈的阻抗 Z 就仅仅是这个参数的单值函数。通过与传感器配用的测量电路测出阻抗 Z 的变化量，即可实现对该参数的测量。图4-15所示为涡流式传感器的结构示意图。

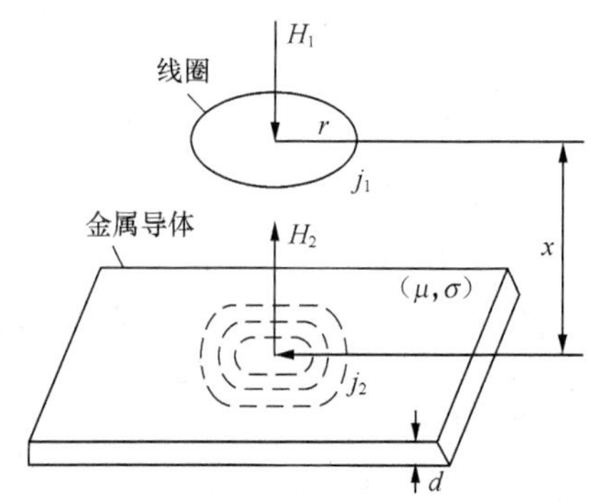

图4-15　电涡流式传感器原理图

二、电涡流式传感器的结构

电涡流式传感器的结构主要是一个绕制在框架上的绕组，目前使用比较普遍的是矩形

截面的扁平绕组。绕组的导线应选用电阻率小的材料，一般采用高强度漆包铜线，如果要求高一些可用银线或银合金线，在高温条件下使用时可用铼钨合金线。对绕组框架要求用损耗小、电性能好、热膨胀系数小的材料，一般可选用聚四氟乙烯、高频陶瓷、环氧玻璃纤维等。

图 4-16 所示为 CZF1 型电涡流式传感器的结构图，电涡流是把导线绕制在框架上形成的，框架采用聚四氟乙烯，CZF1 型电涡流式传感器的性能如表 4-1 所示。

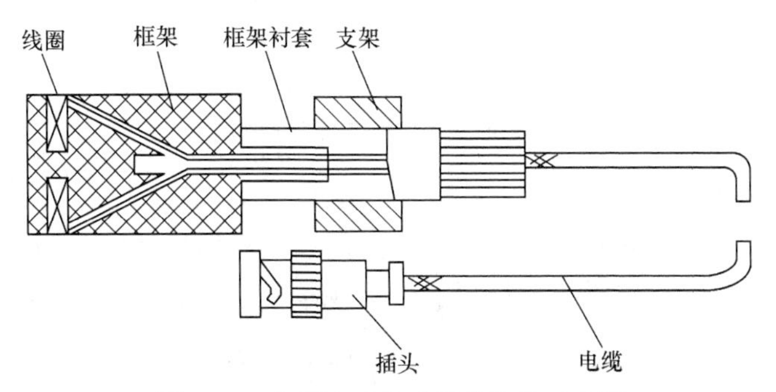

图 4-16　电涡流式传感器的结构示意图

表 4-1　**CZF1 型电涡流式传感器性能**

型　　号	线性范围/μm	线圈外径/mm	分辨率/μm	线性误差/%	使用温度范围/℃
CZF1－1000	1 000	$\phi 7$	1	<3	−15～+80
CZF1－3000	3 000	$\phi 15$	3	<3	−15～+80
CZF1－5000	5 000	$\phi 28$	5	<3	−15～+80

由于这种传感器的线圈与被测金属之间是磁性耦合的，并利用这种耦合程度的变化作为测量值，无论是被测体的物理性质，还是它的尺寸和形状都与测量装置的特性有关，因此作为传感器的线圈装置仅为实际传感器的一半，而另一半是被测体。由此可知，在电涡流式传感器的设计和使用中，必须同时考虑被测物体的物理性质和几何形状及尺寸。

三、电涡流式传感器的测量电路

用于电涡流传感器的测量电路主要有调频式、调幅式电路两种。

1．调频式电路

传感器线圈接入 LC 振荡回路，当传感器与被测导体之间的距离 x 改变时，在涡流影响下，传感器的电感变化，将导致振荡频率的变化，该变化的频率是距离 x 的函数，即 $f=L(x)$，该频率可由数字频率计直接测量，或者通过 f–U 变换，用数字电压表测量对应的电压。振荡器测量电路如图 4-17（a）所示。图 4-17（b）所示为振荡电路，它由克拉泼电容三点式振荡器（C_2、C_3、L、C 和 VT_1）以及射极输出电路两部分组成。振荡频率为

$$f=\frac{1}{2\pi\sqrt{LC}} \tag{4-12}$$

为了避免输出电缆的分布电容的影响，通常将 L、C 装在传感器内。此时电缆分布电容并联在大电容 C_2、C_3 上，因而对振荡频率 f 的影响将大大减小。

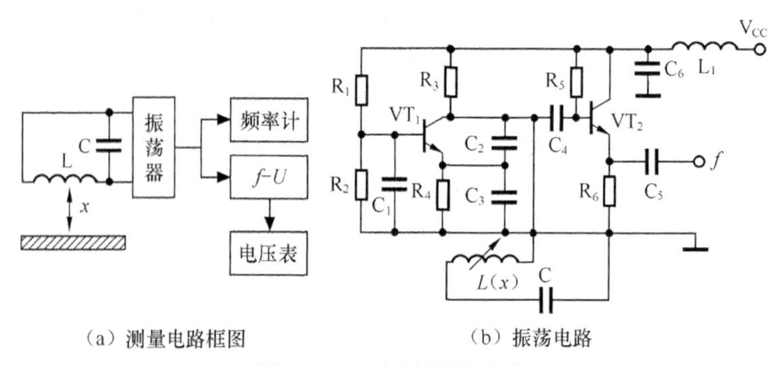

（a）测量电路框图　　（b）振荡电路

图4-17　调频式测量电路

2．调幅式电路

由传感器线圈L、电容器C和石英晶体组成的石英晶体振荡电路如图4-18所示。石英晶体振荡器起恒流源的作用，给谐振回路提供一个频率（f_o）稳定的激励电流 i_o，LC回路输出电压为

$$U_o = i_o f(Z) \tag{4-13}$$

式中：Z——LC回路的阻抗。

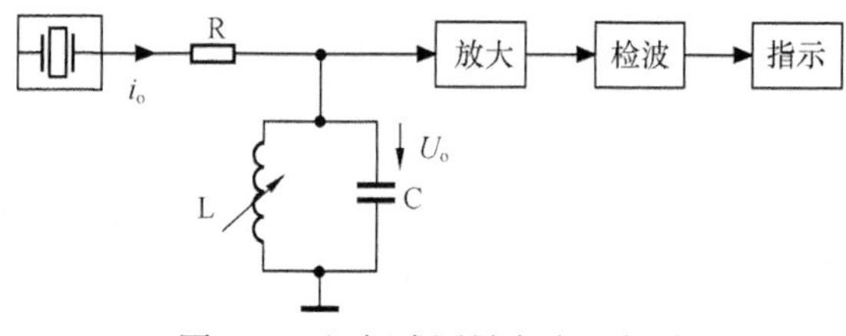

图4-18　调幅式测量电路示意图

当金属导体远离或被去掉时，LC并联谐振回路谐振频率即为石英振荡频率 f_o，回路呈现的阻抗最大，谐振回路上的输出电压也最大；当金属导体靠近传感器线圈时，线圈的等效电感 L 发生变化，导致回路失谐，从而使输出电压降低，L 的数值随距离 x 的变化而变化。因此，输出电压也随 x 而变化。输出电压经放大、检波后，由指示仪表直接显示出 x 的大小。

四、电涡流式传感器的应用

1．低频透射式电涡流厚度传感器

透射式涡流厚度传感器的结构原理如图4-19所示。在被测金属板的上方设有发射传感器线圈 L_1，在被测金属板下方设有接收传感器线圈 L_2。当在 L_1 上加低频电压 U_1 时，L_1 上产生交变磁通 Φ_1，若两线圈间无金属板，则交变磁通直接耦合至 L_2 中，L_2 产生感应电压 U_2。如果将被测金属板放入两线圈之间，则 L_1 线圈产生的磁场将导致在金属板中产生电涡流，并将贯穿金属板，此时磁场能量受到损耗，使到达 L_2 的磁通将减弱为 Φ_1'，从而使 L_2 产生的感应电压 U_2 下降。金属板越厚，涡流损失就越大，电压 U_2 就越小。因此，可根据 U_2 电压的大小得知被测金属板的厚度。透射式涡流厚度传感器的检测范围可达1～100mm，分辨率为0.1μm，线性度为1%。

2．电涡流式转速传感器

电涡流式转速传感器工作原理如图4-20所示。在软磁材料制成的输入轴上加工一键槽，在距输入表面 d_0 处设置电涡流传感器，输入轴与被测旋转轴相连。

当被测旋转轴转动时，电涡流传感器与输出轴的距离变为 $d_0+\Delta d$。由于电涡流效应，使传感器线圈阻抗随 Δd 的变化而变化，这种变化将导致振荡谐振回路的品质因数发生变化，它们将直接影响振荡器的电压幅值和振荡频率。因此，随着输入轴的旋转，从振荡器输出的信号中包含有与转速成正比的脉冲频率信号。该信号由检波器检出电压幅值的变化量，然后经整形电路输出频率为 f_n 的脉冲信号。该信号经电路处理便可得到被测转速。

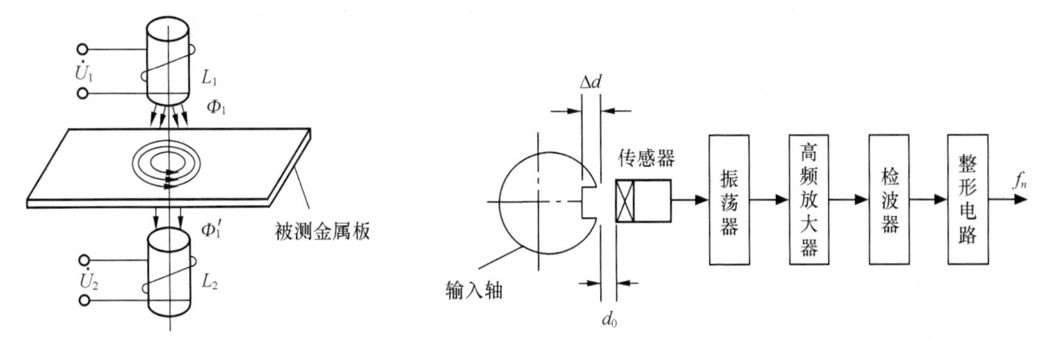

图 4-19　透射式涡流厚度传感器结构原理图　　　　图 4-20　电涡流式转速传感器工作原理图

这种转速传感器可实现非接触式测量，抗污染能力很强，可安装在旋转轴近旁长期对被测转速进行监视。最高测量转速可达 600 000r/min。

3．高频反射式电涡流厚度传感器

图 4-21 所示为应用高频反射式电涡流传感器检测金属带材厚度的原理框图。为了克服带材不够平整或运行过程中上、下波动的影响，在带材的上、下两侧对称地设置了两个特性完全相同的涡流传感器 S_1 和 S_2。S_1 和 S_2 与被测带材表面之间的距离分别为 x_1 和 x_2。若带材厚度不变，则被测带材上、下表面之间的距离总有“x_1+x_2=常数”的关系存在。两传感器的输出电压之和为 $2U_o$，数值不变。如果被测带材厚度改变量为 $\Delta\delta$，则两传感器与带材之间的距离也改变一个 $\Delta\delta$，两传感器输出电压此时为 $2U_o\pm\Delta U$，ΔU 经放大器放大后，通过指示仪表即可指示出带材的厚度变化值。带材厚度给定值与偏差指示值的代数和就是被测带材的厚度。

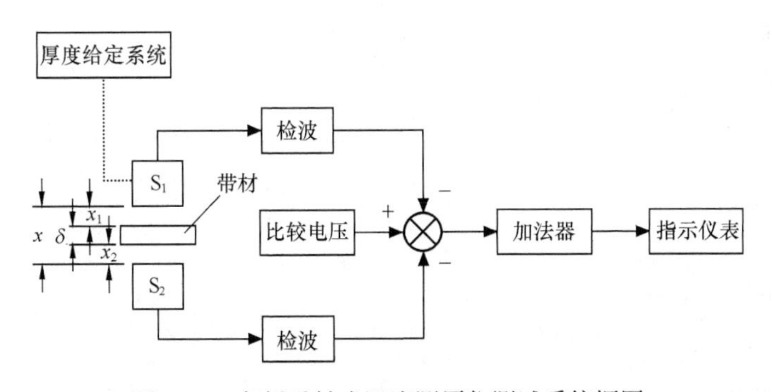

图 4-21　高频反射式涡流测厚仪测试系统框图

任务布置

一、课外学习

1．图 4-8 所示为变气隙式差动电感压力传感器。它主要由 C 形弹簧管、衔铁、铁芯和线圈等组成。任务要求如下。

① 试分析应用领域。

② 制定详细的测试方案。

2．利用电涡流式传感器设计一个能够进行金属材料无损探伤的方案。

① 要求有详细的设计思路。

② 要求有完整的原理分析。

二、实训

【实训】 差动变压器式传感器性能测试与标定

1．实训目的

① 了解差动变压器式电感传感器的基本结构及工作原理。

② 掌握差动变压器同名端的确定。

③ 掌握差动变压器式电感传感器测试系统的组成及标定方法。

④ 振动测量。

2．实训原理

差动变压器的基本元件有衔铁、一次绕组、二次绕组、绕组骨架等。一次绕组作为差动变压器的激励，而二次绕组由两个结构尺寸和参考相同的绕组反相串接而成。差动变压器为开磁路，其工作原理建立在互感变化的基础上。

差动变压器式电感传感器标定的含义是：通过实训建立传感器输出量和输入量之间的关系，同时，确定出不同条件下的误差关系。

3．实训设备

① 差动变压器。

② 音频振荡器。

③ 差动放大器。

④ 低频振荡器。

⑤ 移相器。

⑥ 相敏检波器。

⑦ 低通滤波器。

⑧ 螺旋测微器（测微头）。

⑨ 振动台。

⑩ 电压/频率表。

⑪ 双踪示波器。

4．实训方法及步骤

① 差动变压器二次绕组同名端的确定。

按图4-22接线（先任意假定绕组同名端），松开测微头，从示波器的第二通道观察输出波形，转换接线头再观察输出波形，波形幅值较小的一端应为同名端。按正确的接法，调整测微头，从示波器上观察输出波形使输出电压幅值最小。这个最小输出电压即为差分变压器的零点

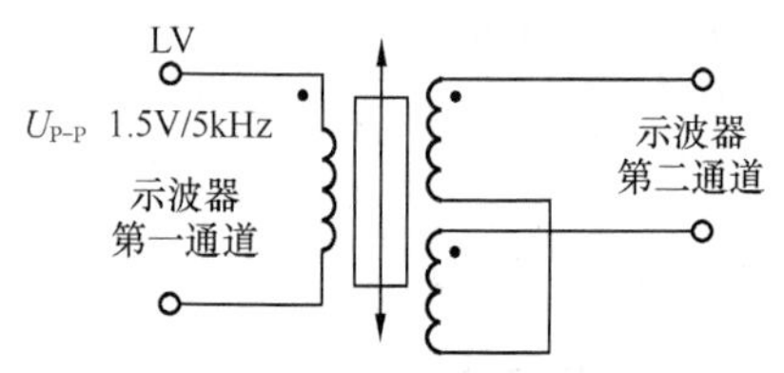

图4-22 确定差动变压器二次绕组同名端接线图

残余电压，该位置即为衔铁的正中位置。可以看出，零点残余电压的相位差约为π/2，是正交分量。

② 差动变压器的标定。

a．测微头不动，按图4-23接线，差分放大器增益为100倍。

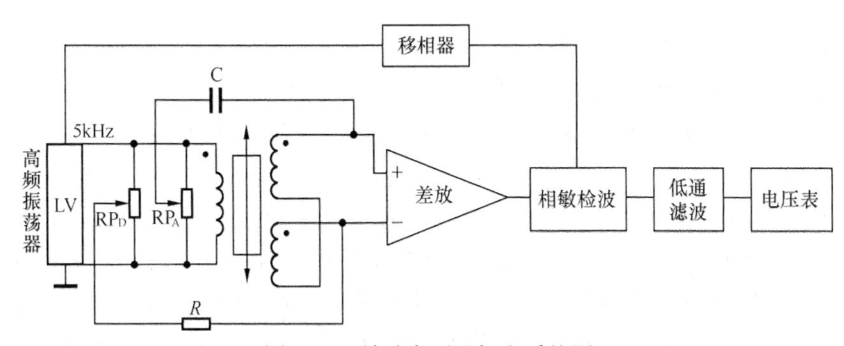

图4-23　差动变压器标定系统图

b．调节RP_D、RP_A使系统输出为零。

c．用测微头调节振动台±2.5mm左右，并调整移相器，使输出达最大值，若不对称可再调节平衡电位器、移相器使输出基本对称。

d．旋动测微头，每旋一周（0.5mm）记录实验数据，并填入表4-2中，总共旋转±2.5mm，作出*U*-*x*曲线，求出灵敏度。

表4-2　　测量数据1

x/mm	−2.5	−2.0	−1.5	−1.0	−0.5	0	0.5	1.0	1.5	2.0	2.5
U/V											

③ 振动测量。

a．将测微头退出振动台。

b．利用位移测量线路，调整好有关信号参数。

c．音频振荡器输出电压峰—峰值为1.5V。

d．将低频振荡器输出接到激振器上，给振动梁加一个频率为*f*的交变力，使振动梁上下振动。

e．保持低频振荡器的输出幅值不变，改变激振频率，用示波器观察低通滤波器的输出，读出峰—峰值，记下实训数据，填入表4-3中。

表4-3　　测量数据2

f/Hz	3	5	7	9	11	13	15	20	30
$U_{P\text{-}P}$/V									

根据实验结果，作出振动梁的幅频特性曲线，并分析自动频率的大致范围。

④ 注意事项。

a．正式实训前，一定要熟悉所用设备、仪器的使用方法。

b．在用振动台做差动变压器式电感传感器性能测试及标定时，一定要把测微头拿掉（或移开），防止振动时发生意外。

课后习题

1．电感式传感器的测量电路有哪几种？

2．说明差动变磁阻式电感传感器的主要组成、工作原理和基本特性。

3．已知变气隙电感传感器的铁芯截面面积 $S = 1.5\text{cm}^2$，磁路长度 $L = 20\text{cm}$，相对磁导率 $\mu_1 = 5\ 000$，气隙 $\delta_0 = 0.5\text{cm}$，$\Delta\delta = \pm 0.1\text{mm}$，真空磁导率 $\mu_0 = 4\pi\times10^{-7}\text{H/m}$，线圈匝数 $W = 3\ 000$，求单端式传感器的灵敏度 $\Delta L/\Delta\delta$。若将其做成差动结构形式，灵敏度将如何变化？

4. 差动变压器式传感器的零点残余电压产生的原因是什么？怎样减小和消除它的影响？

5．根据螺管型差动变压器的基本特性，说明其灵敏度和线性度的主要特点。

6．概述差动变压器的应用范围，并说明用差动变压器式传感器检测振动的基本原理。

7．什么叫电涡流效应？怎样利用电涡流效应进行位移测量？

8．简述电涡流式传感器的工作原理、特性、和基本结构。

9．电涡流式传感器测厚度的原理是什么？具有哪些特点？

单元五
电动势传感器

磁是人们熟知的一种物理现象，它被广泛应用于日常生活和自动化控制中。磁和电可以通过线圈相互进行转换。磁电式传感器就是利用磁的变化将被测量的振动、位移、转速等转换成电信号的一种传感器，由于制作使用的材料、结构不同，这类传感器的种类较多。磁电感应式传感器、霍尔式传感器都属于磁电式传感器，它们的结构、工作原理及应用范围各不相同，本单元将分别讨论。

任务一 磁电感应式传感器

【知识教学目标】

1．理解磁电感应式传感器工作原理。

2．掌握几种测量电路的特点。

3．了解磁电感应式传感器在工程中的应用。

【技能培养目标】

1．利用磁电感应式传感器测试转速。

2．能够利用磁电感应式设计测量加速度的应用电路。

【相关知识】

磁电感应式传感器简称感应式传感器，也称电动式传感器。它是利用导体和磁场发生相对运动而在导体两端产生感应电动势的。它是一种机—电能量变换型传感器，不需要供电电源，电路简单，性能稳定，输出阻抗小，又具有一定的频率响应范围（一般为 10～1000Hz），适用于振动、扭矩、转速等量的测量。

一、工作原理

磁电感应式传感器是根据电磁感应原理制成的磁电转换器件。根据法拉第电磁感应定律可知，N 匝线圈在磁场中做切割磁力线运动或线圈所在磁场的磁通发生变化时，线圈中所产生的感应电动势 ε 为

$$\varepsilon = -N\frac{\mathrm{d}\Phi}{\mathrm{d}t} \tag{5-1}$$

当线圈垂直于磁场方向运动时，若以线圈相对磁场运动的速度 V 或角速度 ω 表示，则上式可写成

$$\varepsilon = -NBLV \tag{5-2}$$

或

$$\varepsilon = -NBS\omega \tag{5-3}$$

式中：L——每匝线圈的平均长度；

B——线圈所在磁场的磁感应强度；

S——每匝线圈的平均截面面积。

在传感器中，当结构参数确定后，B、L、N、S 均为定值，因此感应电动势 ε 与 V（或 ω）成正比。

根据上述工作原理制作的磁电式传感器可分为恒磁通式和变磁通式两大类。

1．恒磁通式传感器

恒磁通式传感器是指在测量过程中，传感器的线圈部分相对于永磁体位置发生变化而实现测量的一类磁电式传感器，其结构原理如图 5-1 所示。线圈与软弹簧片固定在一起，永磁体与传感器壳体固定在一起。当把传感器与被测振动物体绑定在一起，壳体便随着振动物体一起振动。由于弹簧较软，而运动部件质量又较大，所以当被测振动物体的振动频率足够高时（远大于传感器固有频率），运动部件会由于惯性很大而来不及与物体一起振动，几乎静止

不动，于是永磁体与线圈之间的相对运动速度近似于振动物体的振动速度，这样一来，线圈与磁体的相对运动使线圈中产生感应电动势。

2．变磁通式传感器

变磁通式传感器主要是通过改变磁路的磁通大小来进行测量的。图 5-2 所示为变磁通式传感器的结构原理图。图中 1 是被测旋转轴，齿形铁芯 2 与软铁 4 相对，3 是线圈，永磁体 5 通过软铁 4 与 2 构成磁路。被测旋转体转动时，齿轮凸凹部分与软铁间的间隙大小不断发生变化，从而使线圈中的磁通不断变化，线圈中则产生感应电动势信号。

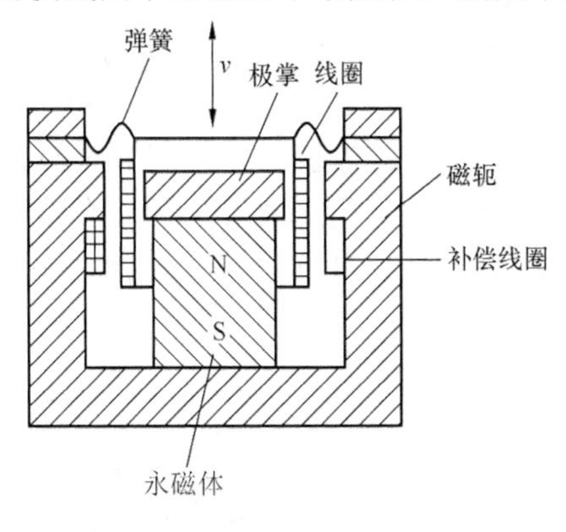

图 5-1　恒磁通式传感器结构原理

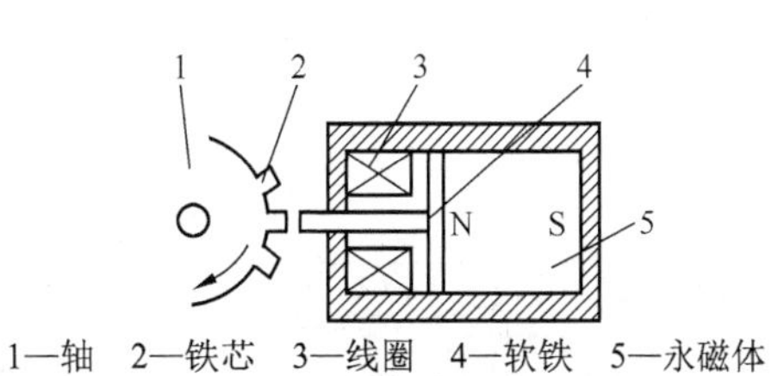

1—轴　2—铁芯　3—线圈　4—软铁　5—永磁体

图 5-2　变磁通式传感器结构原理图

二、测量电路

磁电式传感器可以直接输出感应电动势信号，且磁电式传感器通常具有较高的灵敏度，因而一般不需要高增益放大电路。由上述工作原理可知，磁电式传感器只适用于动态测量，可直接测量振动物体的速度或旋转体的角速度。如果在测量电路中接入积分电路或微分电路，那么还可以用来测量位移或加速度。图 5-3 所示为磁电式传感器一般测量电路方框图。

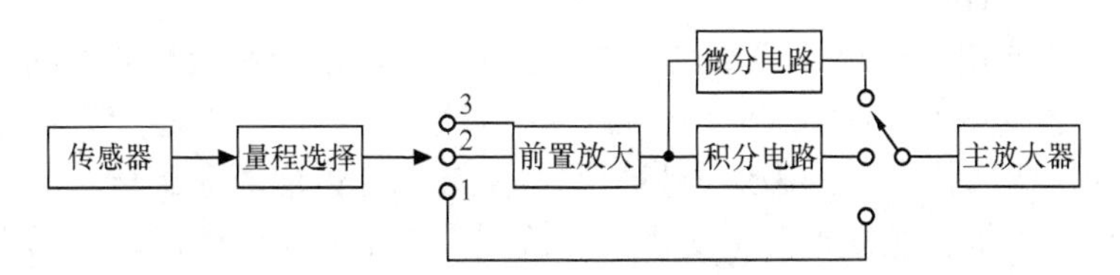

图 5-3　磁电式传感器一般测量电路方框图

三、应用举例

1．磁电感应式振动传感器

图 5-4 所示为振动传感器的结构原理图。图中永磁体 3 通过铝架 4 和圆筒形导磁材料制成的壳体 7 固定在一起，形成磁路系统，壳体还起屏蔽作用。磁路中有两个环形气隙，右气隙中放有工作线圈 6，左气隙中放有用铜或铝制成的圆环形阻尼器 2，工作线圈和圆环形阻尼器用同心轴 5 连接在一起组成质量块，用圆形弹簧片 1 和 8 支承在壳体上。使用时，将传感器固定在被测振动体上，永磁体、铝架、壳体一起随被测体振动，由于

质量块的惯性，产生惯性力，而弹簧片又非常柔软，因此当振动频率远大于传感器的固有频率时，线圈在磁路系统的环形气隙中相对永磁体运动，以振动体的振动速度切割磁力线，产生感应电动势，并通过引线 9 输出到测量电路。同时两导体阻尼器也在磁路系统气隙中运动，感应产生涡流，形成系统的阻尼力，起衰减固有振动和扩展频率响应范围的作用。

2．磁电感应式转速传感器

图 5-5 所示为一种磁电感应式转速传感器的结构原理图。图中齿形圆盘与转轴 1 固紧。转子 2 和软铁 4、定子 5 均用软铁制成，它们和永磁体 3 组成磁路系统。转子 2 和定子 5 的环形端面上都均匀地分布着齿和槽，两者的齿、槽数对应相等。测量转速时，传感器的转轴 1 与被测物体转轴相连接，因而带动转子 2 转动。当转子 2 的齿与定子 5 的齿相对时，气隙最小，磁路系统中的磁通最大。而齿与槽相对时，气隙最大，磁通最小。因此当转子 2 转动时，磁通就周期性地变化，从而在线圈中感应出近似正弦波的电压信号，其频率与转速成正比例关系。

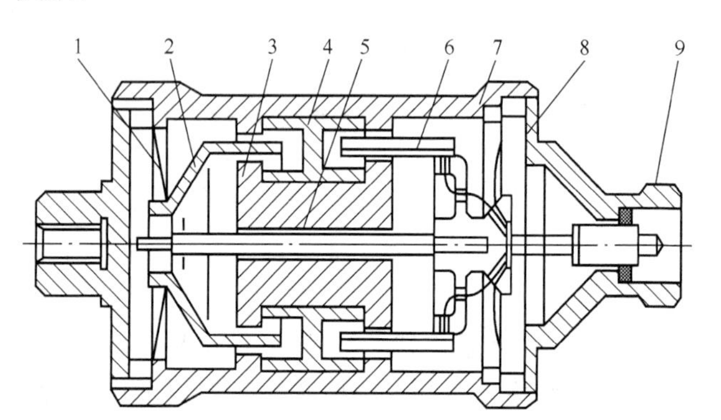

1—弹簧片　2—阻尼器　3—永磁体　4—铝架
5—同心轴　6—线圈　7—壳体　8—外壳　9—引线

图 5-4　磁电感应式振动传感器结构示意图

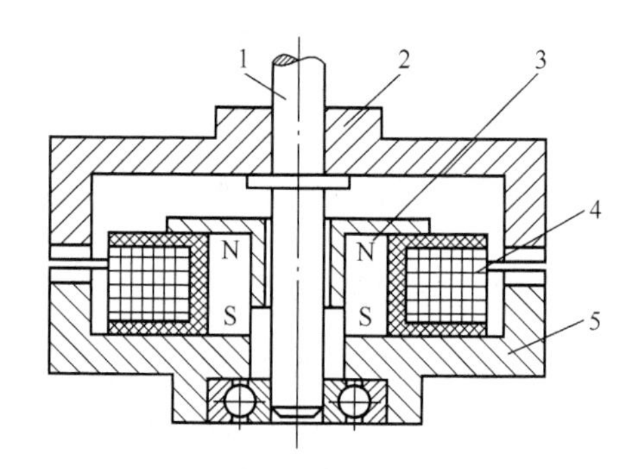

1—转轴　2—转子　3—永磁体　4—软铁　5—定子

图 5-5　磁电感应式转速传感器

3．磁电感应式扭矩传感器

图 5-6 所示为磁电式扭矩传感器的工作原理图。在驱动源和负载之间的扭转轴的两侧安装有齿形圆盘，它们旁边装有相应的两个磁电感应式传感器。磁电感应式传感器由永磁体、线圈和铁芯组成。永磁体产生的磁通与齿形圆盘交链，当齿形圆盘旋转时，圆盘齿凸凹引起磁路气隙的变化，于是磁通量也发生变化，在线圈中产生出交流电压，其频率等于圆盘上齿数与转速的乘积。

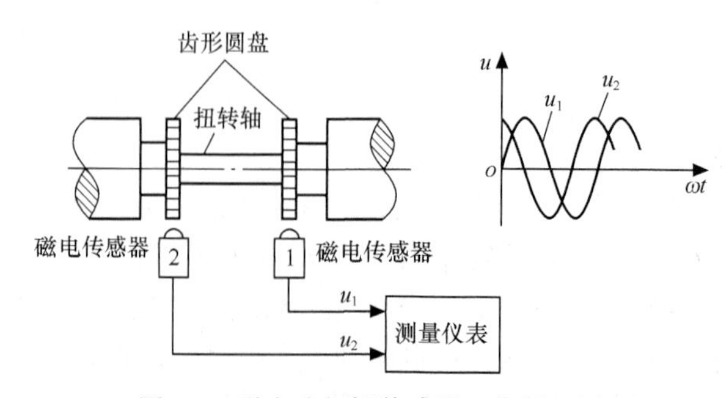

图 5-6　磁电式扭矩传感器工作原理图

$$f = Zn \tag{5-4}$$

式中：Z——传感器定子、转子的齿数。

当被测转轴有扭矩作用时，轴的两端产生扭角，两个传感器就输出一定附加相位差的感应电压 U_1 和 U_2，这个相位差与扭角成正比。这样传感器就把扭矩引起的扭转角转换成相应变化的电信号。

任务二　霍尔式传感器

【知识教学目标】

1．了解霍尔效应的概念。

2．掌握霍尔元件的结构特点。

3．了解霍尔式传感器的结构、原理。

4．熟悉霍尔式传感器在工程中的应用。

【技能培养目标】

1．利用霍尔式传感器测试转速。

2．能够利用霍尔式传感器设计金属材料计数器。

【相关知识】

霍尔式传感器是一种基于霍尔效应的传感器。1897 年美国物理学家霍尔首先在金属材料中发现了霍尔效应，但由于金属材料的霍尔效应太弱而未得到广泛应用。随着半导体技术的发展，开始用半导体材料制成霍尔元件，由于这种元件的霍尔效应显著因而得到了应用和发展。现在霍尔传感器广泛用于电磁、压力、加速度、振动等方面的测量。

一、霍尔效应及霍尔元件

1．霍尔效应

金属或半导体薄片在磁场中，当有电流流过时，在垂直于电流和磁场的方向上将产生电动势，这种物理现象称为霍尔效应，该电势称为霍尔电势。

霍尔效应的原理图如图 5-7 所示。图中为 N 型半导体薄片，在半导体左右两端通以电流 I(称为控制电流)。当没有外加磁场作用时，半导体中电子沿直线运动。当在半导体正面垂直方向加上磁场 B 时，电子在洛仑兹力 f_L 的作用下向内侧偏移，这样在半导体内侧方向积聚大量的电子，而外侧则积聚大量的正电荷，上下两个侧面间形成电场，这一电场就是霍尔电场，电场强度为

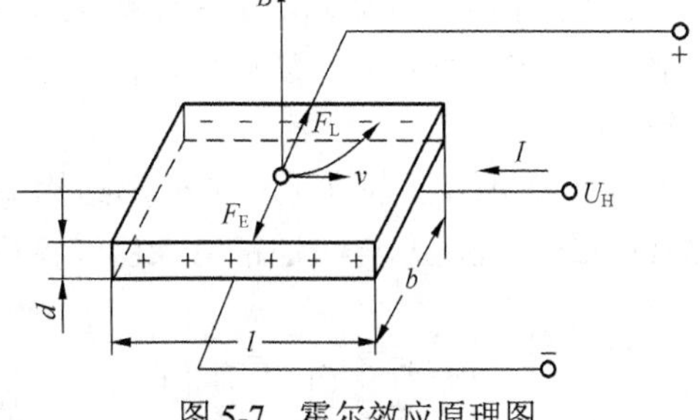

图 5-7　霍尔效应原理图

$$E_H = \frac{U_H}{b} \tag{5-5}$$

式中：U_H——电势差。

洛仑兹力 f_L 的大小为

$$f_L=eBv \tag{5-6}$$

该电场的电场力又阻碍电子的偏移，当电场力与洛仑兹力相等时，即

$$eE_H=eBv \tag{5-7}$$

则

$$E_H=Bv \tag{5-8}$$

此时电荷不在向两侧面积累，达到平衡状态。

若金属导电板单位体积内电子数为 n，电子定向运动平均速率为 v，有激励电流 $I=nevbd$，则

$$v=\frac{I}{nebd} \tag{5-9}$$

将式（5-9）代入式（5-8），得

$$E_H=\frac{IB}{nebd} \tag{5-10}$$

将式（5-10）代入式（5-5），得

$$U_H=\frac{IB}{ned} \tag{5-11}$$

令 $R_H=1/ne$，称为霍尔常数，其大小取决于导体载流子密度，则

$$U_H=\frac{R_H IB}{d}=K_H IB \tag{5-12}$$

$K_H=R_H/d$ 称为霍尔片的灵敏度。

从上面的公式可以看出，霍尔电势正比于电流强度和磁场强度，且与霍尔元件的形状有关，在电流强度恒定、元件形状确定的情况下，霍尔电势正比于磁场强度。当所加磁场方向改变时，霍尔电势的符号也随着改变，因此，利用霍尔元件可以测量磁场的大小和方向。

2．霍尔元件基本结构

霍尔元件是根据霍尔效应原理制成的磁电转换元件，常用锗、硅、砷化镓、砷化铟及锑化铟等半导体材料制成。用锑化铟制成的霍尔元件灵敏度最高，但受温度的影响较大。用锗制成的霍尔元件虽然灵敏度低，但它的温度特性及线性度好。目前使用锑化铟霍尔元件的场合较多。

图5-8所示为霍尔元件的外形结构图，它由霍尔片、4根引线和壳体组成，激励电极通常用红色线，而霍尔电极通常用绿色或黄色线表示。

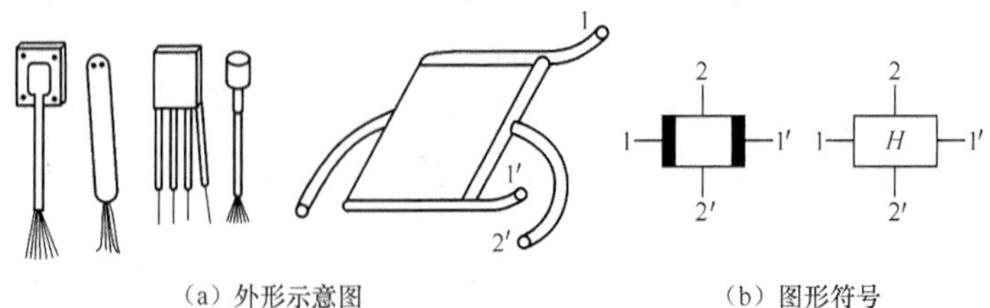

（a）外形示意图

（b）图形符号

1、1′—激励电极　2、2′—霍尔电极

图5-8　霍尔元件

3．霍尔元件基本特性

（1）输入电阻和输出电阻

霍尔元件激励电极之间的电阻为输入电阻，霍尔电极输出电势对于电路外部来说相当于一个电压源，其电源内阻即为输出电阻。

（2）额定激励电流

当霍尔元件自身温升 10℃时所流过的激励电流称为额定激励电流。

（3）不等位电势 U_0

霍尔元件在额定激励电流作用下，若元件不加外磁场，输出的霍尔电势的理想值应为零，但实际不等于零，此时的空载霍尔电势称为不等位电势。原因有以下几方面。

① 由于存在电极的安装位置不对称。

② 半导体材料电阻率不均衡或几何尺寸不均匀。

③ 激励电极接触不良造成激励电流不均匀分布等。

（4）霍尔电势的温度特性

当温度升高时，霍尔电势减小，呈现负温度特性。

二、霍尔元件的应用

1．霍尔式微量位移的测量

由霍尔效应可知，当控制电流恒定时，霍尔电压 U 与磁感应强度 B 成正比，若磁感应强度 B 是位置 x 的函数，即

$$U_H=kx \tag{5-13}$$

式中：k——位移传感器灵敏度。

此时霍尔电压的大小就可以用来反映霍尔元件的位置。当霍尔元件在磁场中移动时，输出霍尔电压 U 的变化就反映了霍尔元件的位移量 Δx。利用上述原理可对微量位移进行测量。

图 5-9 所示为霍尔式位移传感器的工作原理图。图中磁场强度相同的两块永久磁铁，同极性相对地放置，霍尔元件处于两块磁铁中间。由于磁铁中间的磁感应强度 B=0，由此霍尔元件的输出电压 U 也等于零，这时位移 Δx=0。若霍尔元件在两磁铁中间产生相对位移，霍尔元件感受到的磁感应强度也随之改变，这时有输出 U，其量值大小反映出霍尔元件与磁铁之间相对位置的变化量，这种结构的传感器，其动态范围可达 5mm，当位移小于 2mm 时，输出霍尔电压与位移之间有良好的线性关系。传感器的分辨率为 0.001mm。

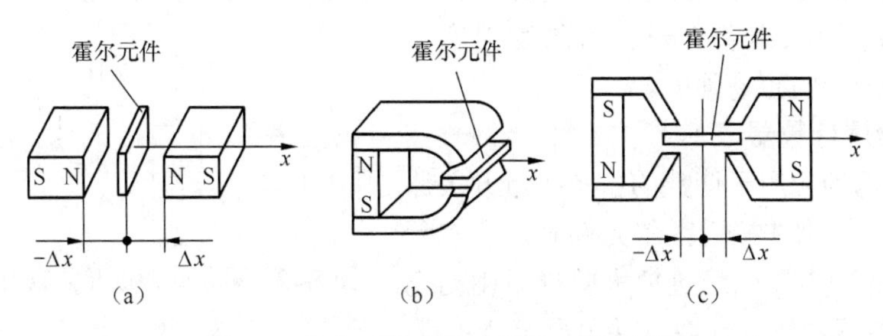

图 5-9　霍尔式位移传感器的工作原理图

2．霍尔元件在转速测量上的应用

利用霍尔元件测量转速的工作原理非常简单，将永磁体按适当的方式固定在被测轴上，霍尔元件置于磁铁的气隙中，当轴转动时，霍尔元件输出的电压则包含有转速的信息，该电压经后续电路处理，便可得到转速的数据。如图 5-10 所示是几种霍尔式转速传感器的结构。

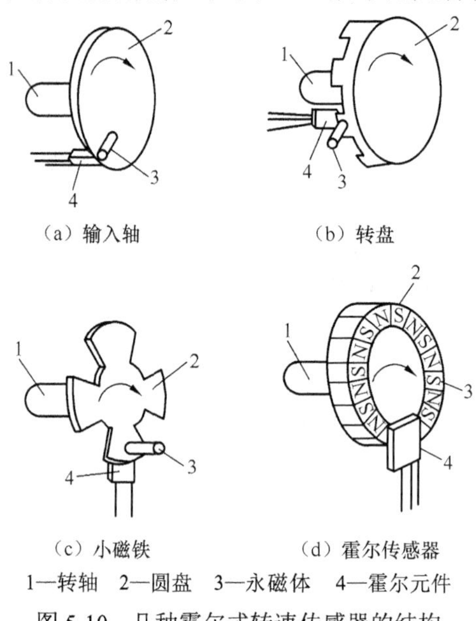

（a）输入轴　（b）转盘

（c）小磁铁　（d）霍尔传感器

1—转轴　2—圆盘　3—永磁体　4—霍尔元件

图 5-10　几种霍尔式转速传感器的结构

3．霍尔式接近开关

利用霍尔效应可以制成开关型传感器，并可广泛应用于测转速、制作接近开关等。图 5-11 所示为霍尔式接近开关原理图及工作特性曲线。它主要由霍尔元件、放大电路、整形电路、输出驱动及稳压电路 5 部分组成。

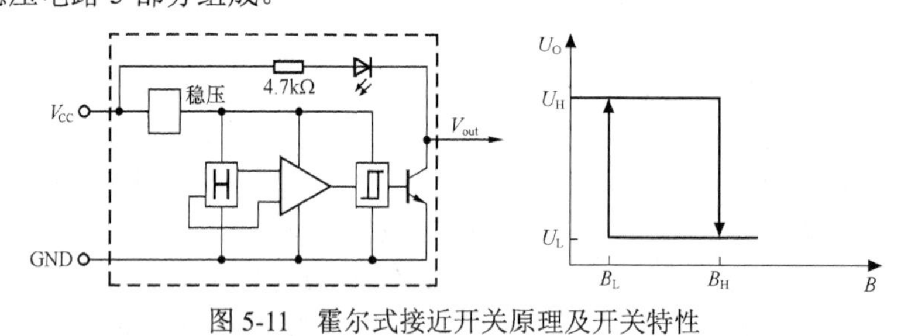

图 5-11　霍尔式接近开关原理及开关特性

由工作特性曲线可见，霍尔式接近开关工作时具有一定的磁滞特性，可以使开关更可靠工作。图中 B_H 为工作点“开”的磁场强度，B_L 为释放点“关”的磁场强度。

4．构成金属计数器

图 5-12 所示为应用于计数的霍尔接近开关原理图。当带磁性的物体接近霍尔元件时，霍尔元件就输出一个脉冲电压，经过放大整形后驱动光电管工作，计数器便进行计数，并由显示器进行显示。

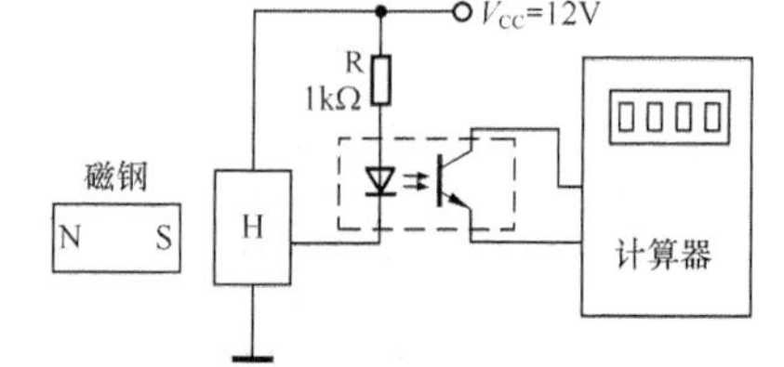

图 5-12　霍尔式接近开关应用于计数电原理图

任务三　压电式传感器

压电式传感器是一种典型的有源传感器，又称为自发电式传感器。压电传感器的工作原理是基于某些晶体受力后在其表面产生电荷的压电效应，能够把非电量转换为电量。压电式传感器是一种力敏元件，凡是能够变换为力的物理量，如应力、压力、加速度等，均可测量。同时，它又是一种可逆型换能器，常用作超声波发射与接收装置。

【知识教学目标】

1．了解压电效应的概念。

2．掌握几种压电材料的结构特点。

3．了解压电传感器的结构、原理。

4．熟悉压电式传感器在工程中的应用。

【技能培养目标】

1．利用压电式传感器测试压力和加速度。

2．能够利用压电式传感器设计测量加速度的应用电路。

3．能够利用压电式传感器设计报警器。

【相关知识】

压电式传感器具有结构简单、体积小、重量轻、灵敏度高、工作可靠、测量范围广等特点，适用于动态力学的测量，但不适用于静态测量。压电式传感器既可以将机械能转换成电能，也可将电能转换成机械能。

构成压电式传感器的压电材料通常有石英晶体、压电陶瓷晶体。随着电子技术的应用与发展，与压电传感器配套的仪表、元件的性能得到不断改善，使得压电传感器的应用日益广泛。

一、正、逆压电效应

一些晶体结构的材料，当沿着一定方向受到外力作用时，内部产生极化现象，同时在晶体的某两个表面上产生符号相反的电荷；当外力去掉后，又恢复到不带电的状态。这一现象称为“正压电效应”。

反过来，当在电介质的极化方向施加电场，电介质也会产生几何变形，这种现象称为“逆压电效应”。逆压电效应将电能转换为机械能。逆压电效应说明压电效应具有可逆性。

在自然界中，大多数晶体都具有压电效应，但由于多数晶体的压电效应过于微弱，因此实用价值不大。

压电材料基本上可分为压电晶体、压电陶瓷和有机压电材料。压电晶体是一种天然单晶体，例如，石英晶体、酒石酸钾钠等；压电陶瓷是一种人工合成的多晶体，例如，钛酸钡、锆钛酸铅等；有机压电材料是近些年来研制成的有机高分子聚合材料，本章不介绍其结构原理。

压电材料的主要特性参数有以下几种（见表 5-1）。

① 压电常数：它是衡量材料压电效应强弱的参数，直接关系到压电输出的灵敏度。

② 弹性常数：弹性常数、刚度决定着压电器件的固有频率和动态特性。

③ 介电常数：对于一定形状、尺寸的压电元件，其固有电容与介电常数有关，而固有电容又影响着传感器的频率下限。

④ 机械耦合系数：在压电效应中其值等于转换输出量与输入量之比的平方根。它是衡量压电材料电能转换效率的一个重要参数。

⑤ 电阻：压电材料的绝缘电阻将减少电荷泄漏，从而改善压电传感器的低频特性。

⑥ 居里点：是指压电材料开始丧失压电特性的温度。

表 5-1　　常用压电材料性能

性能＼压电材料	石英	钛酸钡	锆钛酸铅 PZT−4	锆钛酸铅 PZT−5	锆钛酸铅 PZT−8
压电系数/（pC/N）	d_{11}=2.31 d_{14}=2.31	d_{15}=260 d_{31}=−78 d_{33}=190	d_{15}≈410 d_{31}=−100 d_{33}=230	d_{15}≈670 d_{31}=−185 d_{33}=600	d_{15}≈330 d_{31}=−90 d_{33}=200
相对介电常数ε_r	4.5	1200	1050	2100	1000
居里点温度/℃	573	115	310	260	300
密度/（10^3kg/m^3）	2.65	5.5	7.45	7.5	7.45
弹性模量/（10^3N/m^2）	80	110	83.3	117	123
机械品质因数	10^5～10^6	—	≥500	80	≥800
最大安全应力/（10^5N/m^2）	95～100	81	76	76	83
体积电阻率/Ω·m	＞10^{12}	＞10^{10}（25℃）	＞10^{10}	＞10^{11}（25℃）	—
最高允许温度/℃	550	80	250	250	—
最高允许湿度/%	100	100	100	100	—

二、石英晶体

石英晶体的化学成分是 SiO_2，是单晶体结构，理想形状为六角锥体，如图 5-13 所示。石英晶体是各向异性材料，不同方向具有各异的物理特性，用 x、y、z 轴来描述。

x 轴：经过六面体的棱线并垂直于 z 轴，称为电轴，沿该方向受力产生的压电效应称为纵向压电效应。

y 轴：与 x、z 轴同时垂直的轴，称为机械轴。沿该方向受力产生的压电效应称为横向压电效应。

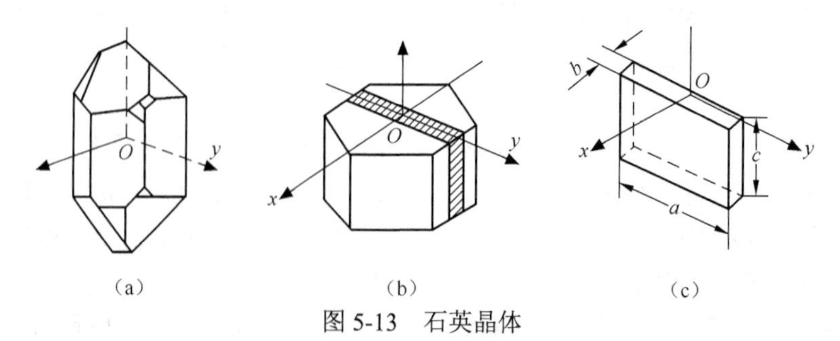

图 5-13　石英晶体

z 轴：是通过锥顶的轴线，是纵向轴，称为光轴，沿该方向受力不会产生压电效应。

从晶体上沿 y 轴方向切下一块晶体，如图 5-13（b）所示。晶体上产生电荷的极性与受力的方向有关。若在 x 轴方向施加作用力，则在加压的两表面上分别出现正、负电荷。若在 y

轴上施加压力时，则在加压的表面上不出现电荷，电荷仍出现在垂直于 x 轴的表面上，只是电荷的极性相反。若将 x、y 轴方向施加的压力改为拉力，则产生电荷的位置不变，只是电荷的极性相反，如图 5-14 所示。

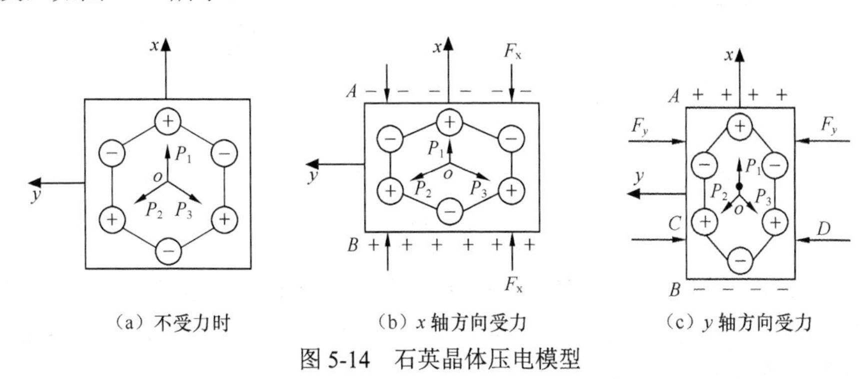

图 5-14　石英晶体压电模型

三、压电陶瓷（多晶体）

压电陶瓷是一种人工合成的多晶体压电材料。其内部是由无数个细微的单晶组成的，每个晶粒具有一定的极化方向，在无外电场作用下，晶粒杂乱分布，它们的极化效应被相互抵消，因此压电陶瓷此时呈中性，即原始的压电陶瓷不具有压电性质，如图 5-15（a）所示。

当在陶瓷上施加外电场时，晶粒的极化方向发生转动，趋向于按外电场方向排列，从而使材料整体得到极化。外电场越强，极化程度越高。让外电场强度大到使材料的极化达到饱和程度，即所有晶粒的极化方向都与外电场的方向一致，此时，去掉外电场，材料整体的极化方向基本不变，即出现剩余极化，这时的材料就具有了压电特性，如图 5-15（b）所示。可见，压电陶瓷要具有压电效应，必须要有外加电场和压力的共同作用。

压电陶瓷的压电系数比石英晶体大得多（即压电效应明显得多），因此用它制成的传感器灵敏度较高，但稳定性、机械强度等不如石英晶体。

压电陶瓷材料有多种，最早的是钛酸钡（$BaTiO_3$），现在最常用的是锆钛酸铅（$PbZrO_3$-$PbTiO_3$），简称 PZT。

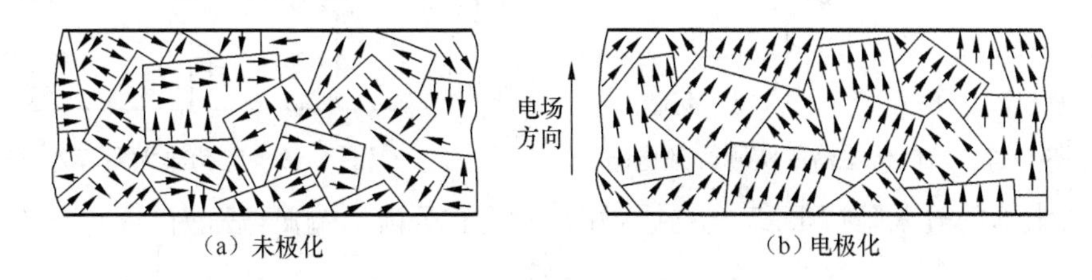

图 5-15　压电陶瓷的极化

四、压电式传感器及测量电路

1. 压电式传感器

压电传感器中的压电元件无论是石英晶体还是压电陶瓷，它的内阻都很高，输出的信号很微弱。其元件可等效为一个电容器 C_a，正、负电荷积聚的两个表面相当于电容器的两个极板，板间的物质相当于一种介质，如图 5-16 所示。

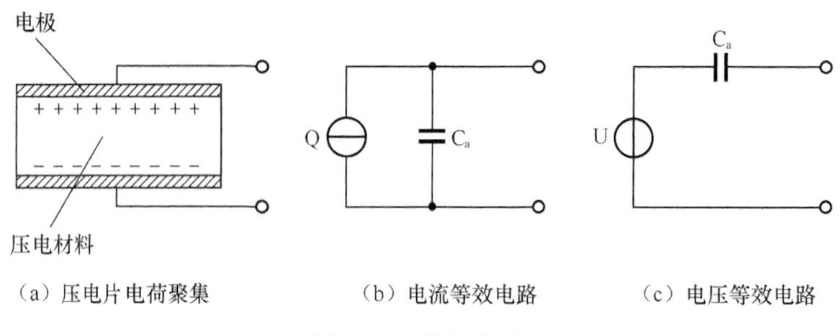

（a）压电片电荷聚集　（b）电流等效电路　（c）电压等效电路

图 5-16　等效电路

在实际使用中，压电式传感器总是与测量仪器或测量电路相连接，因此还须考虑连接电缆的电容 C_c，放大器的输入电阻 R_i，放大器的输入电容 C_i 等，这样，压电传感器在测量系统中的实际等效电路如图 5-17 所示。

2．测量电路

由于压电式传感器本身的内阻抗很高，输出信号很弱，因此它的测量电路常常需要接入高输入阻抗的前置放大器。其作用为：①把它的高输入阻抗（一般 1000MΩ以上）变换为低输入阻抗（小于 100Ω）；②对传感器输出的微弱信号进行放大。根据压电元件的等效电路，它输出的既可以是电荷，又可以是电压，所以，连接的放大电路有两种形式，一种是电荷放大器，另一种是电压放大器。

（1）电荷放大器

如图 5-18 所示电路，C_i 为传感器、连接电缆、放大器的输入等效电容合并的电容，C_f 为放大器的反馈电容。R_f的作用是稳定直流工作点，减小零点漂移，一般取 $R_f \geqslant 10\Omega$。

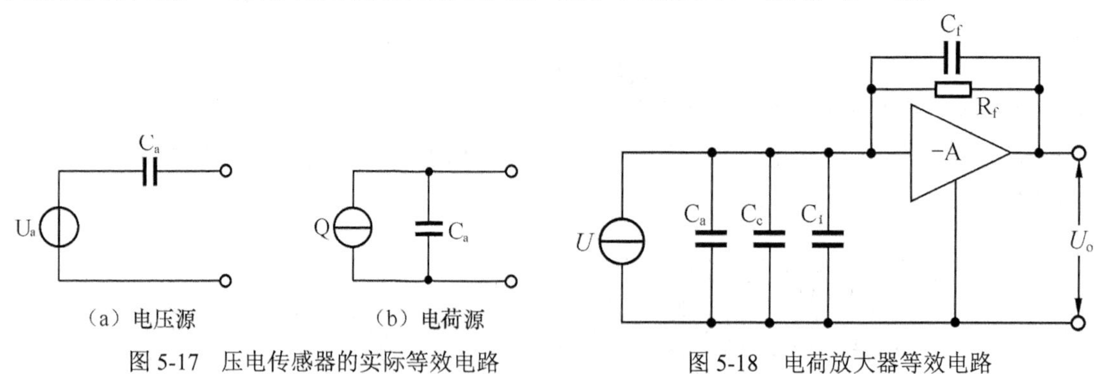

（a）电压源　（b）电荷源

图 5-17　压电传感器的实际等效电路　　图 5-18　电荷放大器等效电路

由于放大器的输入阻抗很高，其输入端几乎没有分流，输出电压为

$$U_o \approx \frac{-Q}{C_f} = U_{cf}$$

上式表明：①放大器的输出电压接近于反馈电容两端的电压，电荷 Q 只对反馈电容充电；②电荷放大器的输出电压与电缆电容无关，而与 Q 成正比，这是电荷放大器的突出优点。由于 Q 与被测压力呈线性关系，所以，输出电压也与被测压力呈线性关系。

（2）电压放大器

电压放大器的原理及等效电路如图 5-19 所示。

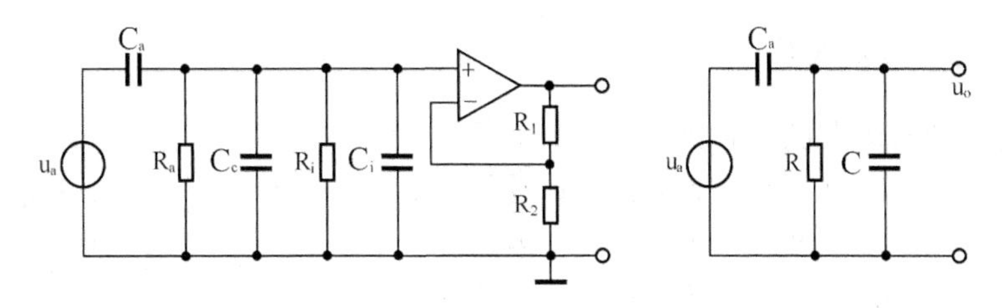

图 5-19　电压放大器的等效电路

如果压电元件受到交变力 $f=F_m\sin\omega t$ 的作用，则其产生的电压为

$$u_a=\frac{dF_m}{C_a}\cdot\sin\omega t=U_m\sin\omega t$$

可见，当作用于压电元件的力为静态力（ω=0）时，则前置放大器的输入电压等于零，因为电荷会通过放大器输入电阻和传感器本身漏电阻漏掉，所以压电传感器不能用于静态力测量。压电材料只有在交变力的作用下，电荷可以不断补充，以供给测量回路一定的电流，所以适合于动态测量。

为了提高灵敏度，在使用中常把几片同型号的压电元件粘结在一起，图 5-20 所示是两个压电元件的组合形式。其中图 5-20（a）所示为两个压电元件的负极相连的并联接法，在外力作用下电荷量可增加一倍，电容量也增加一倍，输出电压与单个压电元件相同。图 5-20（b）所示为两个压电元件的串接形式，其输出的电荷量与单个压电元件的相同，总的电容量为单个压电元件电容量的一半，输出增大一倍。在实际的压电传感器中，可根据需要对压电元件进行串、并联的组合。

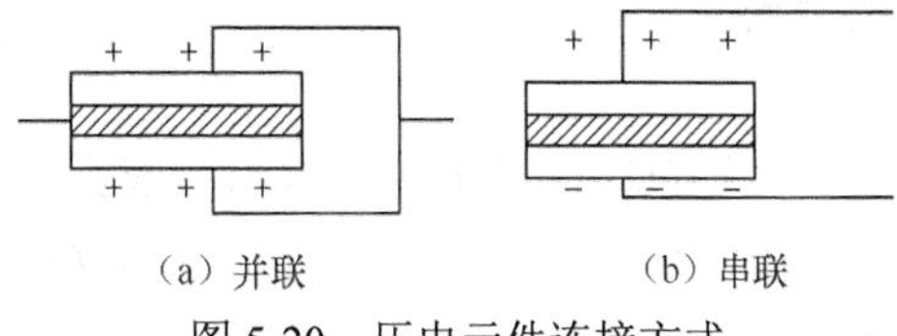

图 5-20　压电元件连接方式

五、压电式测力传感器

图 5-21 所示为压电式单向测力传感器的结构示意图，主要由石英晶片、绝缘套、电极、上盖和基座等组成。传感器的上盖为传力元件，当受到外力作用时，它将产生弹性形变，将力传递到石英晶片上，利用石英晶片的压电效应实现力—电转换。绝缘套用于绝缘和定位。基座内外底面对其中心线的垂直度，上盖以及晶片、电极的上下底面的平行度与表面光洁度都有极严格的要求。它的测力范围是 0～50N，最小分辨率为 0.01N，绝缘阻抗为 $2\times10^{14}\Omega$，固有频率为 50～60kHz。非线性误差小于±1%。整个该传感器重为 10g，可用于机床动态切削力的测量。

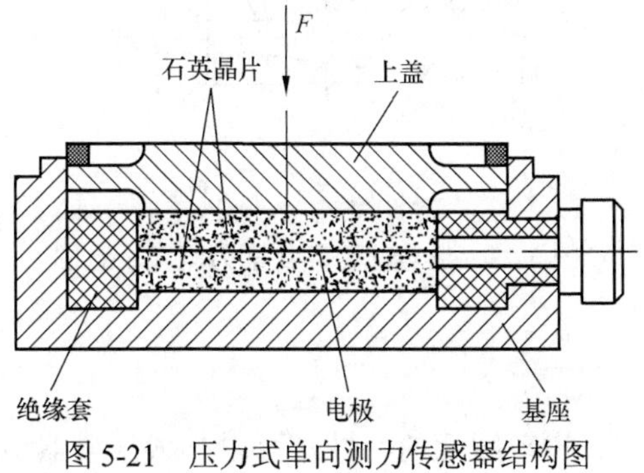

图 5-21　压力式单向测力传感器结构图

六、压电式加速度传感器

压电式加速度传感器的结构如图 5-22 所示。它主要由压电元件、质量块、预压弹簧、基座及外壳等组成。整个部件用螺栓固定。压电元件一般由两片压电片组成，在两个压电片的表面镀上一层银，并在银层上焊接输出引线，在压电片上放置一个比重较大的质量块，然后用一硬弹簧或螺栓、螺帽对质量块预加载荷。

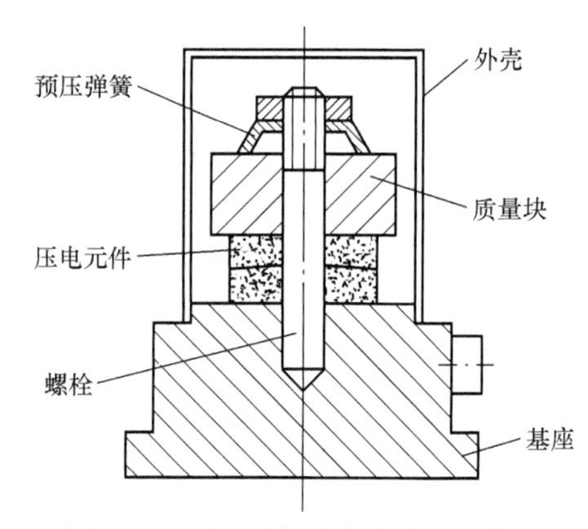

图 5-22　压电式加速度传感器结构图

测量时，将传感器基座与试件刚性固定在一起。当传感器与被测物体一起受到冲击振动时，由于弹簧的刚度相当大，而质量块的质量相对较小，可认为质量块的惯性很小，因此，质量块与传感器基座感受到相同的振动，并受到与加速度方向相反的惯性力的作用，根据牛顿第二定律，此惯性力为

$$F = ma$$

传感器输出的电荷与作用力成正比，即

$$Q = d_{11} \cdot F = d_{11} \cdot m \cdot a$$

式中：d_{11}——压电系数。

可见，只要测得加速度传感器的输出电荷量，便可知加速度的大小。

七、压电式金属加工切削力测量

图 5-23 所示为利用压电陶瓷传感器测量刀具切削力的示意图。由于压电陶瓷元件的自振频率高，特别适合测量变化剧烈的载荷。图中压电陶瓷传感器位于车刀前部的下方，当进行切削加工时，切削力通过刀具传给压电传感器，压电传感器将切削力转换为电信号输出，记录下电信号的变化便测得切削力的变化。

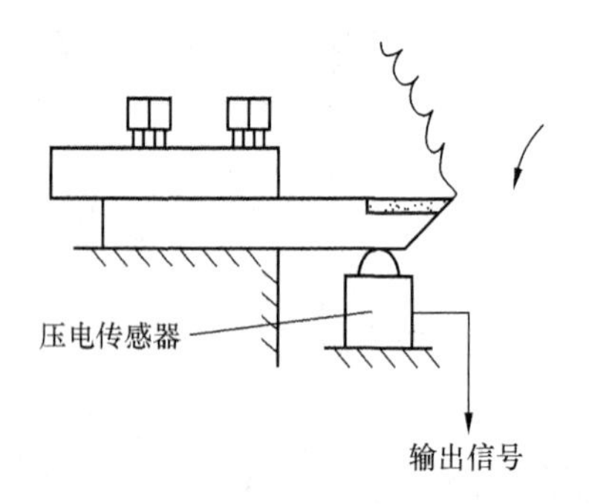

图 5-23　压电式刀具切削力测量示意图

八、报警器电路

利用压电传感器对敲击、振动敏感的特性，可以制成报警器电路。图 5-24 所示为玻璃防

冲击报警器电路原理方框图。图中压电元件用来感知玻璃受到撞击时产生的振动波，外形及内部电路如图 5-25 所示。传感器把振动波转换成电压输出，输出电压经放大、滤波、比较等处理后提供给报警用。使用时，将传感器用胶粘贴在玻璃上，然后通过电缆和报警电路连接。

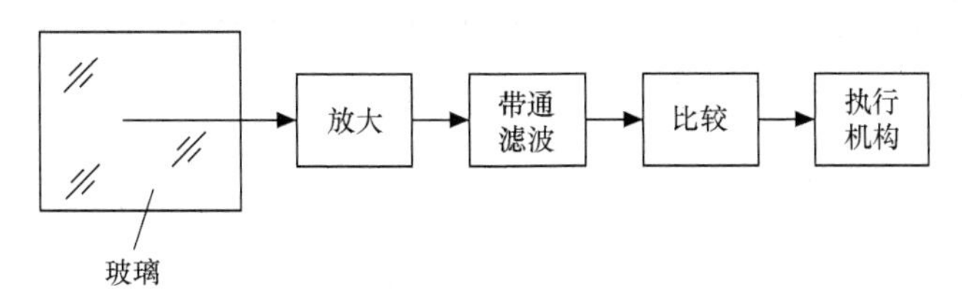

图 5-24　压电式玻璃破碎报警器电路框图

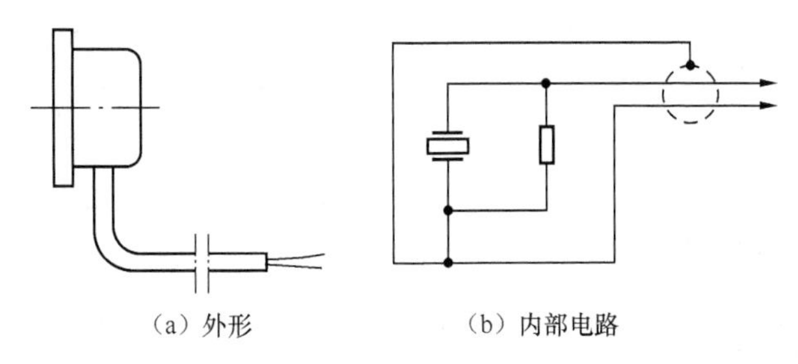

图 5-25　BS-D_2 压电式玻璃破碎传感器

任务布置

一、课外学习

设计一个玻璃展柜的报警电路，要求如下。

① 有具体的设计方案、详细的设计布置。

② 有报警电路。

二、实训

【实训 1】　霍尔式传感器在直流激励下性能测试与标定

1．实训目的

① 通过实验加深对霍尔元件工作原理的理解。

② 了解霍尔式传感器的基本结构和外形特征。

③ 掌握这种传感器在直流激励状态下的输出特性情况。

④ 学会对这种传感器的静态位移性能的标定。

2．实训设备

霍尔传感器、直流稳压电源、电桥、差动放大器、数字电压表、测微仪。

3．实训原理

将霍尔传感器固定在梁的自由端，由螺旋测微头来控制梁自由端的位置，以改变霍尔片在磁场中的位置，使它所受到的磁感应强度发生改变，进而改变传感器的输出电压，其输出霍尔电势与元件的位置有关，通过螺旋测微头可对传感器进行电压灵敏度的标定。图 5-26 所示为被测信号接收部分。图中 1 为固定架，用于安装各个可动部件；2 是螺旋测微头，可给定标准位移，精度可达 0.02mm；3 是单端固定的悬臂梁，梁足够长，当测微头向下压时，在小位移的情况下可忽略其水平位移，只考虑其垂直位移；4 为霍尔式传感器，与梁固定在一起；5 是固定磁极，由它来产生一个呈梯度分布的磁场，其磁感应强度与离开磁极的距离有关；图 5-27 所示为信号的处理与显示部分，霍尔元件的输出电压经差动放大器放大后可直接由液晶电压表显示。

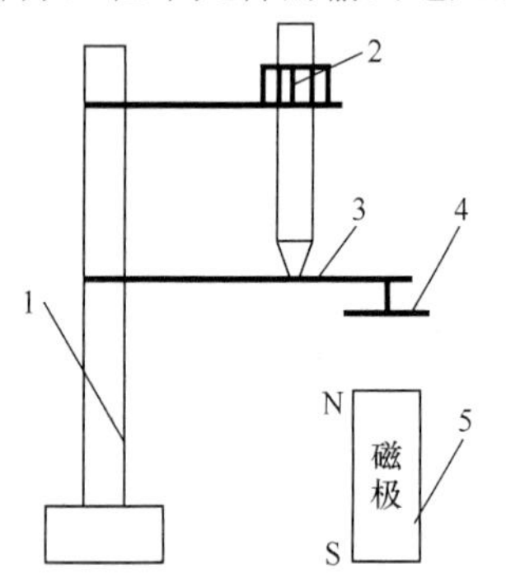

1—固定架　2—测微头　3—悬臂梁
4—霍尔传感器　5—固定磁极

图 5-26　信号发生装置

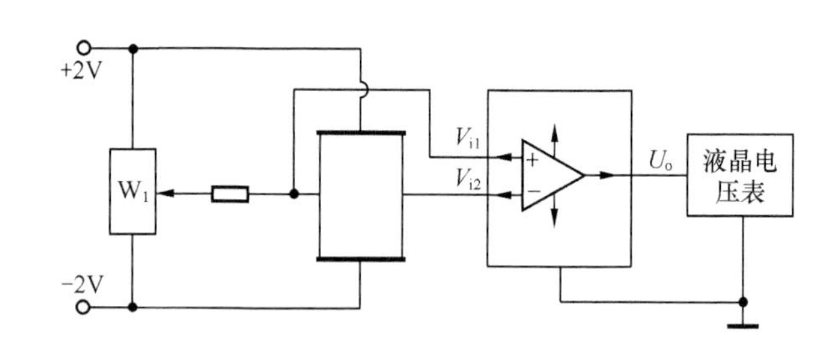

图 5-27　信号处理电路图

4．实训内容及步骤

① 观察霍尔传感器的外形构造，进一步弄清其基本工作原理。

② 将霍尔传感器安装在悬臂梁的自由端，并装好螺旋测微头。

③ 差动放大器增益适中，调整好它的零位后备用。

④ 根据图 5-27 所给的电路原理图，将霍尔传感器、直流稳压电源、电桥、差动放大器及液晶电压表连接起来，组成一个测量系统。

⑤ 接好线路后经指导教师检查同意，打开直流稳压电源，激励电压为±2V。

⑥ 转动测微头，使传感器处于环形磁铁的中间，即 B=0 处，将此处作为测试的起点。

⑦ 调节电桥网络上的电位器 W_1，使整个测量系统输出为零，即不等位电势为 0。

⑧ 往下旋动测微头，每次向下移 0.5mm 作为一个测量间隔，记录下每一次位移的输出电压值将数据填入表 5-2 中；测微头回零，然后每次向上移动 0.5mm,记录输出电压值，填入表 5-2 中。

⑨ 根据所得结果在坐标纸上作出 V—X 关系曲线，分析其线性范围。

表 5-2　　输出电压与传感器的位移

X/mm	0	0.5	1.0	1.5	2.0	2.5	3.0	3.5
V/mV ↑								
V/mV ↓								

【实训 2】　电动自行车中的霍尔电子转把和闸把

1．实训目的

通过对开关型霍尔集成电路和线性型霍尔集成电路在电动自行车中应用情况的学习，以及对它们工作状态的测试，掌握霍尔集成电路传感器的基本应用。

2．实训设备和器材

① 工具：常用电子组装工具一套。

② 仪器、仪表：数字万用表一块；稳压电源一台。

③ 器材：电动自行车用电子型闸把一只；霍尔型调速转把一只；电动自行车用无刷直流电动机一台。

3．系统的工作原理

电动自行车作为经济而环保的交通工具，近些年来备受人们青睐，而且发展很快。它所使用的电动机有普通直流电动机和无刷直流电动机两类。除去电动机外，其他主要电气部件还包括电子型闸把、调速转把、控制器和蓄电池组。以无刷直流电动机为例，其电路系统框图如图 5-28 所示。

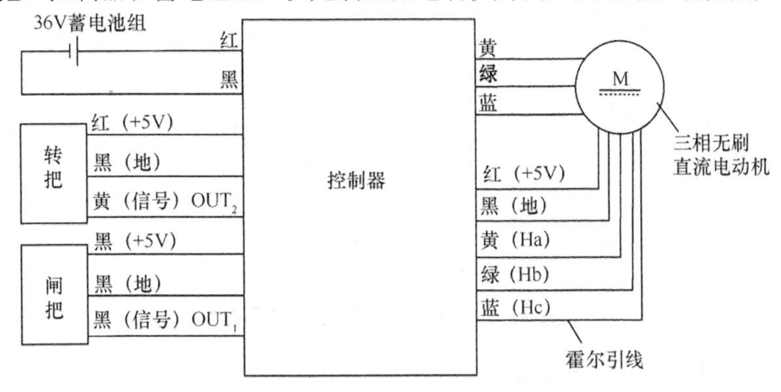

图 5-28 电动自行车的电路系统框图

在图 5-28 中，36V 蓄电池组提供的直流电压，一方面经控制器降压、稳压后为闸把、转把及三相无刷直流电动机内转子位置检测用霍尔集成传感器供电；另一方面经控制器内功率电子开关器件的开关作用实现无刷直流电动机电枢电流的换向，为电枢绕组供电，实现电能到机械能的转换。其中，转把中使用一线性型霍尔集成电路与随转把一同转动的永久磁铁构成一线性型霍尔集成传感器，转把的结构示意图如图 5-29（a）所示。当转动转把时，永久磁铁的 S 极逐渐靠近霍尔集成电路的正面，OUT_2 引线上的对地电压逐渐升高，大约在 1.1～4.2V 之间变化。控制器将根据此电压的高低，调节施加于无刷直流电机电枢绕组上的电压的高低，实现电动机的调速控制。电子闸把中则使用开关型霍尔集成传感器，闸把的结构示意图如图 5-29（b）所示。未捏闸把时，永久磁铁远离霍尔集成电路，在外部上拉电阻的作用下，OUT_1 引线上输出高电平；捏动闸把，永久磁铁的 S 极靠近霍尔集成电路，使 OUT_1 引线上的输出电平翻转为低电平。控制器将根据此电平信号决定是否将电源电压施加到无刷直流电机的电枢绕组上，实现电动机起停的允许控制，即保证在电动车刹车时令控制器断开加于电动机上的电源。

在无刷直流电动机内部装的 3 个开关型霍尔集成电路与嵌有永久磁铁的转子一同构成转子位置检测装置，其位置示意图如图 5-29（c）所示。转子在转动时，3 个固定安装的霍尔集成电路的输出引线 Ha、Hb、Hc 上的电平依次按照 010→110→100→101→001→011→010…的规律变化。控制器根据这 3 根引线上的实际电平组合情况，改变其内部功率电子开关的开关状态，以达到保持相同磁极下电枢绕组中电流方向一致的电子换向目的，即完成普通直流电动机中电刷和换向器共同实现的换向任务。

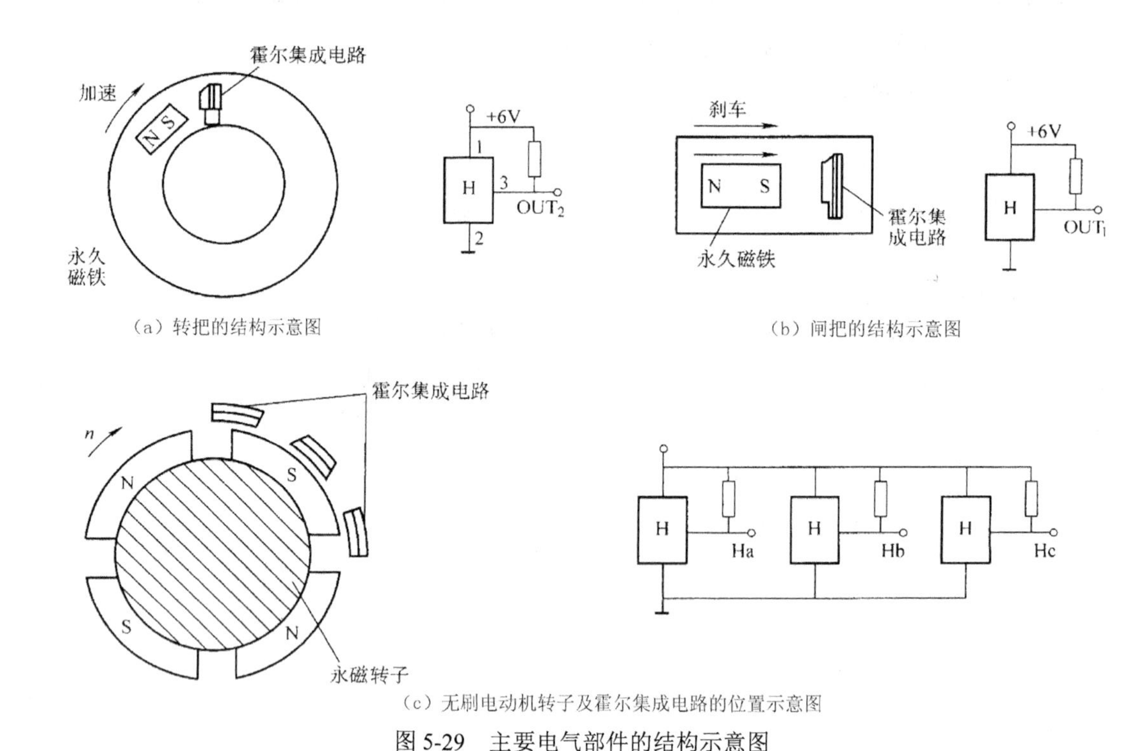

图 5-29　主要电气部件的结构示意图

4．霍尔传感器的工作状态测试

设计简单的测试电路，并使用万用表对上述各类霍尔集成传感器的工作状态予以测试。

① 按图 5-29（a）连接好电路，其中电源可用稳压电源提供，上拉电阻取值在 1～5kΩ之间均可，将数字万用表置于直流电压挡，测量 OUT_2 端的对地电压。在转动转把的过程中，电压应在 1.1～4.2V 之间变化。

② 按图 5-29（b）连接好电路，其中电源可由稳压电源提供，上拉电阻取值在 1～5kΩ之间均可，将数字万用表置于直流电压挡，测量 OUT_1 端的对地电平。在捏动闸把前后，此电平应有高低状态的翻转。

③ 按图 5-30 连接好电路，其中电源可由稳压电源提供，上拉电阻均取 560Ω，3 只发光二极管最好用不同颜色的发光管。这时慢慢转动无刷直流电动机的永磁转子，验证 3 只发光管的变化规律是否按 010→110→100→101→001→011→010…进行变化(其中 1 为灭,0 为亮)。若出现常亮或常灭的发光二极管，则说明它对应的霍尔集成电路已损坏。

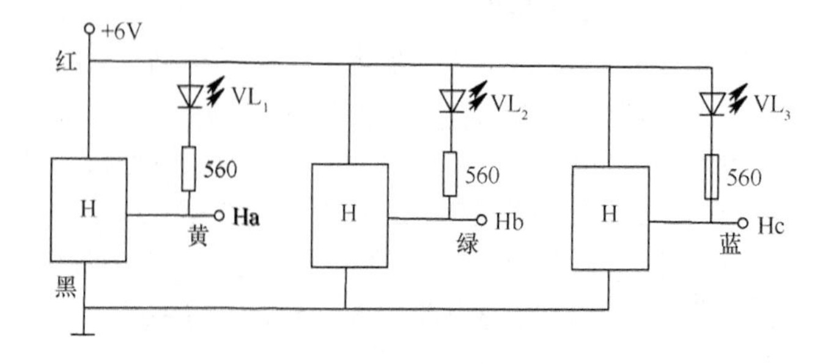

图 5-30　霍尔集成电路的检测电路

【实训 3】　压电式加速度计的性能测试

1．实训目的

通过实训了解压电式加速度计的结构、性能及应用。

2．实训原理

压电式加速度计是压电式传感器的一种，是典型的有源传感器。其压电元件是敏感元件，在压力、应力、加速度等外力作用下，压电元件的电介质表面上就会产生电荷，从而实现非电量的测量。实训用的压电式传感器主要由质量块和双压电晶片组成。

3．设备和器材

压电式传感器、电荷放大器、低频振荡器、低通滤波器、示波器、直流稳压电源、电桥、相敏检波器、电压表等。

4．实训内容和步骤

① 按图 5-31 所示方框图连线，压电式传感器与电荷放大器必须用屏蔽线连接，屏蔽层接于地上。

② 将低频振荡器接入激振器。保持适当的振荡幅度，用示波器观察电荷放大器和低通滤波器的输出波形，并加以比较。

③ 改变振荡频率，观察输出波形的变化。

④ 按图 5-32 所示系统图连线。低频振荡器输出频率为 5～30Hz，差分放大器增益调节适中，示波器的两个通道分别接差分放大器和相敏检波器的输出端。

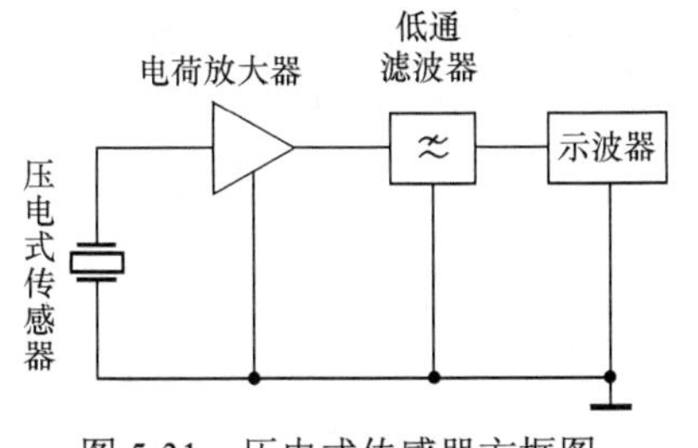

图 5-31　压电式传感器方框图

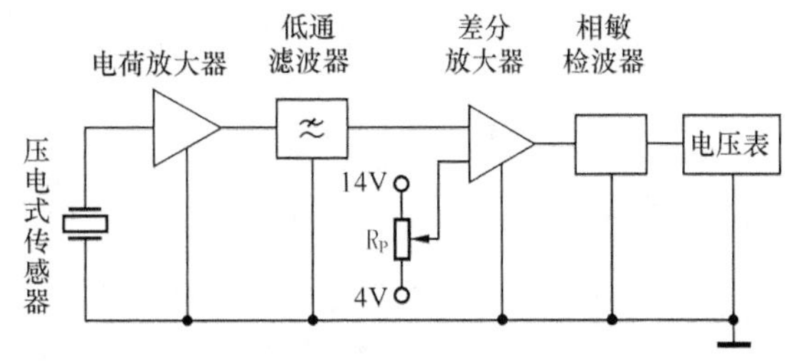

图 5-32　压电式传感器性能系统图

⑤ 调节 R_F，使差分放大器的输出直流分量为零。方法是通过观察相敏检波器的输出波形来调节 R_F（使示波器上的两排曲线成一行即可）。因为当相敏检波器输入无直流分量时，输出的两个半波就在一条直线上。

⑥ 改变振荡频率，记录电压表数值，比较相对变化值和灵敏度。

课后习题

1．什么是霍尔效应？简述霍尔元件构成及主要的应用范围。

2．为什么导体材料和绝缘体材料均不宜做成霍尔元件？

3．为什么霍尔元件一般采用 N 型半导体材料？

4．霍尔灵敏度与霍尔元件厚度之间有什么关系？

5．霍尔电动势的大小与方向和哪些因素有关？影响霍尔电动势的因素有哪些？霍尔元件能够测量的物理量有哪些？霍尔元件的不等位电压概念是什么？

6．霍尔传感器有哪几方面的应用？

7．什么是压电效应？什么是逆压电效应？

8．压电晶体和压电陶瓷有何不同？

9．压电式传感器的工作原理是什么？有哪些特点和主要用途？

10．压电元件有几种连接方式？

11．简述压电加速度传感器的工作原理。

12．试分析压电式金属加工切削力测量传感器的工作原理。

单元六 光传感器

光传感器能将被测量的变化通过光信号的变化转换成电信号（电压、电流、电阻等）。具有这种功能的材料称为光敏材料，用光敏材料制成的器件称为光敏器件。

传统的光敏器件是利用各种光电效应制成的器件。光电效应可分为外光电效应和内光电效应两大类，内光电效应又分为光电导效应和光生伏特效应。相应的元件有光电管、光电倍增管、光敏电阻、光敏二极管、光敏三极管和光电磁等。光纤传感技术是光导纤维及光纤通信技术的发展而另辟新径的一种崭新的传感技术。

任务一　光电式传感器

【知识教学目标】

1．了解光电效应的概念。

2．熟悉常用光电器件的类型。

3．了解光电式传感器的组成。

4．掌握光电式传感器的应用。

【技能培养目标】

1．了解光电式传感器在现场中的应用。

2．能够对光电器件进行参数的测量。

【相关知识】

光电元件是将光信号的变化转换为电信号的一种传感器件，它是构成光电式传感器的主要部件。光电器件响应快、结构简单、使用方便，可以实现非接触测量，而且有较高的可靠性，因此在自动检测、计算机和控制系统中得到广泛的应用。光电器件工作的物理基础是光电效应。光电效应分为外光电效应和内光电效应两大类。

一、外光电效应

在光线的作用下，物体内的电子逸出物体表面向外发射的现象称为外光电效应。向外发射的电子称为光电子。基于外光电效应的光电器件有光电管和光电倍增管等。

1．光电管的结构和工作原理

光电管有真空光电管和充气光电管两类，均由阴极和阳极构成。要求阴极镀有光电发射材料，并有足够的面积来接受光的照射。阳极是用一条细长的金属丝弯成圆形或矩形制成的，放在玻璃管的中心。

连接电路，光电管的阴极 K 和电源的负极相连，阳极 A 通过负载电阻 R_L 接电源正极，当阴极受到光线照射时，电子从阴极逸出，在电场作用下被阳极收集，形成光电流 I，随光照的强弱而改变，达到把光信号变化转换为电信号变化的目的。光电管结构示意图与连接电路，如图 6-1 所示。

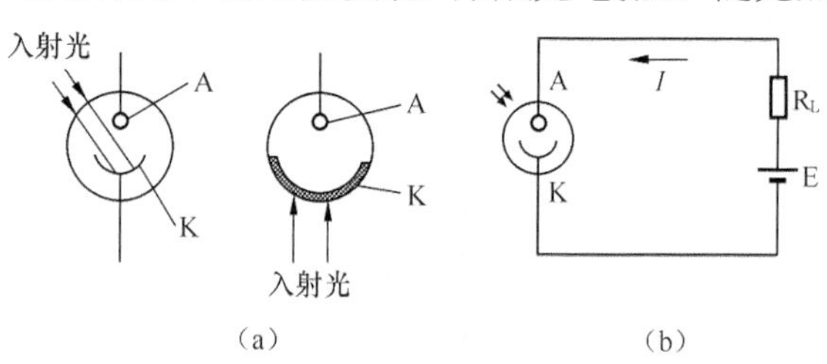

图 6-1　光电管结构示意图与连接电路

充气光电管的结构基本与真空光电管相同，只是管内充以少量惰性气体，如氖气等。当光电管阴极被光线照射产生电子后，在趋向阳极的过程中，由于电子对气体分子的撞击，将使惰性气体分子电离，从而得到正离子和更多的自由电子，使电流增加，提高了光电管的灵敏度。但充气光电管的频率特性较差，温度影响大，伏安特性为非线性等，所以在自动检测仪表中多采用真空光电管。

2．光电倍增管工作原理和结构

当光照微弱时，光电管所产生的光电流很小（零点几个微安），为了提高灵敏度，常应用光电倍增管对光电流进行放大，其积分灵敏度可达每流明几安。

光电倍增管的工作原理建立在光电发射和二次发射基础上。图 6-2（a）所示为光电倍增管的原理示意图，图中 K 为光电阴极，D_1～D_4 为二次发射体，称倍增极，A 为阳极（或收集阳极）。在工作时，这些电极的电位是逐级增高的，一般阳极和阴极之间电压是 1000～2500V，两个相邻倍增极之间的电位差为 50～100V。当光线照射到光电阴极 K 后，它产生的光电子受到第一倍增极 D_1 正电位的作用，使之加速并打在这个倍增级上，产生二次发射。由第一倍增级 D_1 产生二次发射电子，在更高电位的 D_2 极作用下，再次被加速入射到 D_2 上，在 D_2 极上又将产生二次发射，这样逐级前进，直到电子被阳极收集为止。阳极最后收集到的电子数将达到阴极发射电子数的 10^5～10^6 倍。

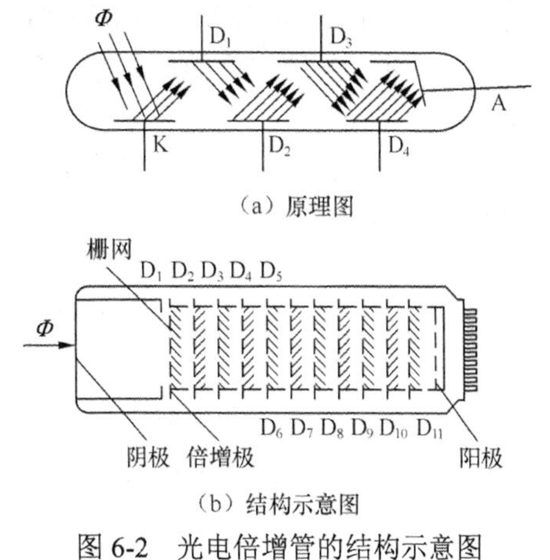

图 6-2　光电倍增管的结构示意图

如果设每个电子落到任一倍增级上都打出σ个电子，则阳极电流 I 为

$$I = i_0\sigma^n \tag{6-1}$$

式中：i_0——光电阴极发出的光电流；

n——光电倍增级数（一般 9～11）。

这样，光电倍增管的电流放大系数β为

$$\beta = \frac{I}{i_0} = \sigma^n \tag{6-2}$$

光电倍增管的倍增极结构有很多形式，它的基本构造是把光电阴极与各倍增极和阳极隔开，以防止光电子的散射和阳极附近形成的正离子向阴极返回，产生不稳定现象；另外，要使电子从一个倍增极发射出来无损失地至下一级倍增极。图 6-2（b）所示为某一种形式的光电倍增管结构示意图。

二、内光电效应及相应的器件

在光线作用下，物体的导电性能发生变化或产生光生电动势的效应称为内光电效应。内光电效应可以分为光电导效应和光生伏特效应两大类。

在光线的作用下，半导体材料吸收了入射光子能量，若光子能量大于或等于半导体的材料的禁带宽度，就激发出电子一对空穴对，使载流子浓度增加，半导体的导电能力增加，阻值减低，这种现象称为光电导效应。光敏电阻就是基于这种效应的光电器件。

在光线的作用下能够使物体产生一定方向的电动势的现象称为光生伏特效应。基于这种效应的光电器件有光电池。

1. 光敏电阻

（1）光敏电阻的结构与工作原理

光敏电阻又称光导管，它几乎都是用半导体材料制成的光电器件。光敏电阻没有极性，纯粹是一个电阻器件，使用时既可加直流电压，又可加交流电压。无光照时，光敏电阻阻值（暗电阻）很大，电路中的电流（暗电流）很小。当光敏电阻受到一定波长范围的光照时，它的阻值（亮电

阻）急剧减小，电路中的电流迅速增大。一般希望暗电阻越大越好，亮电阻越小越好，此时光敏电阻的灵敏度高。实际光敏电阻的暗电阻阻值一般在兆欧数量级，亮电阻阻值在几千欧以下。

光敏电阻的结构很简单，图 6-3（a）所示为金属封装的硫化镉光敏电阻的结构图。在玻璃底板上均匀地涂上一层薄薄的半导体物质，这层半导体物质称为光导层。半导体的两端装有金属电极，金属电极与引出线端相连接，光敏电阻就是通过引出线端接入电路。为了防止周围介质的影响，在半导体光敏层上覆盖了一层漆膜，漆膜的成分应使它在光敏层最敏感的波长范围内透射率最大。为了提高灵敏度，光敏电阻的电极一般采用梳状图案，如图 6-3（b）所示。图 6-3（c）所示为光敏电阻的接线图。

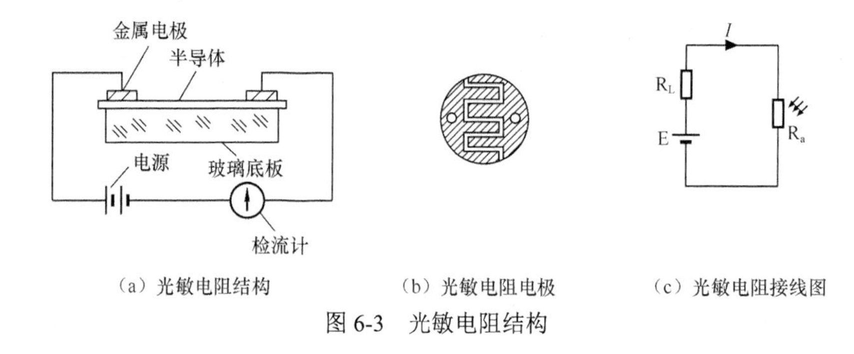

（a）光敏电阻结构　（b）光敏电阻电极　（c）光敏电阻接线图

图 6-3　光敏电阻结构

（2）光敏电阻的主要参数

光敏电阻的主要参数有以下几个。

① 暗电阻：光敏电阻在不受光照射时的阻值称为暗电阻，此时流过的电流称为暗电流。

② 亮电阻：光敏电阻在受光照射时的电阻称为亮电阻。此时流过的电流称为亮电流。

③ 光电流：亮电流与暗电流之间的差值称为光电流。

（3）光敏电阻的基本特性

① 伏安特性：在一定照度下，流过光敏电阻的电流与光敏电阻两端的电压的关系称为光敏电阻的伏安特性。图 6-4 所示为硫化镉光敏电阻的伏安特性曲线。由图可见，光敏电阻在一定的电压范围内，其 I—U 曲线为直线。说明其阻值与入射光量有关，而与电压和电流无关。

② 光照特性：光敏电阻的光照特性是描述光电流 I 和光照强度之间的关系，不同材料的光照特性是不同的，绝大多数光敏电阻的光照特性是非线性。图 6-5 所示为硫化镉光敏电阻的光照特性。

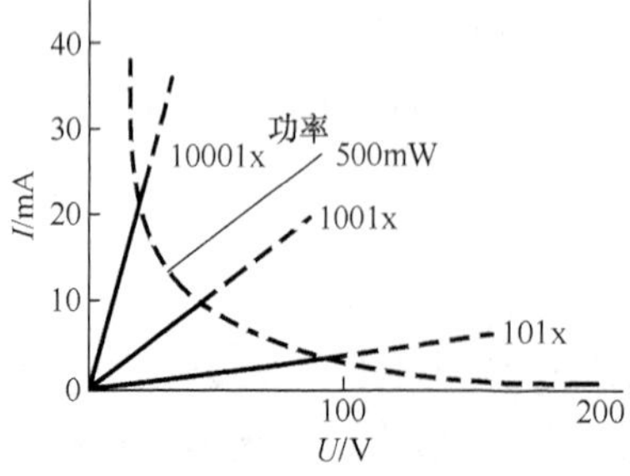

图 6-4　硫化镉光敏电阻的伏安特性

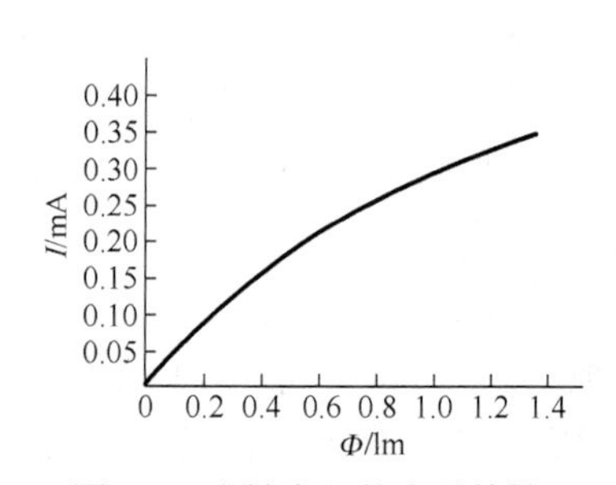

图 6-5　光敏电阻的光照特性

③ 光谱特性：光敏电阻对入射光的光谱特性具有选择作用，即光敏电阻对不同波长的入射光有不同的灵敏度。光敏电阻的相对光敏灵敏度与入射波长的关系称为光敏电阻的光谱特性，亦称光谱响应。图 6-6 所示为几种不同材料光敏电阻的光谱特性。对应于不同波长，光敏电阻的灵敏度是不同的，而且不同材料的光敏电阻光谱响应曲线也不同。从图中可见，硫化镉光敏电阻的光谱响应的峰值在可见光区域，常被用作光度量测量（照度计）的探头。而硫化铅光敏电阻响应于近红外和中红外区，常用做火焰探测器的探头。

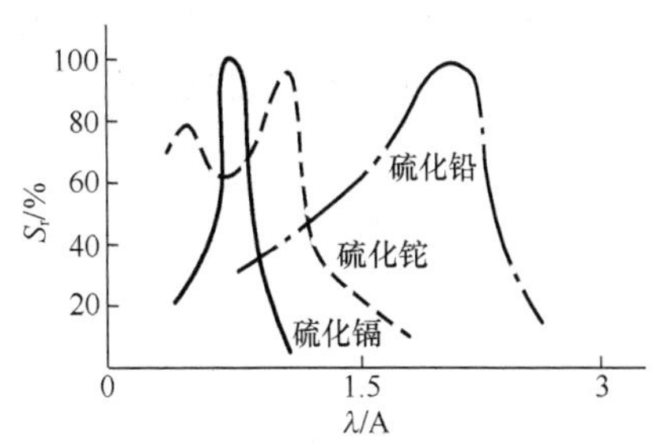

图 6-6　光敏电阻的光谱特性

④ 频率特性：实验证明，光敏电阻的光电流不能随着光强改变而立刻变化，即光敏电阻产生的光电流有一定的惰性。

⑤ 温度特性：光敏电阻和其他半导体器件一样，受温度影响较大。温度变化时，影响光敏电阻的光谱响应，同时光敏电阻的灵敏度和暗电阻也随之改变，尤其是响应于红外区的硫化铅光敏电阻受温度影响更大。

光敏电阻具有光谱特性好、允许的光电流大、灵敏度高、使用寿命长、体积小等优点，所以应用广泛。此外，许多光敏电阻对红外线敏感，适宜于红外光谱区工作。光敏电阻的缺点是型号相同的光敏电阻参数参差不齐，并且由于光照特性的非线性，不适宜于测量要求线性的场合，常用作开关式光电信号的传感元件。

2．光敏二极管和光敏晶体管

（1）结构原理

光敏二极管的结构与一般二极管相似。它装在透明的玻璃外壳中，其 PN 结装在管的顶部，可以直接受到光的照射，如图 6-7 所示。光敏二极管在电路中一般是处于反向工作状态，如图 6-8 所示。当没有光照射时，反向电阻很大，反向电流很小，该反向电流称为暗电流；当光线照射在 PN 结上，光子打在 PN 结附近，使 PN 结附近产生光生电子和光生空穴对，它们在 PN 结处的内电场作用下做定向移动，形成光电流。光的照度越大，光电流越大。因此光敏二极管在不受光照射时处于截止状态，受光照射时处于导通状态。

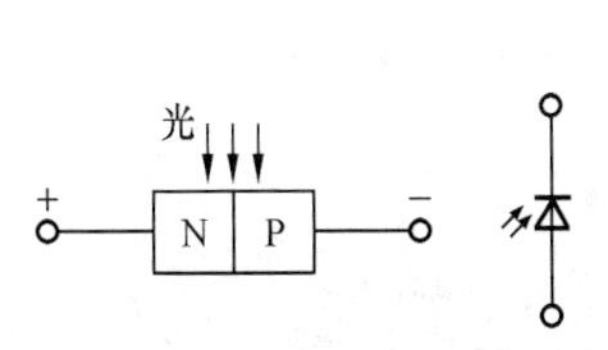

图 6-7　光敏二极管结构简图

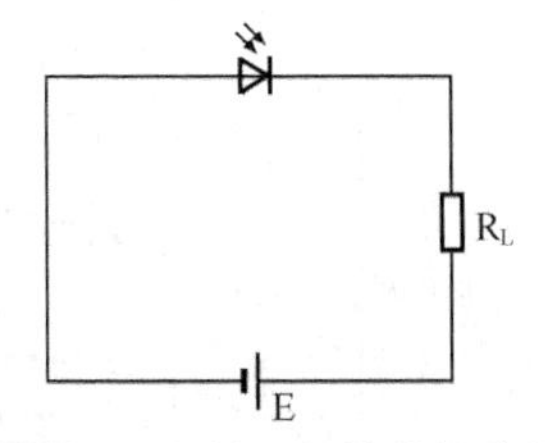

图 6-8　光敏二极管的接线图

光敏晶体管与一般晶体管相似，具有两个 PN 结，如图 6-9（a）所示，只是它的集电区一侧做得很大，以扩大光的照射面积。光敏晶体管的接线如图 6-9（b）所示，大多数光敏晶体管的基极无引出线，当集电极加上相对于发射极为正的电压而不接基极时，集电极就是反向偏压，当光照射在集电结时就会在结附近产生电子—空穴对，光使电子被拉到集电极，基区留下空穴，使基极与发射极间的电压升高，这样便会有大量的电子流向集电极，形成输出电流，且集电极电流为光电流的β 倍，所以光敏晶体管具有放大作用。

光敏晶体管的光电灵敏度虽然比光敏二极管高得多，但在需要高增益或大电流输出的场合，需采用达林顿光敏管。图 6-10 所示为达林顿光敏管的等效电路。达林频管是一个光敏晶体管与一个晶体管以共集电极连接方式的集成器件。由于增大了一级电流放大，所以输出电流能力大大增强，甚至可以不必经过进一步放大，便可直接驱动灵敏继电器。但由于无光照时的暗电流也增加，因此适合于开关状态或位式信号的光电转换。

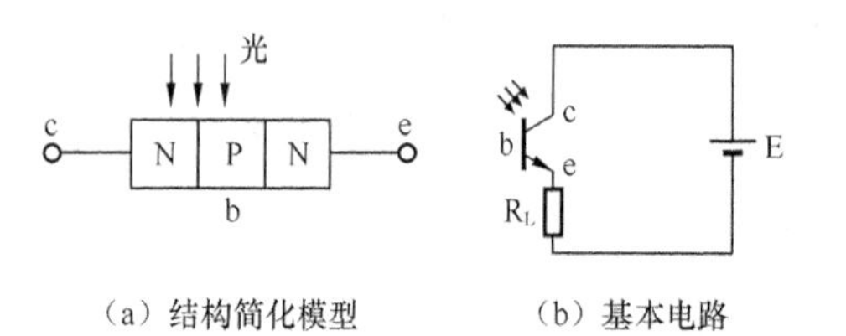

（a）结构简化模型　（b）基本电路

图 6-9　NPN 型光敏晶体管结构简图与基本电路

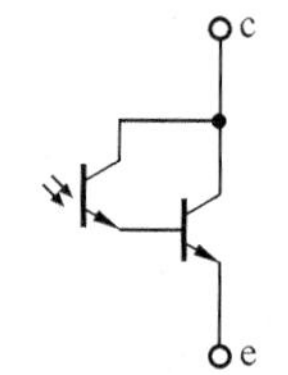

图 6-10　达林顿光敏管的等效电路

（2）基本特性

① 光谱特性：光敏管的光谱特性是指在一定的照度时，输出的光电流（或用相对灵敏度表示）与入射光波长的关系。硅和锗光敏二极（晶体）管的光谱特性曲线如图 6-11 所示。从曲线可以看出，硅的峰值波长约为 0.9μm，锗的峰值波长约为 1.5μm，此时灵敏度最大，而当入射光的波长增长或缩短时，相对灵敏度都会下降。一般来讲，锗的暗电流较大，因此性能较差，故在可见光或探测赤热状态物体时，一般都用硅管。但对红外线探测时，锗管较为适宜。

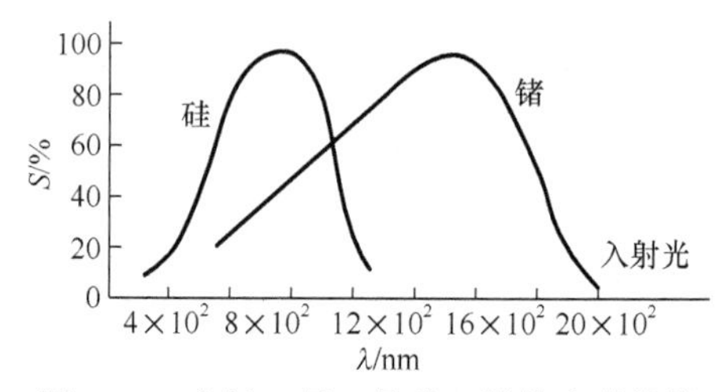

图 6-11　光敏二极（晶体）管的光谱特性

② 伏安特性：图 6-12（a）所示为硅光敏二极管的伏安特性。横坐标表示所加的反向偏压。当有光照时，反向电流随着光照强度的增大而增大，在不同的照度下，伏安特性曲线几乎平行，所以只要没达到饱和值，它的输出实际上不受偏压大小的影响。

图 6-12（b）所示为硅光敏晶体管的伏安特性。纵坐标为光电流，横坐标为集电极—发射极电压。从图中可见，由于晶体管具有放大作用，因此在同样的照度下，其光电流比相应的二极管大上百倍。

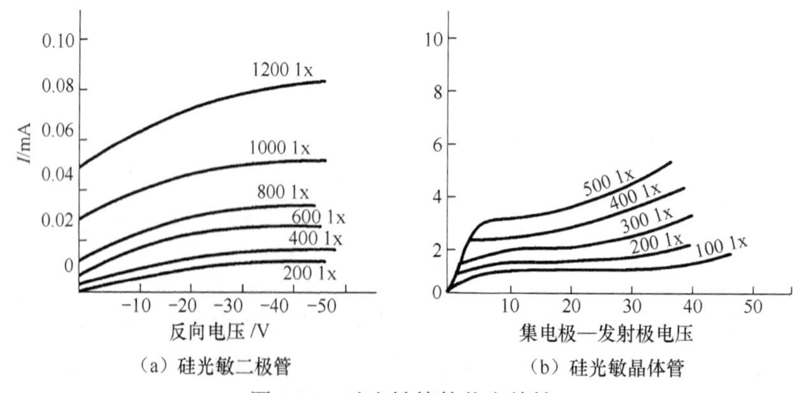

（a）硅光敏二极管　（b）硅光敏晶体管

图 6-12　硅光敏管的伏安特性

③ 频率特性：光敏管的频率特性是指光敏管的输出电流（或相对灵敏度）随频率变化的

关系。光敏二极管的频率特性是半导体光电器件中最好的一种，普通光敏二极管频率响应时间达 10μs。光敏晶体管的频率特性受负载电阻的影响，图 6-13 所示为光敏晶体管频率特性，减小负载电阻可以提高频率响应范围，但输出电压相应也减小。

④ 温度特性：光敏管的温度特性是指光敏管的暗电流及光电流与温度的关系。光敏晶体管的温度特性曲线如图 6-14 所示。从特性曲线可以看出，温度变化对光电流影响很小（见图 6-14（b）），而对暗电流影响很大（见图 6-14（a）），所以在电子线路中应对暗电流进行温度补偿，否则将会导致输出误差。

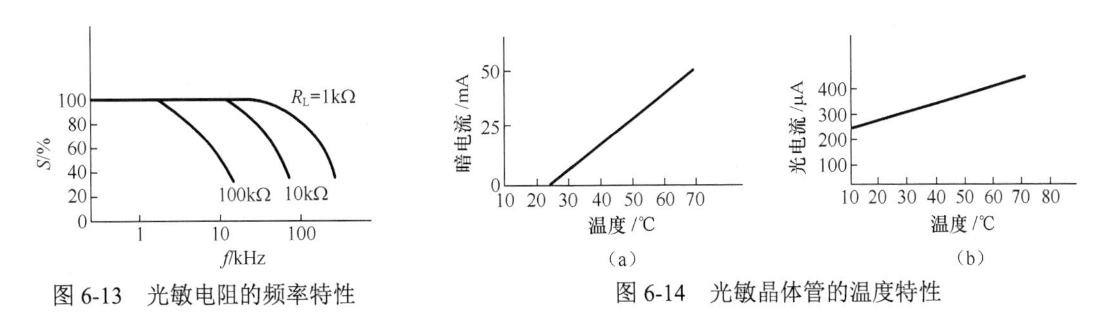

图 6-13　光敏电阻的频率特性

图 6-14　光敏晶体管的温度特性

3．光电池

光电池是一种直接将光能转换成电能的光电器件。光电池在有光线作用时实质就是电源，电路中有了这个器件就不需外加电源。

光电池的工作原理是基于“光生伏特效应”。它实质上是一个大面积的 PN 结，当光照射在 PN 结的一个面，例如 P 型面时，若光子能量大于半导体的禁带宽度，那么 P 型区每吸收一个光子就会产生一对自由电子和空穴，电子—空穴对从表面向内迅速扩散，在结电场的作用下，最后建立一个与光照强度有关的电动势。图 6-15 所示为硅光电池的原理图。

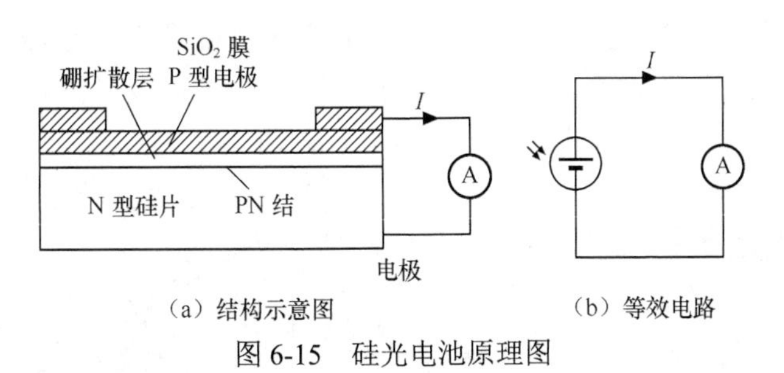

（a）结构示意图　　（b）等效电路

图 6-15　硅光电池原理图

光电池的种类很多，有硒光电池、氧化亚铜光电池、锗光电池、硅光电池、砷化镓光电池等，其中硅光电池由于性能稳定，光谱范围宽，频率特性好，转换效率高及耐高温辐射，因此最受人们的重视。

光电池的基本特性有以下几种。

（1）光谱特性

光电池对不同波长的光灵敏度是不同的。图 6-16 所示为硅光电池和硒光电池的光谱特性曲线。从图中可知，不同材料的光电池，光谱响应峰值所对应的入射光波长是不同的，硅光电池波长在 0.8μm 附近，硒光电池在 0.5μm 附近。硅光电池的光谱响应波长为 0.4～1.2μm，而硒光电池仅为 0.38～0.75μm。可见，硅光电池可以在很宽的波长范围内得到应用。

（2）光照特性

光电池在不同的光照度下，其光电流和光生电动势是不同的，它们之间的关系就是光照特性。图 6-17 所示为硅光电池的开路电压和短路电流与照度的关系曲线。从图中看出，短路电流在很大范围内与光照强度呈线性关系，开路电压（即负载 R_L 无限大时）与光照度的关系是非线性的，并且在照度为 2000lx 时就趋于饱和了。因此用光电池作为测量元件时，应把它当作电流源的形式来使用，不宜作电压源。

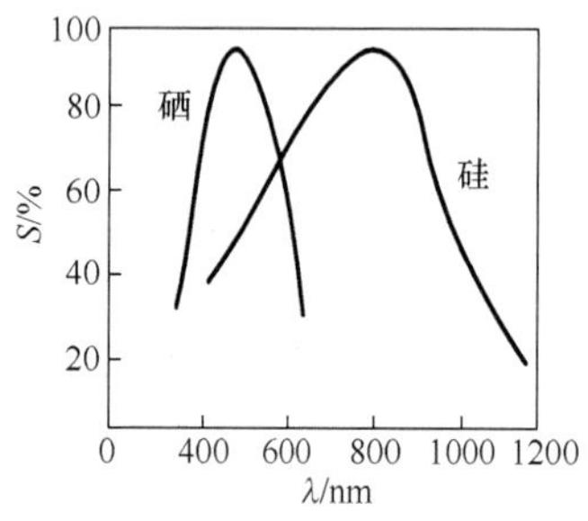

图 6-16　硅光电池的光谱特性

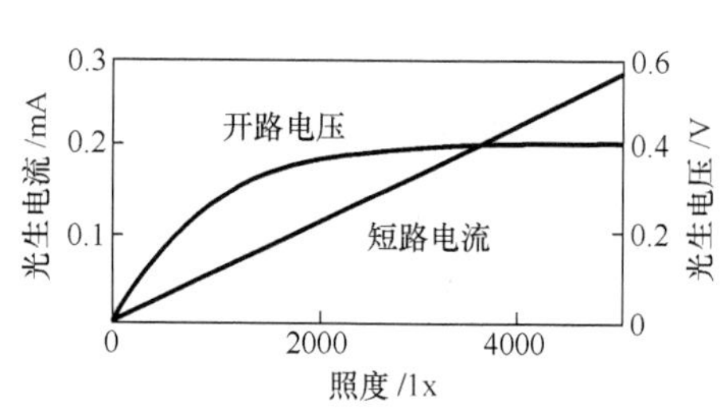

图 6-17　硅光电池的光照特性

（3）频率特性

图 6-18 分别给出硅光电池和硒光电池的频率特性，横坐标表示光的调制频率。由图可见，硅光电池有较好的频率响应。

（4）温度特性

光电池的温度特性是描述光电池的开路电压和短路电流随温度变化的情况。由于它关系到应用光电池的仪器或设备的温度漂移，影响到测量精度和控制精度等重要指标，因此温度特性是光电池的重要特性之一。光电池的温度特性如图 6-19 所示。从图中看出，开路电压随温度升高而下降的速度较快，而短路电流随温度升高而缓慢增加。由于温度对光电池的工作有很大的影响，因此把它作为测量元件使用时，最好保证温度恒定或采取温度补偿措施。

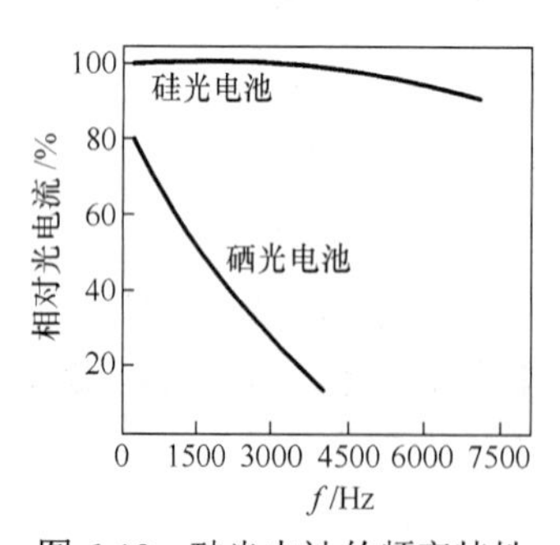

图 6-18　硅光电池的频率特性

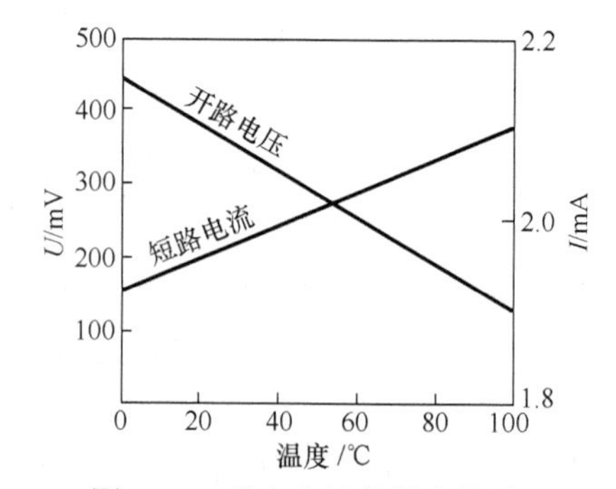

图 6-19　硅光电池的温度特性

三、光电耦合器件

光电耦合器件是由发光元件（如发光二极管）和光电接收元件合并使用，以光作为媒介传递信号的光电器件。根据结构和用途不同，它又可以分为实现电隔离的光电耦合器和用于检测有无物体的光电开关。

1．光电耦合器

光电耦合器的发光元件和接收元件都装在一个外壳内，一般有金属封装和塑料封装两种。发光器件通常采用砷化镓发光二极管，其管芯由一个 PN 结组成，随着正向电压的增大正向电流也增加，发光二极管的光通量也增加。光电接收元件可以是光敏二极管和光敏三极管，也可以是达林顿光敏管。图 6-20 所示为光敏三极管和达林顿光敏管输出型的光电耦合器。为了保证光电耦合器有较高的灵敏度，应使发光元件和接收元件的波长匹配。

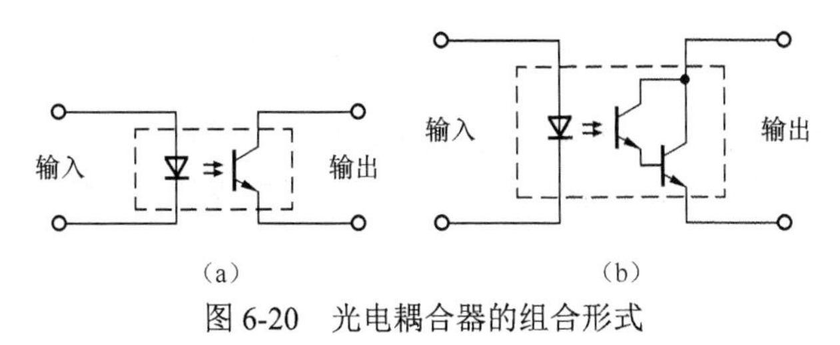

图 6-20　光电耦合器的组合形式

光电耦合器实际上是一个电隔离转换器，它具有抗干扰性能和单向信号传输功能，广泛应用在电路隔离、电平转换、噪声抑制等场合。

2．光电开关

光电开关是一种利用感光元件对变化的入射光加以接收，并进行光电转换，同时加以某种形式的放大和控制，从而获得最终的控制输出“开”、“关”信号的器件。

图 6-21 所示为典型的光电开关结构图。图 6-21（a）是一种透射式的光电开关，它的发光元件和接收元件的光轴是重合的。当不透明的物体位于或经过它们之间时，会阻断光路，使接收元件接收不到来自发光元件的光，这样就起了检测的作用。如图 6-21（b）所示是一种反射式的光电开关，它的发光元件和接收元件的光轴在同一平面且以某一角度相交，交点一般即为待测物所在处。当有物体经过时，接收元件将收到从物体表面反射的光，没有物体时则接收不到。光电开关的特点是小型、高速、非接触，而且可用于 TTL、MOS 等简单电路的场合。

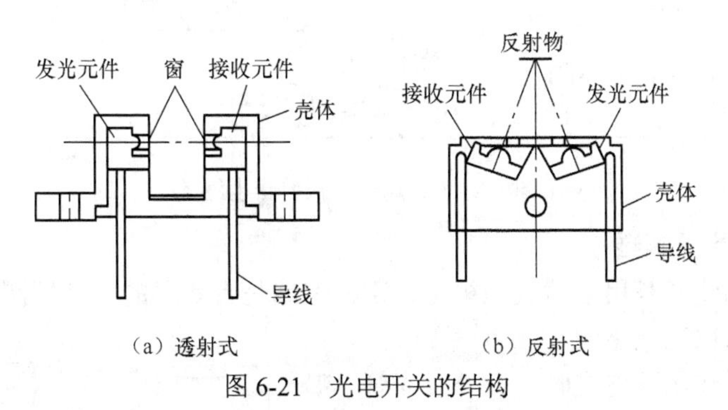

图 6-21　光电开关的结构

用光电开关检测物体时，大部分只要求其输出信号有“高—低”（1—0）之分即可。图 6-22 所示为光电开关的基本电路实例。图 6-22（a）、图 6-22（b）表示负载为 CMOS 比较器等高输入阻抗电路时的情况，图 6-22（c）表示用晶体管放大光电流的情况。

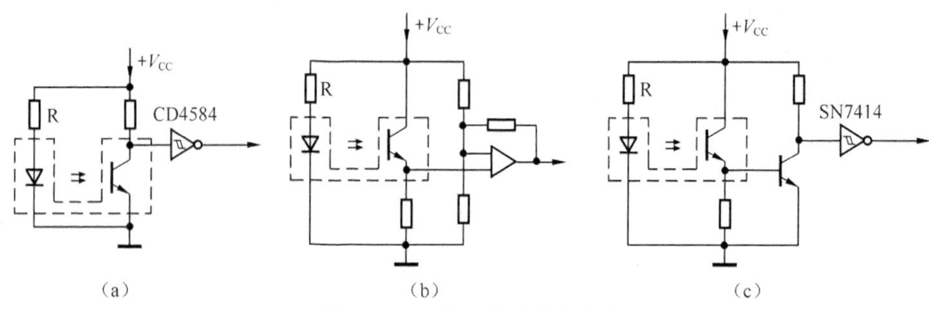

图 6-22　光电开关的基本电路

光电开光广泛应用于工业控制，在自动化包装线及安全装置中作为光控制和光检测装置。光电开关可在自动控制系统中用作物体检测、产品计数、料位检测、尺寸控制、安全报警及计算机输入接口等。

四、光电传感器的应用

1．火焰检测报警器

图 6-23 所示为采用以硫化铅光敏电阻为探测元件的火焰探测器的电路图。硫化铅光敏电阻的暗电阻为 1MΩ，亮电阻为 0.2MΩ（在光强度为 0.01W/m^2 下测试），峰值响应波长为 2.2μm，硫化铅光敏电阻处于 VT_1 管组成的恒压偏置电路，其偏置电压约为 6V，电流约为 6μA。VT_1 管集电极电阻两端并联 68μF 的电容，可以抑制 100Hz 以上的高频，使其成为只有几十赫兹的窄带放大器。VT_2、VT_3 构成二级负反馈互补放大器，火焰的闪烁信号经二级放大后送给中心控制站进行报警处理。采用恒压偏置电路是为了在更换光敏电阻或长时间使用后，器件阻值变化不至于影响输出信号的幅度，保证火焰报警器能长期稳定地工作。

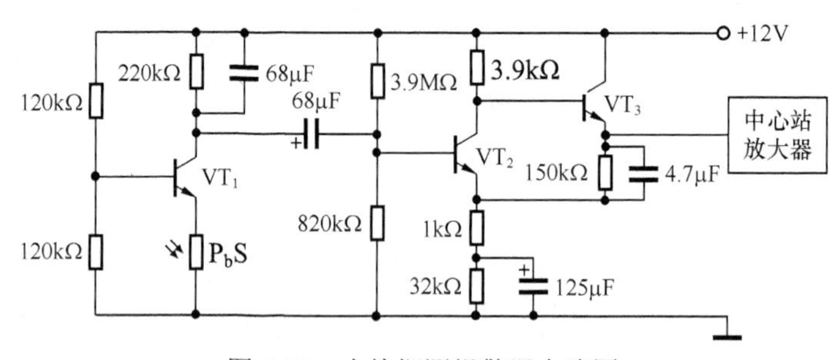

图 6-23　火焰探测报警器电路图

2．光电式纬线探测器

光电式纬线探测器是用于喷气织机上，判断纬线是否断线的一种探测器。图 6-24 所示为光电式纬线探测器原理电路图。

当纬线在喷气作用下前进时，红外发光管 VD 发出红外光，经纬线反射，由光电池接收，如光电池接收不到反射信号时，说明纬线已断。因此利用光电池的输出信号，通过后续电路的放大、脉冲整形等，可控制机器正常运转还是关机报警。

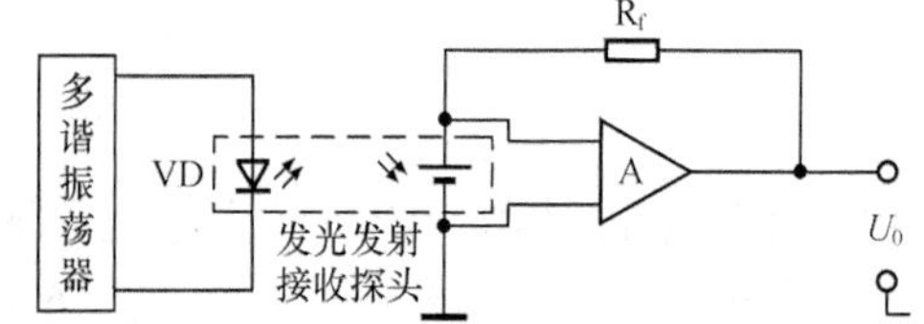

图 6-24　光电式纬线探测器原理电路图

由于纬线线径很细，又是摆动前进，形成光的漫射，削弱了光的反射强度，而且还伴有背景杂散光，因此要求探纬器具有较高的灵敏度和分辨率。为此，红外发光管 VD 采用占空比很小的强电流脉冲供电，这样既可保证发光管的使用寿命，又能在瞬间有强光射出，以提高检测灵敏度。一般来说，光电池的输出信号较小，需经放大、脉冲整形，以提高分辨率。

3．燃气器具中的脉冲点火控制器

由于燃气是易燃、易爆气体，所以对燃气器具中的点火控制器的要求是安全、稳定、可靠。为此电路中就有这样一个功能，即打火确认针产生火花，才可以打开燃气阀门；否则燃气阀门关闭，这样就能保证使用燃气器具的安全性。

图 6-25 所示为燃气器具中高压打火确认电路的原理图。在高压打火时，火花电压可达 1 万多伏。这个脉冲高压对电路的影响极大，为了使电路正常工作，采用光电耦合器 V_B 进行电平隔离，大大增加了电路的抗干扰能力。当高压打火针经打火确认针放电时，光电耦合器中的发光二极管发光，耦合器中的光敏三极管导通，经 VT_1、VT_2、VT_3 放大，驱动强吸电磁阀，将气路打开，燃气碰到火花即燃烧。若打火针与打火确认针之间不放电，光耦器不工作，VT_1 等不导通，则燃气阀门关闭。

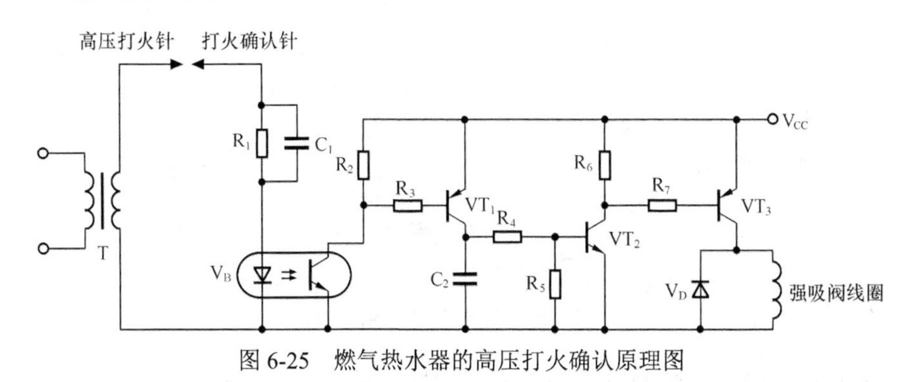

图 6-25　燃气热水器的高压打火确认原理图

4．烟尘浊度连续检测仪

工业烟尘是环境的主要污染之一，为此需要对烟尘源进行连续检测、自动显示和超标报警。

烟道里的烟尘浊度是通过光在烟道里传输过程中的大小变化来检测的。如果烟道里的烟尘浊度增加，光源发出的光被烟尘颗粒物吸收和折射就增多，到达检测器上的光减少，因而光检测器的输出信号便可反映烟道里烟尘浊度的变化。

图 6-26 所示为吸收式烟尘浊度检测仪的组成框图。为了检测出烟尘中对人体危害最大的亚微米颗粒的浊度和避免水蒸气和二氧化碳对光源衰弱的影响，选取可见光作为光源。该光源产生光谱范围为 400～700nm 的纯白炽平行光，要求光照稳定。

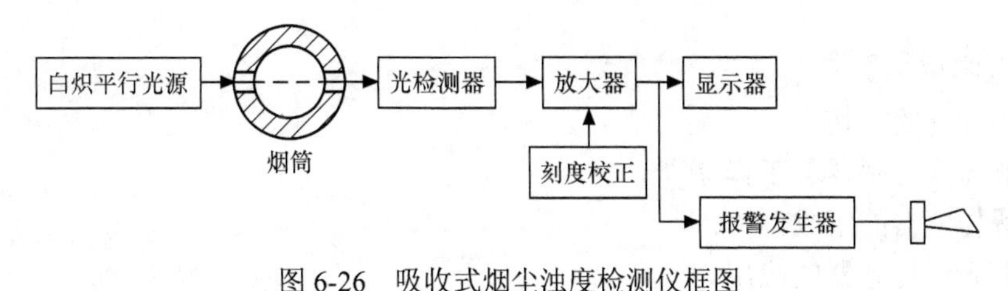

图 6-26　吸收式烟尘浊度检测仪框图

光检测器选取光谱响应范围为 400～600nm 的光电管，获得随浊度变化的相应电信号。为提高检测灵敏度，采用具有高增益、高输入阻抗、低零漂、高共模抑制比的运算放大器，对电信号进行放大。刻度校正被用来进行调零与调满，以保证测试准确性。显示器可以显示浊度的瞬时值。报警发生器由多谐振荡器组成，当运算放大器输出的浊度信号超出规定值时，多谐振荡器工作，其输出经放大推动喇叭发出报警信号。为了测试的精确性，烟尘浊度检测仪应安装在烟道出口处能代表烟尘发射源的横截面部位。

5．路灯自动控制器

图 6-27 所示为利用硅光电池实现路灯自动控制的电路，图 6-27（a）所示为控制电路原理图，图 6-27（b）所示为主电路。当天黑无光照射时，控制电路中 VT_1、VT_2 均处于截止状态，继电器 K 的线圈断电，其常闭触点接通电路中交流接触器 KM 线圈，从而使接触器的常开主触点合，路灯点亮。当天亮时，硅光电池 B 受到光的照射，产生 0.2～0.5V 的电动势，使三极管 VT_1、VT_2 导通，最终导致接触器主触点断开，路灯熄灭。调节电位器 RP，可以调整三极管 VT_1 导通或截止的阈值，从而调整光电开关的灵敏度。图 7-27（b）中将交流接触器的 3 个常开主触点并联，是为了适应较大负荷需要。

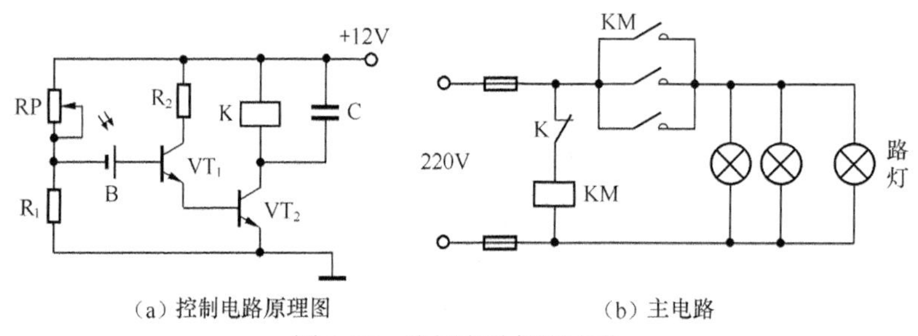

（a）控制电路原理图　　（b）主电路

图 6-27　路灯自动控制电路

图 6-28 所示为电冰箱照明灯故障检测器电路。此检测器可检测电冰箱的照明工作情况，M5232L、VT、C 等组成一个光控音频振荡器，在有光照时，音频振荡器停振，B 无声；当无光照射时，音频振荡器开始振荡，B 发声。使用时，只需将检测器放到冰箱的照明灯下面，关闭箱门后，B 应发声，如不发声，说明照明灯没有熄灭，可判断照明电路或照明开关出故障，应及时修理。

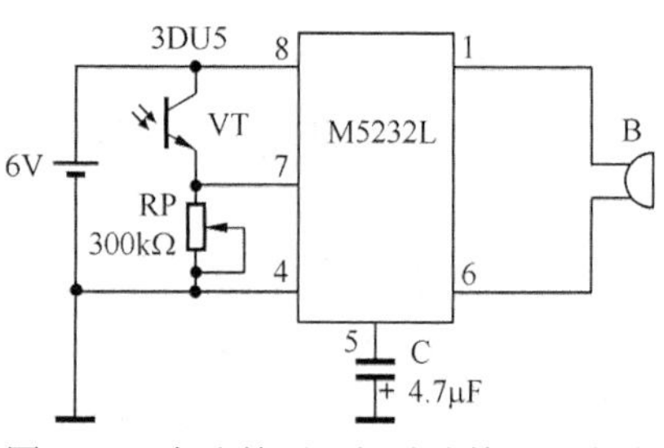

图 6-28　电冰箱照明灯故障检测器电路

任务二　光纤传感器

【知识教学目标】

1．了解光纤的结构。

2．理解光纤传感器的工作原理。

3．了解传感器的组成。

4．掌握光纤传感器的应用。

【技能培养目标】

1．了解光纤传感器在生产现场中的应用。

2．能够利用光纤传感器设计应用电路。

【相关知识】

光纤传感器是 20 世纪 70 年代中期发展起来的一种新技术，它是伴随着光纤及光通信技术的发展而逐步发展形成的。

光纤传感器和传统的各类传感器相比有一定的优点，如不受电磁干扰、体积小、重量轻、可绕曲、灵敏度高、耐腐蚀、高绝缘强度、防爆性好，并集传感与传输于一体，能与数字通信兼容等。光纤传感器能够用于温度、压力、应变、位移、速度、加速度、磁、电、声和 pH 值等 70 多个物理量的测量，在自动控制、在线检测、故障诊断、安全报警等方面具有极为广泛的应用潜力和发展前景。

一、光纤结构及传光原理

1．光纤结构

光导纤维简称光纤，它是一种特殊结构的光学纤维，结构如图 6-29 所示。中心的圆柱体叫纤心，围绕纤心的圆形外层叫包层。纤维和包层通常由含不同掺杂物的石英玻璃制成。纤心的折射率 n_1 略大于包层的折射率 n_2，光纤的导电能力取决于纤心和包层的性质。在包层外面还常有一层保护套，多为尼龙材料，以增强机械强度。

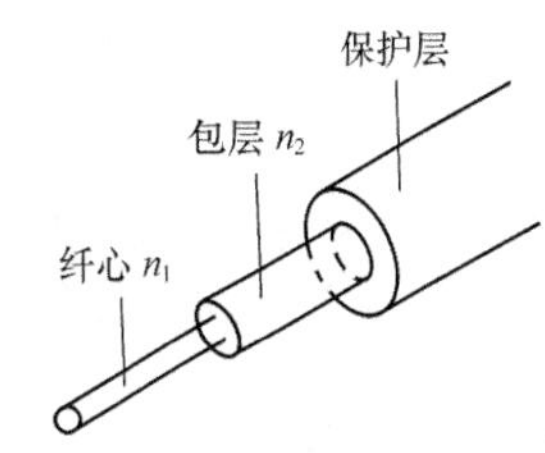

图 6-29　光纤的基本结构

在安装空间非常有限或使用环境非常恶劣的情况下，可以考虑使用光纤。光纤与传感器配套使用，是无源元件。另外，光纤不受任何电磁信号的干扰，并且能使传感器的电子元件与其他电的干扰相隔离。

光纤有一根塑料光心或玻璃光心，光心外面包一层金属外皮。这层金属外皮的密度比光心要低，因而折射率低。光束照在这两种材料的边界处（入射角在一定范围内），被全部反射回来。根据光学原理，所有光束都可以由光纤来传输。

两条入射光束（入射角小于接受角）沿光纤长度方向经多次反射后，从另一端射出。入射角超出接受角范围的入射光，损失在金属外皮内。这个接受角比两倍的最大入射角略大，这是因为光纤在从空气射入密度较大的光纤材料中时会有轻微的折射。光在光纤内部的传输不受光纤是否弯曲的影响（弯曲半径要大于最小弯曲半径）。大多数光纤是可弯曲的，很容易安装在狭小的空间。

玻璃光纤由一束非常细（直径约 50μm）的玻璃纤维丝组成。典型的光缆由几百根单独的带金属外皮玻璃光纤组成，光缆外部有一层护套保护。光缆的端部有各种尺寸和外形，并且浇注了坚固的透明树脂。检测面经过光学打磨，非常平滑。这道精心的打磨工艺能显著提高光纤束之间的光耦合效率。

2．光纤的传光原理

众所周知，光在空间是沿直线传播的。在光纤中，光的传输限制在光纤中，并随着光纤的传输基于光的全内反射。设有一段圆柱形的光纤，如图 6-30 所示，它的两个端面均为光滑的平面。当光线射入一个端面并与圆柱的轴线成 θ_i 角时，在端面发生折射进入光纤后，

又以 φ_i 角入射至纤心与包层的界面，光线有一部分透射到包层，一部分反射回纤心。但当入射角 θ_i 小于临界入射角 θ_c 时，光线就不会投射出界面，而全部被反射，光在纤心和包层的界面上反复逐次全反射，呈锯齿波形状在纤心内向前传播，最后从光纤的另一端射出，这就是光纤的传光原理。

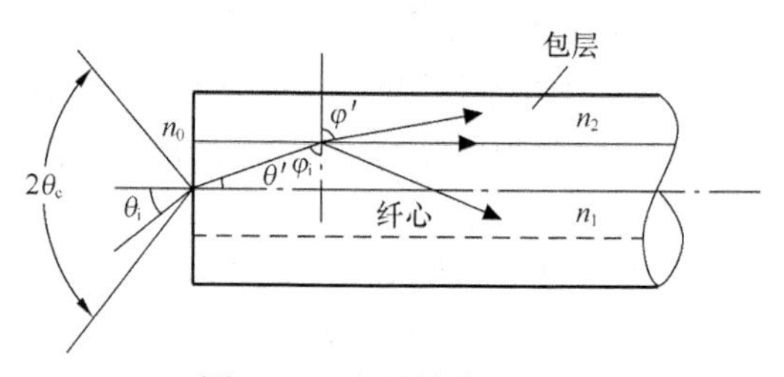

图 6-30　光纤的传光原理

根据斯涅耳（Snell）光的折射定律，由图 6-30 可得

$$n_0 \sin\theta_i = n_1 \sin\theta' \tag{6-3}$$

$$n_1 \sin\varphi_i = n_2 \sin\varphi' \tag{6-4}$$

式中：n_0——光纤外界介质的折射率。

若光纤在纤心和包层的界面上发生全反射，则界面上的光线临界折射角 φ_c =90°，即 $\varphi' \geqslant \varphi_c = 90^\circ$。而

$$n_1 \sin\theta' = n1 \sin\left(\frac{\pi}{2} - \varphi_i\right) = n_1 \cos\varphi_i = n_1\sqrt{1-\sin\varphi_i^{\ 2}}$$

$$= n_1\sqrt{1-\left(\frac{n_2}{n_1}\sin\varphi'\right)^2} \tag{6-5}$$

当 $\varphi' \geqslant \varphi_c = 90^\circ$ 时，则

$$n_1 \sin\theta' = \sqrt{n_1^{\ 2} - n_2^{\ 2}} \tag{6-6}$$

所以，为满足光在光纤内全内反射，光入射到光纤端面的入射角 θ_i 应满足

$$\theta_i \leqslant \theta_c = \arcsin\left(\frac{1}{n_0}\sqrt{n_1^{\ 2} - n_2^{\ 2}}\right) \tag{6-7}$$

一般光纤所处的环境为空气，则 n_0=1，这样式（6-7）还可以表示为

$$\theta_i \leqslant \theta_c = \arcsin\sqrt{n_1^{\ 2} - n_2^{\ 2}} \tag{6-8}$$

实际工作时需要将光纤弯曲，但要满足全反射的条件，光线仍然继续前进。可见这里的光线“转弯”实际上是由光的全反射所形成的。

二、光纤的基本特性

1．数值孔径

数值孔径（NA）定义为

$$NA = \sin\theta_c = \frac{1}{n_0}\sqrt{n_1^{\ 2} - n_2^{\ 2}} \tag{6-9}$$

数值孔径是表征光纤集光本领的一个重要参数，即反映光纤接收光亮的多少。其意义是：无论光源的发射功率有多大，只有入射角处于 $2\theta_c$ 的光锥角内，光纤才能导光。如入射角过大，光线便从包层逸出而产生漏光。光纤的 NA 越大，表明它的集光能力越强，一般希望有大的数值孔径，这有利于提高耦合效率；但数值孔径过大，会造成光信号的畸变。所以要适当选择

数值孔径的数值，如石英光纤数值孔径数值一般为 0.2～0.4。

2．光纤模式

光纤模式是指光波传播的途径和方式。对于不同入射角度的光线，在界面反射的次数是不同的，传递光波之间的干涉所产生的横向强度分布也是不同的，这就是传播模式不同。在光纤中传播模式大多不利于光信号的传播，因为同一种光信号采取很多模式传播将使一部分光信号分为多个不同时间到达接收端的小信号，从而导致合成信号的畸变，因此希望光纤信号模式的数量要少。

一般纤心的直径为 2～12μm，只能传输一种模式的光纤称为单模光纤。这类光纤的传输性能好，信号畸变小，信息容量大，线性好，灵敏度高，但由于纤心尺寸小，制造、连接和耦合都比较困难。纤心直径较大（50～100μm），传输模式较多的为多模光纤。这类光纤的性能较差，输出波形有较大的差异，但由于纤心面积大，故容易制造，连接和耦合比较方便。

3．光纤的传输损耗

光纤的传输损耗主要包括材料吸收损耗、散射损耗和光波导弯曲损耗。

目前常用的光纤材料有石英玻璃、多成分玻璃、复合材料等。在这些材料中，由于存在杂质离子、原子的缺陷等都会吸收光，从而造成材料吸收损耗。

散射损耗主要是由于材料密度及浓度不均匀引起的，这种散射与波长的 4 次方成反比，因此散射随着波长的缩短而迅速增大。由此可知，可见光波段并不是光纤维传输的最佳阶段，在近红外波段（1～11.7μm）有最小的传输损耗，因此长波长光纤已成为目前发展的方向。光纤拉制时粗细不均匀，造成纤维尺寸沿轴线变化，同样会引起光的散射损耗。另外，纤心和包层界面的不光滑、污染等，也会造成严重的散射损耗。

光波导弯曲损耗是使用过程中可能产生的一种损耗。光波导弯曲会引起传输模式的转换，激发高阶模进入包层产生损耗。当弯曲半径大于 10cm 时，损耗可忽略不计。

三、光纤传感器

1．光纤传感器的工作原理及组成

讨论光纤传感器的原理实际上是研究光在调制区内，外界信号（温度、压力、应变、位移、振动、电场等）与光的相互作用，即研究光被外界参数调制的原理。外界信号可能引起光的强度、波长、频率、相位、偏振态等光学性质的变化，从而形成不同的调制。

光纤传感器一般分为两大类：一类是利用光纤本身的某种敏感特性或功能制成的传感器，称为功能型（Functional Fiber，FF）传感器，又称为传感型传感器；另一类是光纤仅仅起传输光的作用，它在光纤的端面或中间加装其他敏感元件感受被测量的变化，这类传感器称为非功能型（Non Functional Fiber，NFF）传感器，又称为传光型传感器。

在用途上，非功能型传感器要多于功能型传感器，而且非功能型传感器的制作和应用也比较容易，所以目前非功能型传感器品种较多。功能型传感器的构思和原理往往比较巧妙，可解决一些特殊棘手的问题。但无论哪一种传感器，最终都利用光探测器将光纤的输出变为电信号。

光纤传感器由光源、敏感元件（光纤和非光纤的）、光探测器、信号处理系统以及光纤组成，如图 6-31 所示。由光源发出的光通过源光纤引到敏感元件，被测参数作用于敏感元件，在光的调制区内，使光的某一性质受到被测量的调制，调制后的光信号经接收光纤耦合到光探测器，将光信号转换为电信号，最后经信号处理得到所需要的被测量。

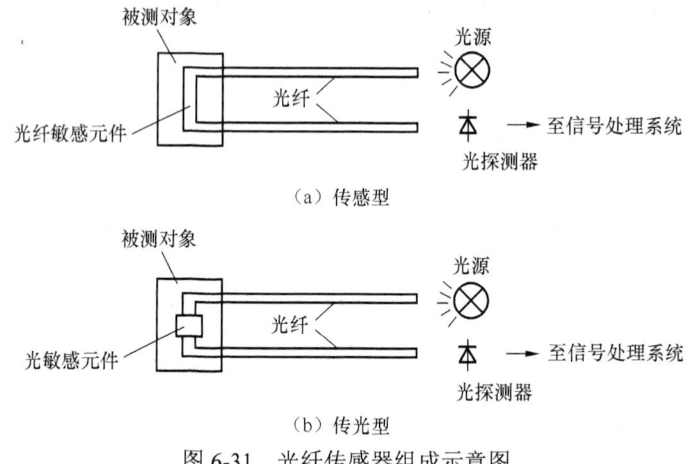

图6-31　光纤传感器组成示意图

2．光纤传感器的应用

光纤传感器由于它的独特性能而受到广泛的重视，它的应用正在迅速地发展。下面介绍几种主要的光纤传感器。

（1）光纤加速度传感器

光纤加速度传感器的组成如图6-32所示。它是一种简谐振子的结构形式。激光束通过分光板分为两束光，透射光作为参考光束，反射光作为测量光束。当传感器感受加速度时，由于质量块M对光纤的作用，从而使光纤被拉伸，引起光程差的改变。相位改变的激光束由单模光纤射出后与参考光束会合产生干涉效应。激光干涉仪干涉条纹的移动可由光电接收装置转换为电信号，经过信号处理电路处理后便可以正确地测量出加速度值。

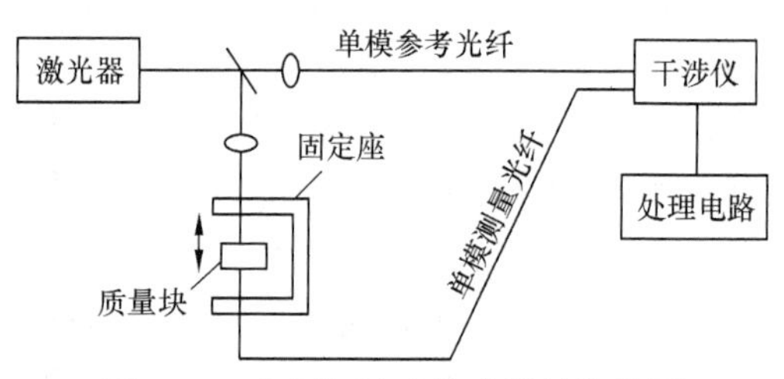

图6-32　光纤加速度传感器结构简图

（2）光纤温度传感器

光纤温度传感器是目前仅次于加速度、压力传感器而被广泛使用的光纤传感器。根据工作原理它可以分为相位调制型、光强调制型和偏振光型等。这里仅介绍光强调制型的半导体光吸收型光纤传感器，图6-33所示为这种传感器的结构原理图。传感器是由半导体吸收器、光纤、光源和包括光探测器在内的信号处理系统等组成的。光纤用来传输信号，半导体光吸收器是光敏感元件，在一定的波长范围内，它对光的吸收随着温度T的变化而变化。图6-34所示为半导体的光透过率特性。半导体材料的光透过率特性曲线随温度的增加向长波方向移动，如果适当地选定一种在该材料工作的波长范围内的光源，那么就可以使透过半导体材料的光强随温度而变化，探测器检测输出光强的变化即达到测量温度的目的。

这种半导体光吸收型光纤传感器的测量范围随半导体材料和光源而变，一般在−100℃～−300℃温度范围内进行测量，响应时间约为2s。它的特点是体积小、结构简单、时间响应快、工作稳定、成本低，便于推广使用。

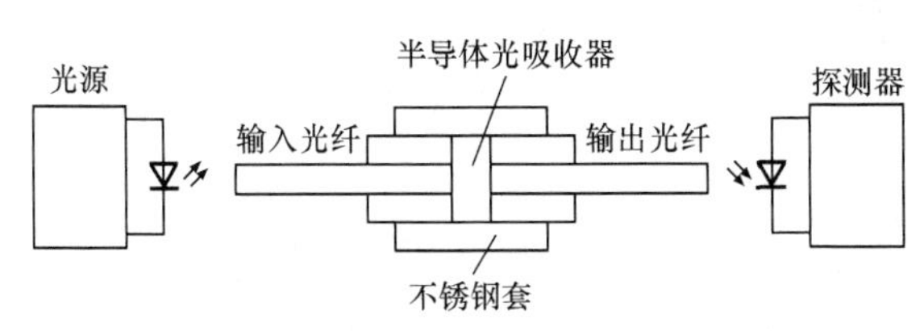

图 6-33 半导体光吸收型光纤温度传感器结构原理图

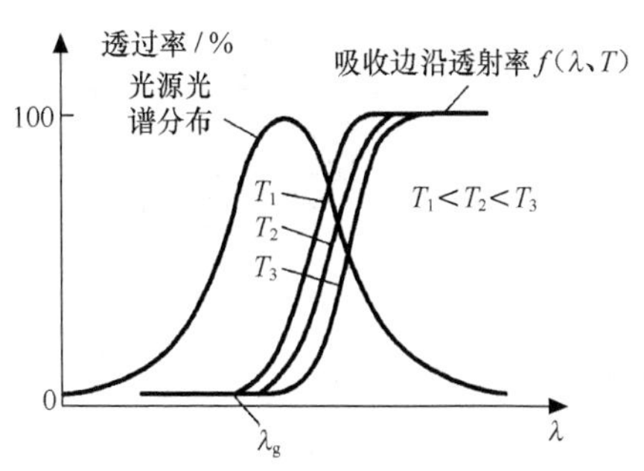

图 6-34 半导体的光透过率特性

3．光纤漩涡流量传感器

光纤漩涡流量传感器是将一根多模光纤垂直地装入管道，当液体或气体流经与其垂直的光纤时，光纤受到流体涡流的作用而振动，振动的频率与流速有关。测出频率就可知流速。这种流量传感器的结构示意图如图 6-35 所示。

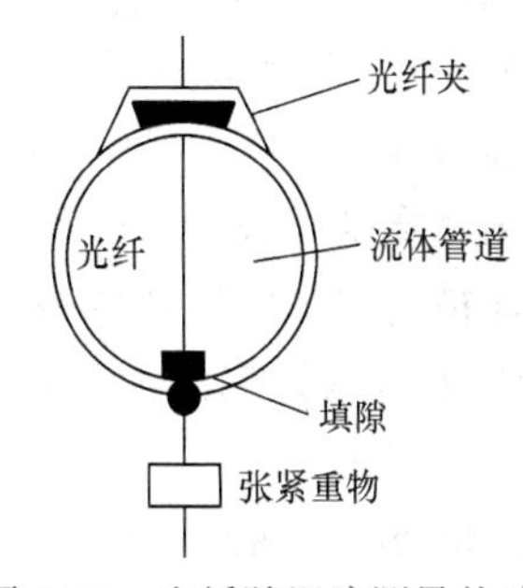

图 6-35 光纤漩涡流测量传感器

当物体运动受到一个垂直于流体方向的非流线体阻碍时，根据流体力学原理，在某些条件下，在非流线体的下游两侧产生有规则的漩涡，其漩涡的频率f与流体的速度可表示为

$$f = s_t \frac{v}{d} \tag{6-10}$$

式中：v——流体速度；

d——流体中物体的横向尺寸大小；

s_t——斯特罗哈尔系数，它是一个无量纲的常数，仅与雷诺数有关。

式（6-10）是漩涡流量计测量流量的基本理论依据。漩涡流量计的工作原理将在后面的流量测量中介绍。

在多模光纤中，光以多种模式进行传输，在光纤的输出端，各模式的光就形成了干涉图样，这就是光斑。一根没有外界扰动的光纤所产生的干涉图样是稳定的。当光纤受到外界扰动时，干涉图样明暗相间的斑纹或斑点发生移动。如果外界扰动是流体的涡流引起的，那么干涉图样斑纹或斑点就会随着振动的周期变化来回移动，这时测出斑纹或斑点的移动，即可获得对应于振荡频率f的信号，根据式（6-10）推算流体的流速。

这种流体传感器可测量液体和气体的流量，因为传感器没有活动部件，测量可靠，而且对流体流动不会产生阻碍作用，因此压力损耗非常小。这些特点是孔板、涡轮等许多传统流量计所无可比拟的。

4．光纤位移传感器

位移与其他机械量相比，既容易检测，又容易获得高的检测精度，所以常将被测对象的机械量转换成位移来检测，如将压力转换为膜片的位移、加速转换成重物的位移等。这种方法不但结构形式多，而且很简单，因此位移传感器是机械量传感器中最基本的传感器。光纤位移传感器又分传输型光纤位移传感器和传感型位移传感器，这里仅介绍传输型光纤位移传感器。

利用反射式光纤位移传感器测微小位移的原理图如图 6-36（a）所示。

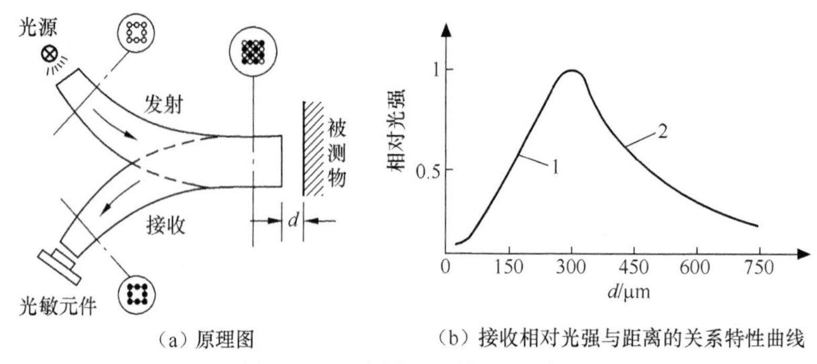

（a）原理图　　（b）接收相对光强与距离的关系特性曲线

图 6-36　反射式光纤位移传感器

利用光纤传送和接收光束，可以实现无接触测量。光源经一束多股光缆把光传送到传感器端部，并发射到被测物体上；另一束多股光缆把被测物反射出来的光接收并传递到光敏元件上，这两股光缆在接近目标之前汇合成 Y 形，汇合是将两束光缆里的光纤分散混合而成的。图 6-36（a）中用白圈代表发射光纤，黑点代表接收光纤。汇合后的端面仔细磨平抛光。由于传感器端部与被测物体间距离 d 的变化，因此反射到接收光纤的光通量不同，可以反映传感器与被测物体间距离的变化。图 6-36（b）是接收相对光强与距离 d 的关系，可见峰值的左侧线段 1 有很好的线性，可以来检测位移。光缆中的光纤根数往往多达数百，可测到几百微米的小位移。

图 6-37（a）所示为利用挡光原理测位移，图 6-37（b）所示为利用改变斜切面间隙大小的原理测位移。这两种方法更为简单，但可测范围及线性性能不如反射法。

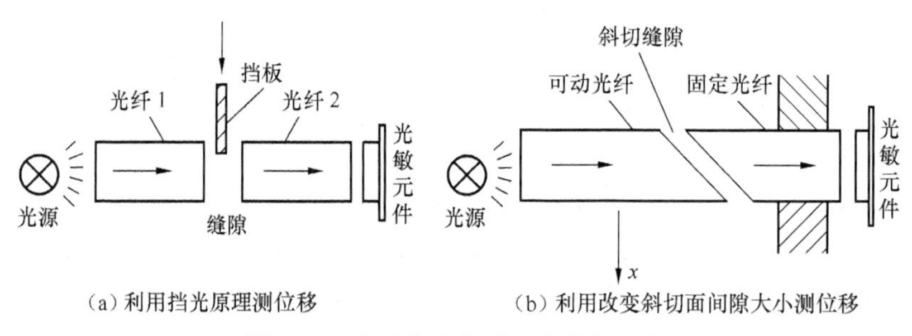

（a）利用挡光原理测位移　　（b）利用改变斜切面间隙大小测位移

图 6-37　光纤位移传感器的其他形式

据国外文献报道，光纤位移传感器测量范围为 0.05～0.12mm，分辨率为 0.01mm。光纤微位移传感器可测量位移为 0.08nm，动态范围为 110dB。

任务布置

【实训 1】　光电器件的检测

1．光敏电阻的检测实训

光敏电阻传感器受到光照后，其电阻值会变小。无光照时，其暗电阻的阻值一般大于 1500kΩ；在有光照的时候，其亮电阻的阻值为几千欧，两者的差距较大。

（1）开路检测

① 在光线较暗的环境下，测量光敏电阻的暗电阻，并将测得的值填入下式中。

测得的暗电阻=______ kΩ

② 将光敏电阻靠近光源（可见光光敏电阻可用白炽灯泡照射，紫外光光敏电阻可用验钞器的紫外线灯管照射，红外光光敏电阻可用电视机遥控器内的红外发射管做光源），测量其亮电阻，并将检测的结果填入下式中。

测得的亮电阻=_______ kΩ

如果光敏电阻受光后阻值变化较大，则说明该光敏电阻完好；否则说明该电阻性能不良。

（2）电路实训

① 按图 6-38 连接好电路。R_G 与 R_2 串联为 VT_1 基极的上偏置电阻，R_1 为 VT_1 基极的下偏置电阻。这 3 只元件共同构成了 VT_1 的基极分压电路。

先用不透光的物体罩住光敏电阻 RG ，此时 LED 不会亮；移去遮光物体时，红色发光二极管点亮，由此就完成了光电传感器的光电信号转换。

② 写实训报告，将实训中看到的结果记录下来，并对实训中出现的现象进行讨论和解释。

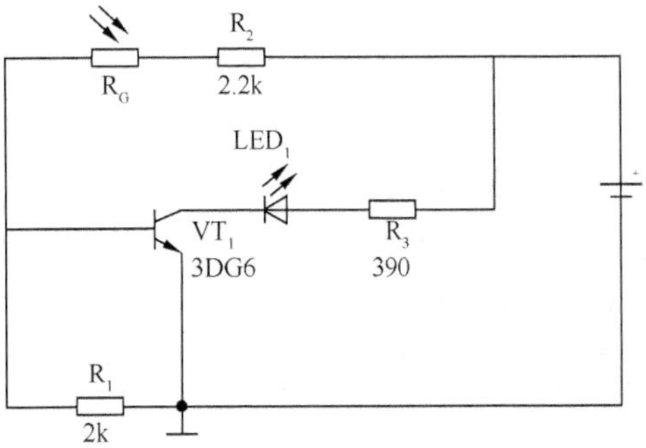

图 6-38　光敏电阻传感器实训电路

2．光敏二极管的检测实训

（1）电阻测量

用黑纸或黑布遮住光敏二极管的光信号接收窗口，然后用万用表 R×1k 挡测量光敏二极管的正、反向电阻值（正常时，正向电阻在 10～20kΩ 之间，反向电阻为∞），并将其填入表 6-1 中。

表 6-1　　电阻法测光敏二极管的实训记录表

测试方法	无光照射		有光照射	
	正向	反向	正向	反向
电阻值				

若测得正、反向电阻均很小或均为∞，则为该光敏二极管漏电或开路损坏。

去掉黑纸或黑布，使光敏二极管的光信号接收窗口对准光源，然后测量其正、反向电阻值的变化，并将测得的值填入表 6-1 中。正常时，正、反向电阻值均应变小，阻值变化越大，说明该光敏二极管的灵敏度越高。

（2）电压测量

将万用表置于 1V 直流电压挡，黑表笔接光敏二极管的负极，红表笔接光敏二极管的正极。将光敏二极管的光信号接收窗口对准光源，正常时就有 0.2～0.4V 电压，其电压与照度成正比，并将测得的值填入下式中。

测得的电压=_______V。

（3）电流测量

将万用表置于 50μA 或 500μA 电流挡，红表笔接光敏二极管的正极，黑表笔接光敏二极管的负极。正常的光敏二极管在白炽灯光下，随着照度的增加，其电流从几微安增大至几百微安，将测得的值填入下式中。

测得的电流=______A。

（4）电路实训

在图 6-38 中，可用光敏二极管取代电路中的光敏电阻 R_G，其短引脚接电阻 R_2 左端（即接电源正极），长引脚接电阻 R_1 左边。对光敏二极管施加反向电压，在无光照射时，光敏二极管反向电阻很大，产生的反向漏电流（暗电流）很小，处于截止状态。有光照射时，其开关特性比光敏电阻好，使光敏二极管组成的电路工作更可靠。

（5）写实训报告

将上述实训过程记录下来，并对实训中出现的现象进行讨论和解释。如果将图 6-38 中的 R_G 改换为光敏晶体管进行实训，电路应如何连接?

【实训 2】 光控延迟照明灯的制作

1．工作原理

它用于走廊楼道照明，比声控照明更方便，夜深人静时不会影响其正常工作。

（1）电路组成

如图 6-39 所示，时基集成电路 IC 与电位器 RP、电容器 C_1 构成单稳态触发器。

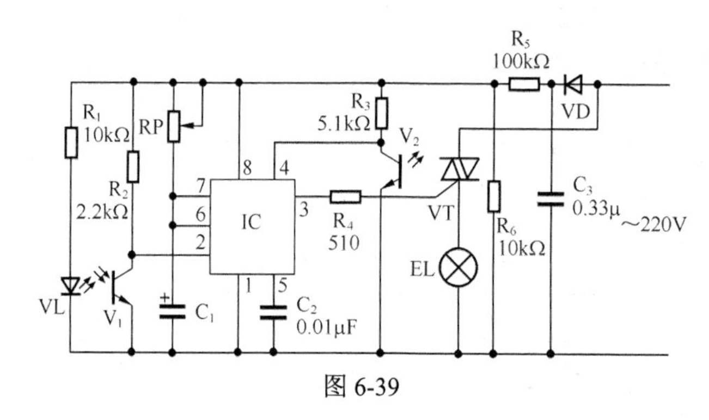

图 6-39

V_2 为光敏晶体管，与 IC 第 4 脚内电路组成自动光控制电路。

双向晶体管 VT 作为照明灯（走廊照明灯）EL 电子开关，受 IC 第 3 脚的电平控制。

（2）原理分析

在白天有光照射时，V_2 呈导通状态，使 IC 的 4 脚（复位端）为低电平，整个控制电路白天不工作。在晚上，V_2 因无光照射而呈截止状态，IC 的第 4 脚变为高电平，整个光控电路开始工作。

若光控区无人时，VL 发出的红外光使 V_1 导通，IC 第 2 脚为恒定的低电平，第 3 脚输出低电平，VT 截止，照明灯 EL 不亮（因为只有 IC 第 2 脚负脉冲输入时，其内部的触发器才动作，IC 的第 3 脚才输出高电平）。

当有人进入光控区后，遮挡光照使 V_1 截止，IC 第 2 脚变为高电平，人走出光控区后，IC 第 2 脚加入负脉冲，使其内部的触发器翻转，IC 的第 3 脚输出高电平，使 VT 受触发而导通，照明灯 EL 被点亮。待 IC 暂态结束后，其第 3 脚恢复低电平，使 VT 截止，照明灯

EL 熄灭。

2．元器件选择

IC 选用 NE555 时基极成电路。

VL 选用 HG501 中功率红外发光二极管。

V_1、V_2 选用 3DU 系列的光敏晶体管。

VT 选用 1A/400V 双向晶闸管，使用时应加散热片。

EL 选用 25～40W、220V 的白炽灯泡。

R_1～R_4、R_6 选用 1/4W 碳膜电阻器；R_5 选用 2W 碳膜电阻器。

C_1 选用耐压值为 16V 的电解电容器；C_2 选用独石电容器或涤纶电容器；C_3 选用耐压值为 500V 的 CBB 无感电容器。

3．制作与调试

定时电路中除 VL、V_1、V_2、EL 外，其余元件都焊装在印制板上，装入塑料盒内，固定在走廊墙壁。将 V_2 光敏管装在楼梯窗外，使其感受到白天光照。VL、V_1 分别安装在走廊两侧墙壁上，离地面约 90cm 左右。在光敏管 V_1 前面可加装红色有机玻璃片，以防止其他光源干扰。

调节电位器 RP 的阻值，使定时为 20s 左右。将 VL 对准 V_1，再分别安装好（可通电试验，用手遮挡住 VL，再松开，观察灯 EL 是否点亮，以此来检查 VL 与 V_1 是否对准）即可。

【实训 3】　光纤位移传感器

1．实训原理

反射式光纤位移传感器的工作原理如图 6-40 所示，光纤采用 Y 形结构，两束多模光纤一端合并组成光纤探头，另一端分为两束，分别作为接收光纤和光源光纤，光纤只起传输信号的作用。当光发射器械发生的红外光，经光源光纤照射至反射体，被反射的光经接收光纤至光电转换元件将接收到的光信号转换为电信号。其输出的光强决定于反射体距光纤探头的距离，通过对光强的检测而得到位移量。

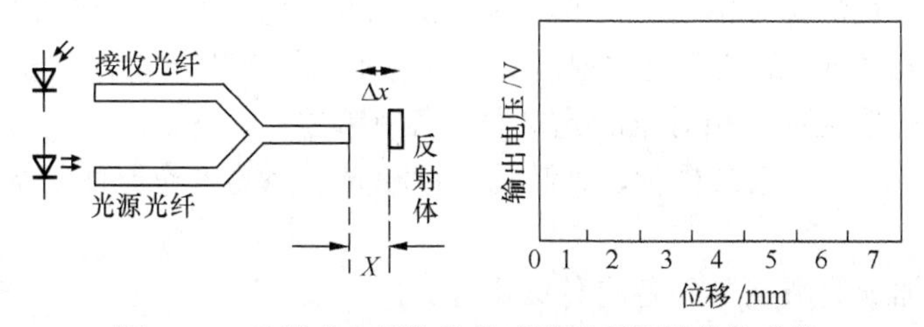

图 6-40　反射式光纤位移传感器原理图及特性曲线

2．实训器材

光纤、光电转换器、光电变换器、低频振荡器、示波器、电压表、支架、反射片、测微头。

3．实训步骤

（1）观察光纤结构：本仪器中光纤探头为半圆形结构，由数百根光纤维组成，一半为光源光纤，另一半为接收光纤。

（2）将原装电涡流线圈支架上的电涡流线圈取下，装上光纤探头，探头对准镀铬反射片（即电涡流片）。

（3）在振动台上装上测微仪，开启电源，光电变换器 V_o 端接电压表。旋动测微仪，带动振动平台，使光纤探头端面紧贴反射镜面，此时 V_o 输出为最小。然后旋动测微仪，使反射镜面离开探头，每隔 0.25mm 取一 V_o 电压值填入表 6-2 中，作出 $V—X$ 曲线。

表 6-2　　数据记录表

X	0	0.25	0.5	0.75	1.0	1.25	1.5	1.75	2.0	2.25	2.5	2.75	3.0
V													

得出输出电压特性曲线，试分析前坡和后坡的特点。

（4）振动实验：将测微头移开，振动台处于自由状态，根据 $V—X$ 曲线选取前坡中点位置装好光纤探头。将低频振荡器输出接“激振 I ”，调节激振频率和幅度，使振动台保持适当幅度的振动（以不碰到光纤探头为宜）。用示波器观察 V_o 端电压波形，并用电压/频率表读出振动频率。

4．注意事项

① 光电变换器工作时 V_o 最大输出电压以 2V 左右为好，可通过调节增益电位器控制。

② 实验时请保持反射镜片的洁净与光纤的垂直度。

③ 工作时光纤端面不宜长时间直照阳光，以免内部电路受损。

④ 注意背景光纤对实验的影响，光纤勿成锐角曲折，并保护端面不受损伤。

⑤ 每台仪器的光电转换器都是与仪器单独调配的，请勿互换使用，光电转换应与仪器编号配对，以保证仪器正常使用。

课后习题

1．光纤结构分为哪几部分？光纤的传光原理是什么？

2．光在光纤中是怎样传输的？对光纤及入射光的入射角有什么要求？

3．光纤数值孔径 NA 的物理意义是什么？对 NA 的取值大小有什么要求？

4．光电效应有哪几种？相对应的光电器件各有哪些？

5．试述光敏电阻、光敏二极管、光敏晶体管和光电池的工作原理，及在实际应用时各种特点。

6．光电耦合器分为哪两类？各有什么用途？

7．试述光电开关的工作原理（拟定光电开关用于自动装配流水线上工作的计数装置检测系统）。

单元七 温度传感器

热电式传感器是一种能够将温度变化转换为电信号的装置。它是利用某些材料或元件的性能随温度变化而改变的特性进行测温的。如将温度变化转换为电阻变化、热电动势变化、磁导率变化以及热膨胀的变化等，然后再通过测量电路来达到检测温度的目的。热电式传感器广泛应用于工农业生产、家用电器、医疗仪器、火灾报警以及海洋气象等诸多领域。

任务一　热电偶传感器

【知识教学目标】

1．了解热电效应的概念。

2．熟悉常用热电偶的类型。

3．熟悉热电偶测温线路，理解测温原理。

4．掌握热电偶传感器的应用。

【技能培养目标】

1．了解热电偶传感器在现场中的应用。

2．能够利用热电偶进行参数的测量。

【相关知识】

热电偶传感器是工业中使用最为普遍的接触式测温装置。这是因为热电偶具有性能稳定、测温范围大、信号可以远距离传输等特点，并且结构简单、使用方便。热电偶能够将热能直接转换为电信号，并且输出直流电压信号，使得显示、记录和传输都很容易。

一、热电偶

1．热电效应和热电偶测温原理

热电偶传感器的测温原理是基于热电效应。

将两种不同材料的导体组成一个闭合回路，如图 7-1 所示。当两个触点温度 T 和 T_0 不同时，则在该回路中就会产生电动势，这种现象称为热电效应，相应的电动势称为热电势。这两种不同材料的导体的组合就称为热电偶，导体 A、B 称为热电极。两个触点中，一个称为热端，也称为测量端或工作端，测温时它被置于被测介质（温度场）中；另一个触点称为冷端，又称参考端或自由端，它通过导线与显示仪表或测量电路相连，如图 7-2 所示。

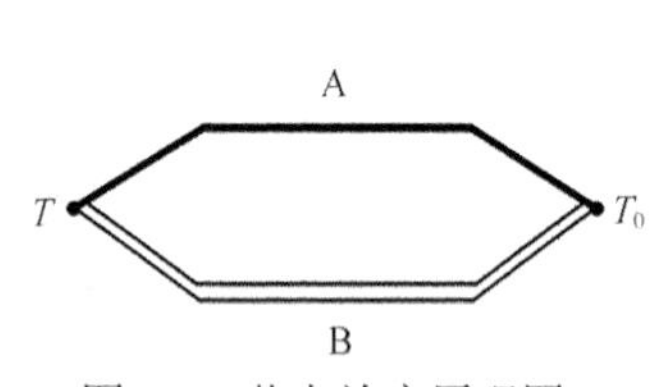

图 7-1　热电效应原理图

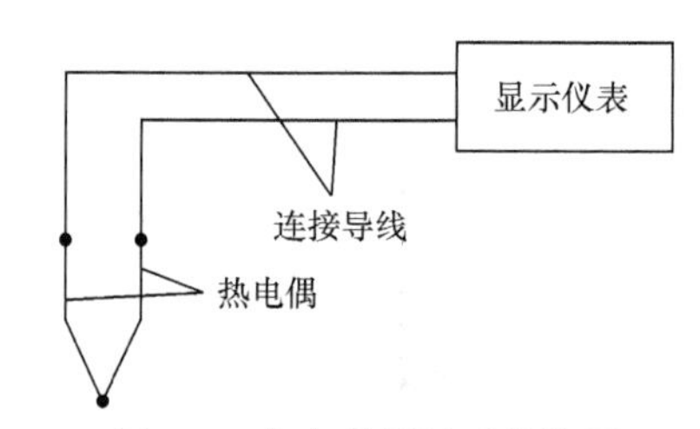

图 7-2　热电偶测温系统简图

图 7-2 所示为最简单的热电偶传感器测温系统示意图。它由热电偶、连接导线及显示仪表构成一个测温回路。

在图 7-3、图 7-4 所示的回路中，所产生的热电势由两部分组成：温差电势和接触电势。

接触电势是由于两种不同导体的自由电子密度不同而在接触处形成的电动势。两种导体接触时，自由电子由密度大的导体向密度小的导体扩散，在接触处失去电子的一侧带正电，得到电子的一侧带负电，形成稳定的接触电势。接触电势的数值取决于两种不同导体的性质和接触点的温度。两触点的接触电势 $E_{AB}(T)$和 $E_{AB}(T_0)$可表示为

图 7-3　接触电势　　　　图 7-4　温差电势

$$E_{AB}(T)=\frac{kT}{e}\ln\left(\frac{N_A(T)}{N_B(T)}\right)=-E_{BA}(T) \tag{7-1}$$

$$E_{AB}(T_0)=\frac{kT_0}{e}\ln\left(\frac{N_A(T_0)}{N_B(T_0)}\right)=-E_{BA}(T_0) \tag{7-2}$$

式中：k——波尔兹曼常数，$k=1.38\times10^{-23}$J/K；

e——单位电荷电量，$e=16\times10^{-19}$C；

$N_A(T)$、$N_B(T)$和$N_A(T_0)$、$N_B(T_0)$——分别在温度为T和T_0时，导体 A、B 的电子密度。

温差电势是同一导体的两端因其温度不同而产生的一种热电势。

同一导体的两端温度不同时，高温端的电子能量要比低温端的电子能量大，因而从高温端跑到低温端的电子数比从低温端跑到高温端的要多，结果高温端因失去电子而带正电，低温端因获得多余的电子而带负电，因此，在导体两端便形成接触电势，其大小为

$$E_A(T,T_0)=\frac{K}{e}\int_{T_0}^{T}\frac{1}{N_{AT}}\cdot\frac{\mathrm{d}(N_{AT}\cdot t)}{\mathrm{d}t}\mathrm{d}t \tag{7-3}$$

$$E_B(T,T_0)=\frac{K}{e}\int_{T_0}^{T}\frac{1}{N_{BT}}\cdot\frac{\mathrm{d}(N_{BT}\cdot t)}{\mathrm{d}t}\mathrm{d}t \tag{7-4}$$

式中：N_{AT}和N_{BT}——分别为 A 导体和 B 导体在温度T时的电子密度，是温度的函数。

热电偶回路中产生的总热电势为

$$E_{AB}(T, T_0)=E_{AB}(T)+E_B(T, T_0)-E_{AB}(T_0)-E_A(T, T_0) \tag{7-5}$$

在总热电势中，温差电势比接触电势小很多，可忽略不计，热电偶的热电势可表示为

$$E_{AB}(T, T_0)=E_{AB}(T)-E_{AB}(T_0) \tag{7-6}$$

对于已选定的热电偶，当参考端温度T_0恒定时，$E_{AB}(T_0)=c$为常数，则总的热电动势就只与温度T成单值函数关系，即

$$E_{AB}(T, T_0)=E_{AB}(T)-c=f(T) \tag{7-7}$$

实际应用中，热电势与温度之间的关系是通过热电偶分度表来确定的。分度表是在参考端温度为 0℃时，通过实验建立起来的热电势与工作端温度之间的数值对应关系。用热电偶测温，还要掌握热电偶基本定律。下面引述几个常用的热电偶定律。

2．热电偶的基本定律

（1）均质导体定律

由两种均质导体组成的热电偶，其热电动势的大小只与两材料及两触点温度有关，与热电偶的尺寸大小、形状及沿电极各处的温度分布无关。即如材料不均匀，当导体上存在温度梯度时，将会有附加电动势产生。这条定律说明，热电偶必须由两种不同性质的均质

材料构成。

（2）中间导体定律

利用热电偶进行测温，必须在回路中引入连接导线和仪表，接入导线和仪表后是否会影响回路中的热电势？中间导体定律说明，在热电偶测温回路内，接入第三种导体时，只要第三种导体的两端温度相同，则对回路的总热电势没有影响。

图 7-5 所示为接入第三种导体时热电偶回路的两种形式。在图 7-5（a）所示的回路中，由于温差电势可忽略不计，则回路中的总热电势等于各触点的接触电势之和，即

$$E_{ABC}(T, T_0)=E_{AB}(T)+E_{BC}(T_0)+E_{CA}(T_0) \tag{7-8}$$

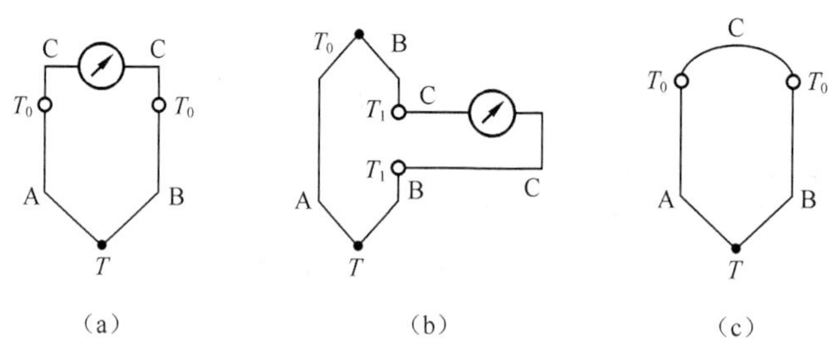

图 7-5　接入中间导体的热电偶回路

当 $T=T_0$ 时，有 $E_{ABC}(T, T_0)=0$，则

$$E_{BC}(T_0)+E_{CA}(T_0)= -E_{AB}(T_0) \tag{7-9}$$

所以

$$E_{ABC}(T, T_0)=E_{AB}(T) -E_{AB}(T_0)=E_{AB}(T, T_0) \tag{7-10}$$

式 7-10 说明，在热电偶测温回路内接入第三种导体，只要第三种导体的两端温度相同，则对回路的总热电势不会产生影响。

（3）中间温度定律

在热电偶测温回路中，T_n 为热电极上某一点的温度，热电偶 AB 在触点温度为 T、T_0 时的热电势 $E_{AB}(T, T_0)$等于热电偶 AB 在触点温度为 T、T_n 和 T_n、T_0 时的热电势 $E_{AB}(T, T_n)$和 $E_{AB}(T_n, T_0)$的代数和，如图 7-6 所示，即

$$E_{AB}(T, T_0)=E_{AB}(T, T_n)+E_{AB}(T_n, T_0) \tag{7-11}$$

该定律是参考端温度计算修正法的理论依据。在实际热电偶测温回路中，利用热电偶这一性质，可对参考端温度不为 0℃的热电势进行修正。另外根据这个定律，可以连接与热电偶热电特性相近的导体 A′ 和 B′，如图 7-6 所示，将热电偶冷端延伸到温度恒定的地方，这也为热电偶回路中应用补偿导线提供了理论依据。

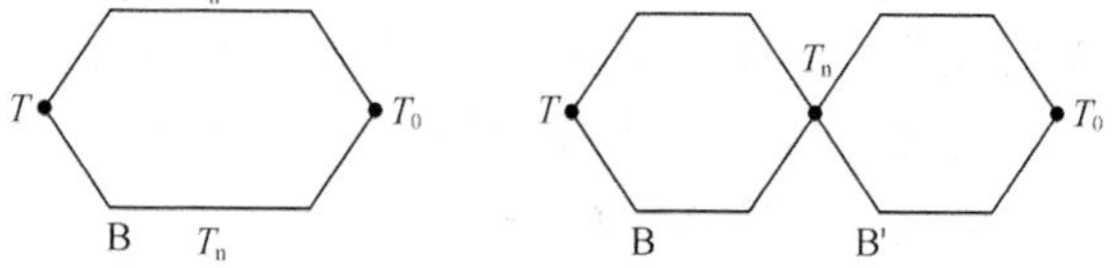

图 7-6　中间温度定律

二、热电偶类型和热电偶材料

从理论上讲，任何两种不同材料的导体都可以组成热电偶，但为了准确可靠地测量温度，对组成热电偶的材料必须经过严格的选择。工程上用于热电偶的材料应满足以下条件：热电势变化尽量大，热电势与温度关系尽量接近线性关系，物理、化学性能稳定，易加工，复现性好，便于成批生产，有良好的互换性。

实际上并非所有材料都能满足上述要求。目前在国际上被公认比较好的热电偶的材料只有几种。国际电工委员会（IEC）向世界各国推荐 8 种标准化热电偶。所谓标准化热电偶，就是已列入工业标准化文件中，具有统一的分度表。现在工业上常用的 4 种标准化热电偶材料为：铂铑$_{30}$-铂铑$_{6}$（B 型）、铂铑$_{10}$-铂（S 型）、镍铬-镍硅（K 型）和镍铬-铜镍（我国通常称为镍铬-康铜）（E 型）。我国已采用 IEC 标准生产热电偶，并按标准分度表生产与之相配的显示仪表。表 7-1 所示为我国采用的几种热电偶的主要性能和特点。

表 7-1　　标准化热电偶的主要性能和特点

名　　称	分度号	代号	测温范围/℃	100℃时的热电动势/mV	特　　点
铂铑$_{30}$-铂铑	B（LL-2）	WRR	50～1820	0.033	熔点高，测温上限高，性能稳定，精度高，100℃以下时热电动势极小，可不必考虑冷端补偿；价昂，热电动势小；只适用于高温域的测量
铂铑$_{13}$-铂	R（PR）	—	−50～1768	0.647	使用上限较高，精度高，性能稳定，复现性好；但热电动势较小，不能在金属蒸气和还原性气氛中使用，在高温下连续使用特性会逐渐变坏，价昂；多用于精密测量
铂铑$_{10}$-铂	S（LB-3）	WRP	−50～1768	0.646	同上，性能不如铂铑$_{13}$-铂热电偶；长期以来曾经作为国际温标的法定标准热电偶
镍铬-镍硅	K（EU-2）	WRN	−270～1370	4.095	热电动势大，线性好，稳定性好，价廉；但材质较硬，在 1 000℃以上长期使用会引起热电动势漂移；多用于工业测量
镍铬硅-镍硅	N	—	−270～1370	2.774	一种新型热电偶，各项性能比 K 型热电偶更好；适宜于工业测量
镍铬-铜镍（康铜）	E（EA-2）	WRK	−270～800	6.319	热电动势比 K 型热电偶大 50%左右，线性好，耐高温度，价廉；但不能用于还原性气体；多用于工业测量
镍铬-铜镍（康铜）	J（JC）	—	−210～760	5.269	价廉，在还原性气体中较稳定；但纯铁易被腐蚀和氧化；多用于工业测量
镍铬-铜镍（康铜）	T（CK）	WRC	−210～400	4.279	价廉，加工性能好，离散性小，性能稳定，线性好，精度高；铜在高温时易被氧化，测温上限低；多用于低温域测量，可作−200℃～0℃温域的计量标准

注：①铂铑$_{30}$表示该合金含 70%铂及 30%铑；②括号内为我国旧的分度号。

另外还有一些特殊用途的热电偶，以满足特殊测温的需要。如用于测量 3800℃超高温的钨镍系列热电偶，用于测量 2K～273K 的超低温的镍铬-金铁热电偶等。

三、热电偶的结构形式

为了适应不同生产对象的测温要求和条件，热电偶的结构形式有普通型热电偶、铠装型热电偶和薄膜热电偶等。

（1）普通型热电偶

普通型结构热电偶在工业上使用最多，它一般由热电极、绝缘套管、保护管和接线盒组成，其结构如图 7-7 所示。普通型热电偶按其安装时的连接形式可分为固定螺纹连接、固定法兰连接、活动法兰连接、无固定装置等多种形式。

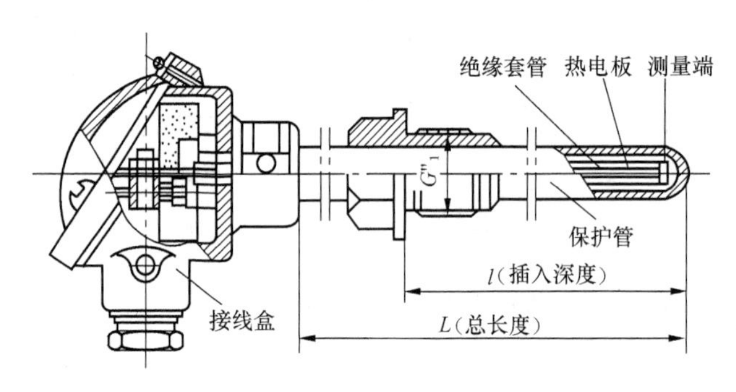

图 7-7　普通型热电偶结构

（2）铠装型热电偶

铠装型热电偶又称套管热电偶。它是由热电偶丝、绝缘材料和金属套管三者经拉伸加工而成的坚实组合体，如图 7-8 所示。它可以做得很细很长，使用中随需要能任意弯曲。铠装型热电偶的主要优点是测温端热容量小，动态响应快，机械强度高，绕性好，可安装在结构复杂的装置上，因此被广泛用在许多工业部门中。

（3）薄膜热电偶

薄膜热电偶是由两种薄膜热电极材料用真空蒸镀、化学涂层等办法蒸镀到绝缘基板上而制成的一种特殊热电偶，如图 7-9 所示。薄膜热电偶的热触点可以做得很小（可薄到 0.01～0.1μm），具有热容量小、反应速度快等特点，热响应时间达到微秒级，适用于微小面积上的表面温度以及快速变化的动态温度测量。

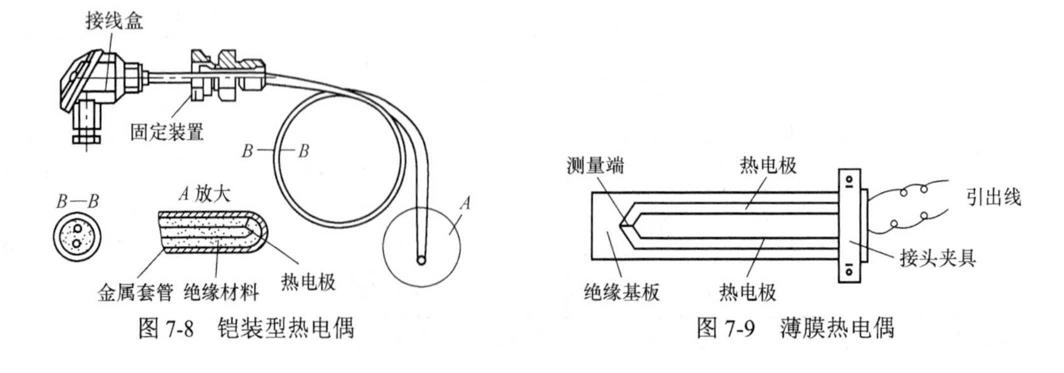

图 7-8　铠装型热电偶　　图 7-9　薄膜热电偶

四、热电偶的补偿导线及冷端温度的补偿方法

当热电偶材料选定以后，热电动势只与热端和冷端温度有关。因此只有当冷端温度恒定时，热电偶的热电势和热端温度才有单值的函数关系。此外，热电偶的分度表是以冷端温度为0℃作为基准进行分度的，而在实际使用过程中，冷端温度往往不为0℃，所以必须对冷端温度进行处理，以消除冷端温度的影响。

当热端温度为T时，分度表所对应的热电势$E_{AB}(T, 0)$与热电偶实际产生的热电势$E_{AB}(T, T_0)$之间的关系，根据中间温度定律得

$$E_{AB}(T, 0) = E_{AB}(T, T_0)+E_{AB}(T_0, 0) \tag{7-12}$$

可见，$E_{AB}(T_0, 0)$是冷端温度T_0的函数，因此需要对热电偶冷端温度进行处理。对热电偶冷端温度进行处理的方法主要有冷端0℃恒温法、补偿导线法、补偿电桥法和冷端温度修正法。

（1）冷端0℃恒温法

冷端恒温法就是将热电偶的冷端置于某一温度恒定不变的装置中。热电偶的分度表是以0℃为标准的，所以在实验室及精密测量中，通常把冷端放入0℃恒温器或装满冰水混合物的容器中，以便冷端温度保持0℃，这种方法又称为冰浴法。这是一种理想的补偿方法，但工业中使用极为不便。

（2）补偿导线法

在实际测温时，需要把热电偶输出的热电势信号传输到远离现场数十米远的控制室里的显示仪表或控制仪表，这样冷端温度T_0比较稳定。热电偶一般做得较短，通常为350～2000mm，需要用导线将热电偶的冷端延伸出来。工程中采用一种补偿导线，它通常由两种不同性质的廉价金属导线制成，而且在0℃～100℃温度范围内，要求补偿导线和所配热电偶具有相同的热电特性，两个连接点温度必须相等，正负极性不能接反。表7-2所示为常用的补偿导线。

表7-2　常用补偿导线

补偿导线型号	配用热电偶	补偿导线材料		补偿导线绝缘层着色	
		正　极	负　极	正　极	负　极
SC	S	铜	铜镍合金	红色	绿色
KC	K	铜	铜镍合金	红色	蓝色
KX	K	镍铬合金	镍硅合金	红色	黑色
EX	E	镍硅合金	铜镍合金	红色	棕色
JX	J	铁	铜镍合金	红色	紫色
TX	T	铜	铜镍合金	红色	白色

（3）补偿电桥法（冷端温度自动补偿法）

补偿电桥法是利用不平衡电桥产生的不平衡电压 U_{ab} 作为补偿信号，来自动补偿热电偶测量过程中因冷端温度不为0℃或变化而引起热电势的变化值。补偿电桥的工作原理如图7-10所示，它由3个电阻温度系数较小的锰铜丝绕制的电阻R_1、R_2、R_3及电阻温度系数较大的铜丝绕制的电阻 R_{Cu} 和稳压电源组成。补偿电桥与热电偶冷端处在同一环境温度，当冷端温度

变化引起的热电势 $E_{AB}(t, t_0)$变化时，由于 R_{Cu} 的阻值随冷端温度变化而变化，适当选择桥臂电阻和桥路电流，就可以使电桥产生的不平衡电压 U_{ab} 补偿由于冷端温度 t_0 变化引起的热电势变化量，从而达到自动补偿的目的。

采用补偿电桥法对冷端温度进行补偿应该注意以下几点：不同型号的补偿器只能与相应的热电偶配用，只能补偿到固定温度；注意正负极性不能接反；仅能在规定的温度范围内使用，通常为 0℃～40℃。

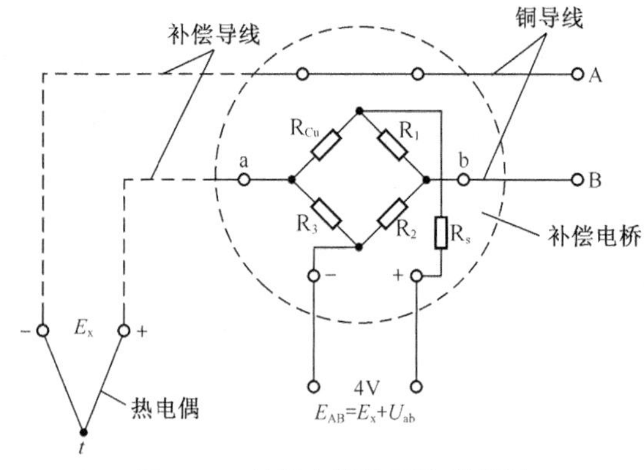

图 7-10　补偿电桥的工作原理图

（4）冷端温度修正法

采用补偿导线可使热电偶的冷端延伸到温度比较稳定的地方，但只要冷端温度 T_0 不等于 0℃，就需要对热电偶回路的测量电势值 $E_{AB}(T, T_0)$加以修正。当工作端温度为 T 时，分度表所对应的热电势 $E_{AB}(T, 0)$与热电偶实际产生的热电势 $E_{AB}(T, T_0)$之间的关系可根据中间温度定律得到，即

$$E_{AB}(T, 0)=E_{AB}(T, T_0)+E_{AB}(T_0, 0) \tag{7-13}$$

由此可见，测量电势值 $E_{AB}(T, T_0)$的修正值为 $E_{AB}(T_0, 0)$。$E_{AB}(T_0, 0)$是参考端温度 T_0 的函数，经修正后的热电势为 $E_{AB}(T, 0)$，可由分度表中查出被测实际温度值 T。

五、热电偶测温线路

（1）测量单点温度的基本测温线路

测量单点温度的基本测温线路如图 7-11 所示。

（2）测量两点之间温差的测温线路

测温线路如图 7-12 所示，这是测量两点温度之差的一种实用线路。用两只同型号的热电偶，配用相同的补偿导线，采用反向连接方式，这时仪表即可测得两点温度之差（注意热电偶非线性带来的影响），所以

$$E_T=E_{AB}(T_1)-E_{AB}(T_2) \tag{7-14}$$

（3）测量平均温度的测温线路

测量平均温度的方法通常是用几只相同型号的热电偶并联在一起，如图 7-11 所示。要求 3 只热电偶都工作在线性段，在测量仪表中指示的为 3 只热电偶输出热电动势的平均值。在每只热电偶线路中，分别串接均衡电阻 R，其作用是为了在 T_1、T_2 和 T_3 不相等时，使每一只热电偶的线路中流过的电流免受电阻不相等的影响，因此当一只热电偶烧断时，不容易很快地觉察出来。图 7-11 所示的输出热电动势为

$$E_T=\frac{1}{3}(E_1+E_2+E_3) \tag{7-15}$$

（4）测量几点温度之和的测温线路

利用同类型的热电偶串联，可以测量几个点温度之和，也可以测量几个点的平均温度。

图 7-13 所示为几个热电偶的串联接线路图，这种线路可以避免并联线路的缺点。当有一

只热电偶烧断时，总的热电动势消失，可以立即知道有热电偶烧断。同时由于总热电动势为各热电偶热电动势之和，故可以测量微小的温度变化。图 7-13 中回路的总热电动势为

$$E_T = E_1 + E_2 + E_3 \tag{7-16}$$

辐射高温计中的热电堆就是根据这个原理由几个同类型的热电偶串联而成的。如果要测量平均温度，则

$$E_T = \frac{1}{3}(E_1 + E_2 + E_3) \tag{7-17}$$

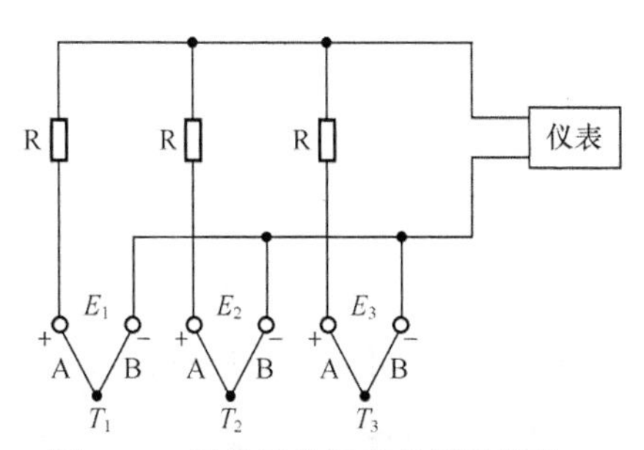

图 7-11　测量平均温度的测温线路

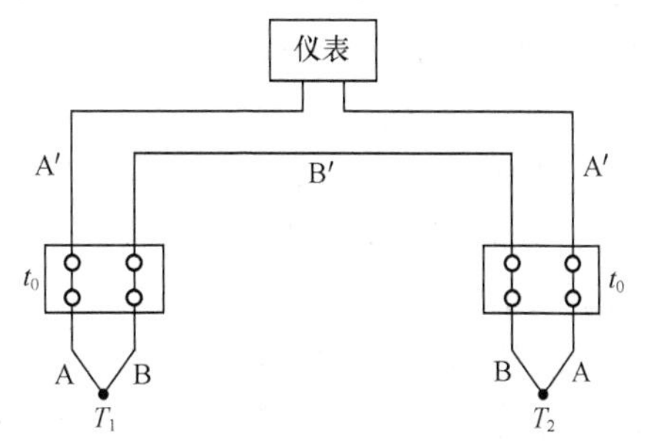

图 7-12　测量两点之间温差的测温线路

（5）若干只热电偶共用一台仪表的测量线路

在进行多点温度测量时，为了节省显示仪表，可将若干只热电偶通过模拟式切换开关共用一台测量仪表，常用测量线路如图 7-14 所示。采用此法的条件是各只热电偶的型号相同，测量范围均在显示仪表的量程内。

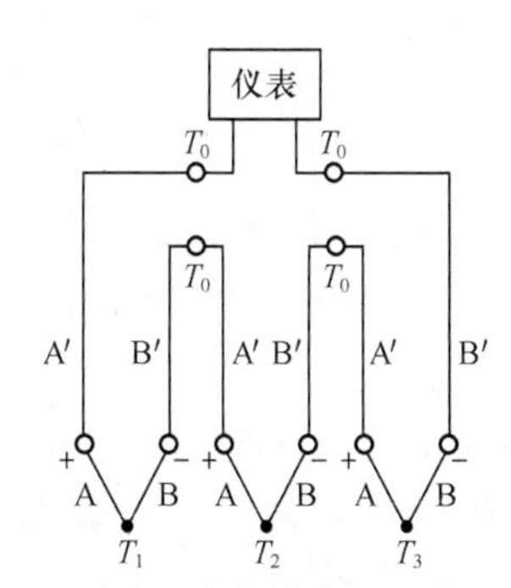

图 7-13　测量几个点温度之和的测温线路

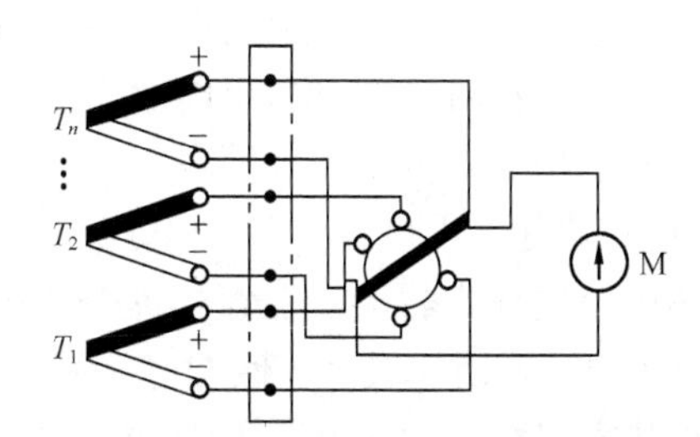

图 7-14　若干只热电偶共用一台仪表的测量线路

在现场，如大量测量点不需要连续测量，而只需要定时检测，就可以把若干只热电偶通过手动或自动切换开关接至一台测量仪表上，以轮流或按要求显示各测量点的被测数值。切换开关的触点有十几对到数百对，这样可以大量节省显示仪表数目，也可以减小仪表箱的尺寸，达到多点温度自动检测的目的。常用的切换开关有密封微型精密继电器和电子模拟式开关两类。

前面介绍了几种常用的热电偶测量温度、温度差、温度和或平均温度的线路。与热电偶配用的测量仪表可以是模拟仪表或数字电压表，若要组成微机控制的自动测温或控温系统，可直接将数字电压表的测温数据利用接口电路和测控软件连接到计算机中，以便对检测温度进行计算和控制。

任务二　热电阻传感器

【知识教学目标】

1．了解热电阻传感器的类型。

2．熟悉热电阻传感器的测量电路。

3．熟悉热敏电阻的测温线路，理解测温原理。

4．熟悉热敏电阻的类型。

【技能培养目标】

1．了解热敏电阻在现场中的应用。

2．能够利用热敏电阻测试温度。

【相关知识】

热电阻传感器是利用导体或半导体的电阻值随温度变化而变化的原理进行测温的。热电阻传感器分为金属热电阻和半导体热电阻两大类，一般把金属热电阻称为热电阻，而把半导体热电阻称为热敏电阻。热电阻广泛用来测量−200℃～+850℃范围内的温度，少数情况下，低温可测量至 1K，高温达 1000℃。标准铂电阻温度计的精确度高，并作为复现国际温标的标准仪器。热电阻传感器由热电阻、连接导线及显示仪表组成，如图 7-15 所示。热电阻也可与温度变送器连接，转换为标准电流信号输出。

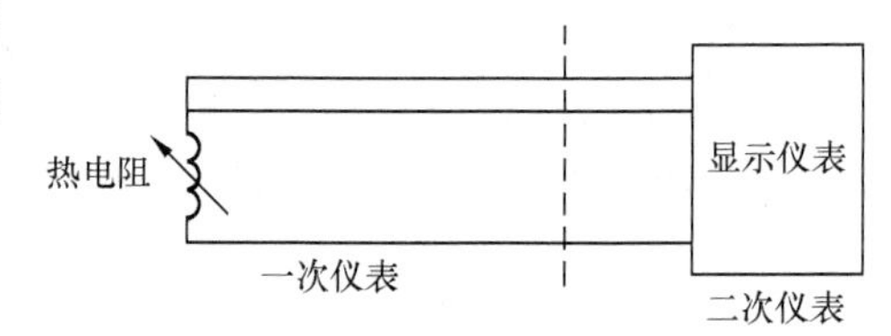

图 7-15　热电阻传感器

一、常用热电阻

大多数金属材料的电阻值都随温度而变化，但是用作测温用的材料应具有尽可能大和稳定的电阻温度系数和电阻率、*R*-*t* 关系最好呈线性、物理化学性能稳定、复现性好等特点。目前最常用的热电阻有铂热电阻和铜热电阻。

1．铂热电阻

铂热电阻的一大特点是在氧化性介质中，甚至高温下的物理化学性能稳定，除此之外它还具有精度高、电阻率较大、性能可靠等特点，所以在温度传感器中得到了广泛应用。按 IEC 标准，铂热电阻的使用温度范围为−200℃～850℃。

铂热电阻的阻值与温度之间的特性方程为

在−200℃≤t≤0℃的温度范围内，则

$$R_t=R_0[1+At+Bt^2+Ct^3(t-100)] \tag{7-18}$$

在 0℃≤t≤850℃的温度范围内，则

$$R_t = R_0(1+At+Bt^2) \tag{7-19}$$

式中：R_t、R_0——铂热电阻在 t℃和 0℃时的电阻值；

A、B、C——分度常数。

在 ITS-90 中，这些常数规定为

$$A = 3.9083\times10^{-3}/℃，B = -5.775\times10^{-7}/℃^2，C = -4.183\times10^{-12}/℃^4$$

可以看出，铂热电阻在温度为 t℃时的电阻值与 0℃时的电阻值 R_0 有关。目前我国规定工

业用铂热电阻有 R_0=10Ω和 R_0=100Ω两种，它们的分度号分别为 Pt_{10} 和 Pt_{100}，其中以 Pt_{100} 为常用。铂热电阻不同分度号亦有相应分度表，即 R_t–t 的关系表，这样在实际测量中，只要测得热电阻的阻值 R_t，便可从分度表上查出对应的温度值。

铂热电阻中的铂丝纯度用电阻比 W(100)表示，它是铂热电阻在 100℃时电阻值 R_{100} 与 0℃时电阻值 R_0 之比。按 IEC 标准，工业使用的铂热电阻的 W(100)＞1.3850。

2．铜热电阻

铜热电阻的电阻温度系数比铂高，电阻与温度的关系 R-t 曲线几乎是线性的，并且铜价格便宜、易于提纯、工艺性好。因此，在一些测量精度要求不高、测温范围不大且温度较低的测温场合，可采用铜热电阻进行测温，铜热电阻的测量范围为−50℃～150℃。

铜热电阻在测量范围−50℃～150℃内其电阻值与温度的关系可近似地表示为

$$R_t=R_0(1+\alpha t) \tag{7-20}$$

式中：α——铜热电阻的电阻温度系数，取$\alpha = 4.28\times10^{-3}$/℃；

R_t、R_0——铜热电阻在 t℃和 0℃时的电阻值。

铜热电阻有两种分度号，分别为 Cu_{50}（$R_0 = 50\Omega$）和 Cu_{100}（$R_{100} = 100\Omega$）。铜热电阻线性好，价格便宜，但它的电阻率小、体积大、热惯性也大，容易氧化，测量范围窄，因此不适宜在腐蚀性介质中或高温下工作。

二、热电阻的结构和测量电路

工业用热电阻的结构如图 7-16 所示。它由电阻体、绝缘管、保护套管、引线和接线盒等部分组成。电阻体由电阻丝和电阻支架组成。电阻丝采用双线无感绕法绕制在具有一定形状的云母、石英或陶瓷塑料支架上，支架起支撑和绝缘作用，引出线通常采用直径 1mm 的银丝或镀银铜丝，它与接线盒柱相接，以便与外接线路相连而测量显示温度。

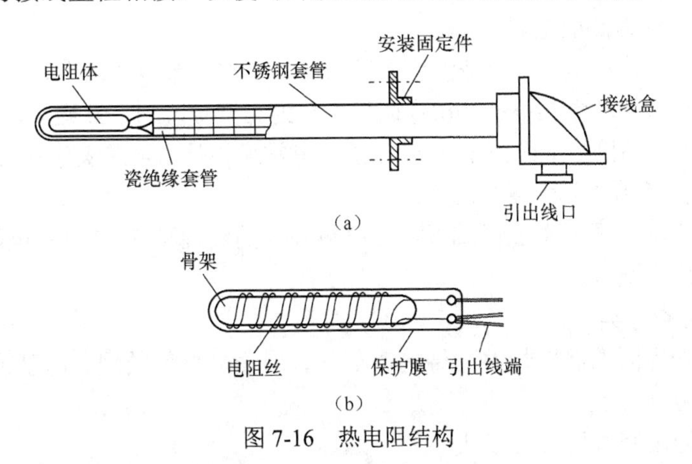

图 7-16　热电阻结构

用热电阻传感器进行测温时，测量电路经常采用电桥电路。而热电阻与检测仪表相隔一段距离，因此热电阻的引线对测量结果有较大的影响。热电阻内部的引线方式有二线制、三线制和四线制 3 种，如图 7-17 所示。二线制中引线电阻对测量影响大，用于测温精度不高的场合；三线制可以减小热电阻与测量仪表之间连接导线的电阻因环境温度变化所引起的测量误差；四线制可以完全消除引线电阻对测量结果的影响，用于高精度温度检测。

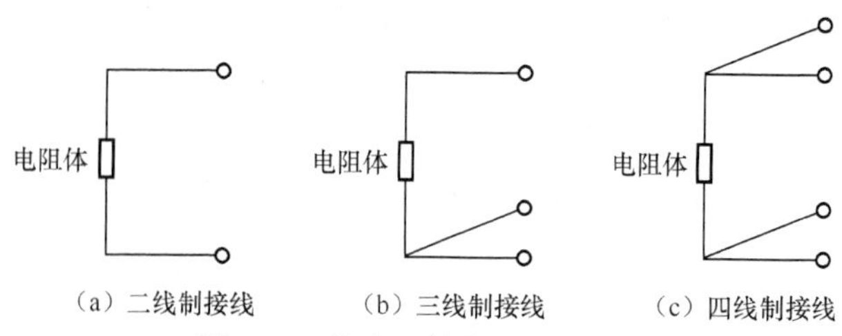

图 7-17 热电阻的内部引线方式

图 7-18 所示为工业上常采用的热电阻三线制桥式接线测量电路。图中 R_t 为热敏电阻；r_1、r_2、r_3 为接线电阻；R_1、R_2 为桥臂电阻，通常取 $R_1=R_2$；RP 为调零电阻。M 为指示仪表，它具有很大的内阻，所以流过 r_3 的电流近似为零。当 $U_A=U_B$ 时，电桥平衡，使 $r_1=r_2$，则 $RP=R_t$，从而消除了接线电阻的影响。

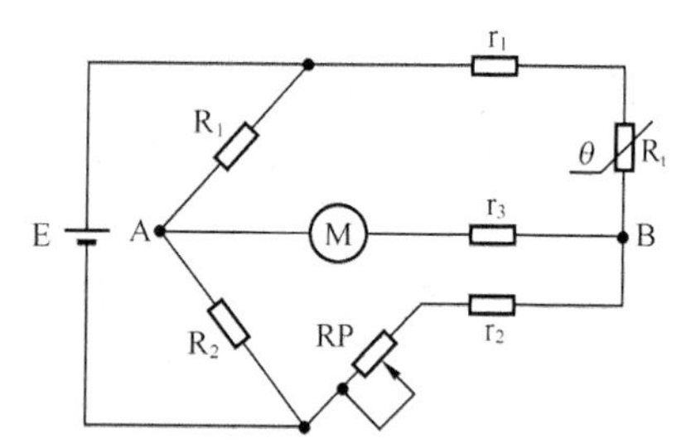

图 7-18 热电阻三线制桥式接线测量电路

值得注意的是，流过金属电阻丝的电流不能过大，否则自身会产生较大的热量，对测量结果造成影响。

三、热敏电阻

1．热敏电阻的工作原理

热敏电阻是利用半导体的电阻随温度变化的特性制成的测温元件。

与金属材料相比，半导体材料的电阻率温度系数为金属材料的 10～100 倍，甚至更高，而且根据选择的半导体材料不同，电阻率温度系数有从−(1～6)%/℃到+60%/℃范围的各种数值。因此使用半导体材料可以制作灵敏度高、具有各种性能、使用于各种领域的执行元件，这种热敏元件通常称为热敏电阻。

热敏电阻是半导体测温元件。按温度系数可分为负温度系数热敏电阻（NTC）和正温度系数热敏电阻（PTC）两大类。NTC 热敏电阻以 MF 为其型号，PTC 热敏电阻以 MZ 为其型号。

NTC 热敏电阻研制的时间较早，也较成熟。最常见的是由金属氧化物组成的，如锰、钴、铁、镍、铜等多种氧化物混合烧结而成。

近年来，还研制出了用本征锗或本征硅材料制成的线性型 PTC 热敏电阻，其线性度和互换性均较好，可用于测温。

2．热敏电阻的分类

热敏电阻可按电阻的温度特性、结构、形状、用途、材料及测量温度范围等进行分类。

（1）按温度特性分类

热敏电阻按温度特性可分为 3 类。

① 负温度系数热敏电阻，简称 NTC。该类电阻在工作温度范围内，其电阻值随温度上升而非线性下降，温度系数为−(1～6)%/℃。

② 正温度系数热敏电阻，简称 PTC。该类电阻在工作温度范围内，其电阻值随温度上升而非线性增大。曲线 2 为缓变型，其温度系数为（−0.5～8）%/℃；曲线 3 为开关型，在居里点附近的温度系数可达+(10～60)%/℃。

③ 临界负温度系数热敏电阻，简称 CTR。CTR 是一种开关型 NTC，在临界温度附近，阻值随温度上升而急剧减小。

（2）按形状分类

热敏电阻按形状可分为片形、杆形和珠形，如图 7-19 所示。

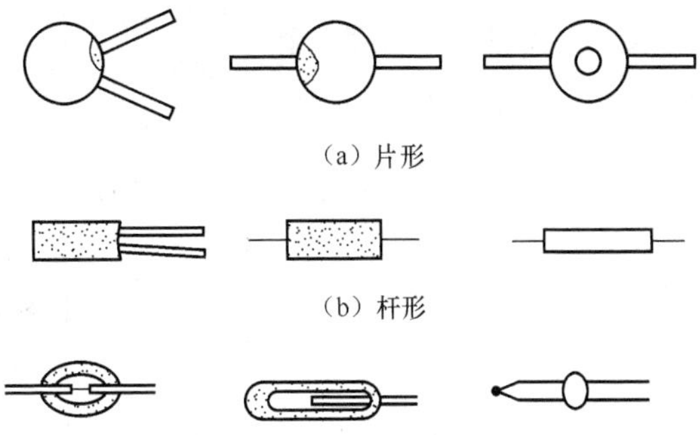

（a）片形

（b）杆形

（c）珠形

图 7-19　热敏电阻的结构

（3）按材料分类

热敏电阻按材料可分为陶瓷热敏电阻、单晶热敏电阻、非晶热敏电阻、塑料热敏电阻及金刚石热敏电阻等。

（4）按工作温度范围分类

热敏电阻按工作温度范围可分为以下 3 类。

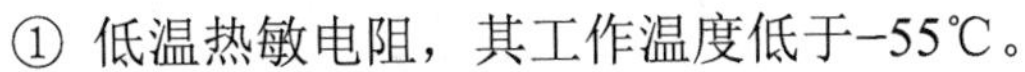

① 低温热敏电阻，其工作温度低于−55℃。

② 常温热敏电阻，工作温度范围为−55℃～+315℃。

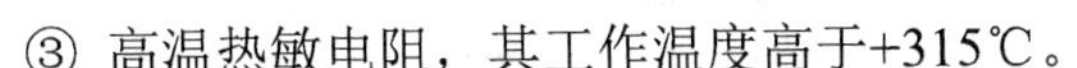

③ 高温热敏电阻，其工作温度高于+315℃。

3．热敏电阻的结构及参数

（1）热敏电阻的结构

热敏电阻的结构和形式很多，家用电器中常用的精密型 NTC 温度传感器的外形、尺寸如图 7-20 所示，可根据使用需要选取。

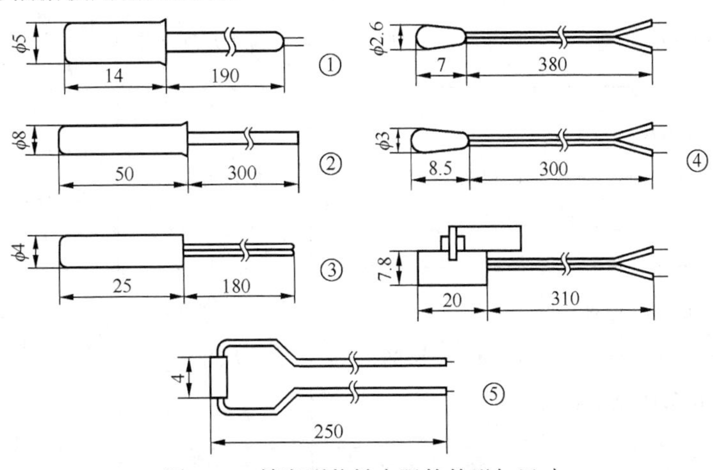

图 7-20　精密型热敏电阻的外形与尺寸

（2）热敏电阻的参数

根据不同的使用目的，参考表 7-3 和表 7-4，选择相应的热敏电阻的类型、参数及结构。

表 7-3　热敏电阻的类型、参数、结构

使用目的	适用类型	常温电阻率 /Ω·cm	β 或 α 值	阻值稳定性/%	误差范围/%	结　构
温度测量与控制	NTC	0.1～1	各种	0.5	±（2～10）	珠形
流速、流量、真空、液位	NTC	1～100	各种	0.5	±（2～10）	珠形、薄膜型

续表

使用目的	适用类型	常温电阻率/Ω·cm	β或α值	阻值稳定性/%	误差范围/%	结构
温度补偿	NTC PTC	1～100 0.1～100	各种	5	±10	珠形、杆形、片形 珠形、片形
继电器等动作延时、直接加热延时	NTC CTR	1～100 0.1～100	越大越好、常温下较小、高温较大	5	±10	ϕ10以上盘形 ϕ0.3～ϕ0.6珠形
电泳抑制 过载保护 自动增益控制	CTR PTC NTC	1～100 1～100 0.1～100	越大越好 越大越好 较大	5 10 2	±10 ±20 ±10	ϕ10以上盘形 盘形 ϕ0.3～ϕ0.6珠形

表7-4　部分国产热敏电阻的型号、规格和外形

型号及名称	主要参数		外形结构	用途及测温范围
	R_{25}及偏差	β值及偏差		
CWF51A温度传感器	5 000Ω，±5%	3 620K，±2%	如图7-20①所示	冰箱、冰柜、淋浴器，−40℃～+80℃
CWF51B温度传感器	2 640Ω，±5%	3 650K，±2%	如图7-20②所示	用于东芝冰箱维修更换，−40℃～+80℃
CWF52A温度传感器	20 000Ω，±5%	4 000K，±2%	如图7-20③所示	用于乐声、空调机维修更换，−40℃～+80℃
CWF52B温度传感器	15 000Ω，±5%			
CWF52C温度传感器	10 000Ω，±5%	4 000K，±2%	如图7-20④所示	用于三菱空调机维修更换，−40℃～+80℃
CWF52D温度传感器	12 000Ω，±5%			
MF58F温度传感器	50kΩ，±5%100kΩ	3 560K～4 500K，±2%	如图7-20⑤所示	电饭锅、电开水器、电磁炉、恒温箱，−40℃～+300℃
说明	标称电阻值R_{25}	它指NTC R_t的设计电阻值，通常指在测得的零功率电阻值		
	β值	β值是NTC热敏电阻的热敏系数，一般β值越大，绝对灵敏度越高		
	精度	表示R_{25}的偏差范围和β值偏差范围；精密型NTC温度传感器的精度分挡为±1%、±2%、±3%、±5%、±10%		

4．热敏电阻传感器测温与温度控制

（1）热敏电阻测温

图7-21所示为热敏电阻温度计的原理图。作为测量温度的热敏电阻一般结构较简单，价

格较低廉。没有外面保护层的热敏电阻只能应用在干燥的地方；密封的热敏电阻不怕湿气的侵蚀，可以使用在较恶劣的环境下。由于热敏电阻的阻值和接触电阻可以忽略，使用时采用二线制即可。

（2）热敏电阻用于温度补偿

热敏电阻可以在一定的温度范围内对某些元件进行温度补偿。例如，动圈式表头中的动圈由铜线绕制而成，随着温度升高，其电阻增大，会引起测量误差，此时可在动圈回路中串入右负温度系数热敏电阻组成的电阻网络，从而抵消由于温度变化所产生的误差。在晶体管电路中也常用热敏电阻补偿电路，补偿由于温度引起的漂移误差，如图 7-22 所示。

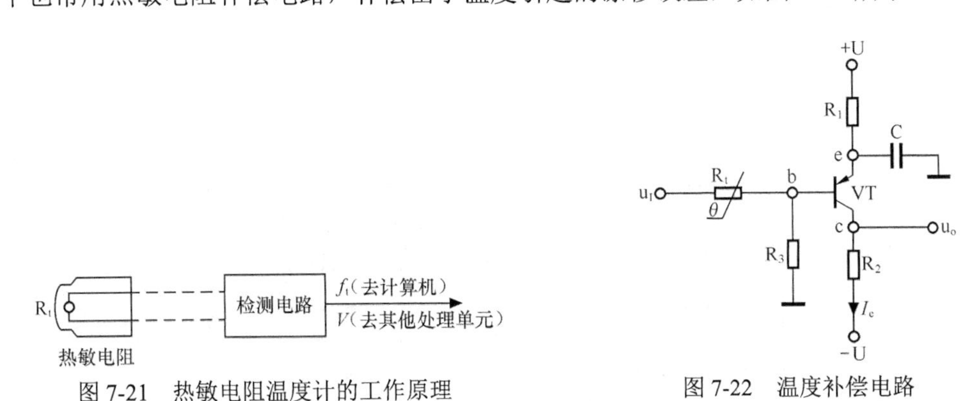

图 7-21　热敏电阻温度计的工作原理　　　图 7-22　温度补偿电路

为了对热敏电阻的温度特性进行线性补偿，可采用串联或并联一个固定电阻的方式，如图 7-23 所示。

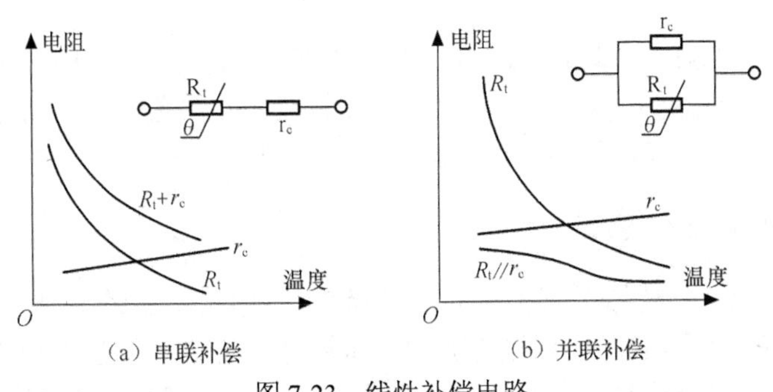

（a）串联补偿　　　（b）并联补偿

图 7-23　线性补偿电路

（3）热敏电阻用于温度控制

热敏电阻用途十分广泛，如空调、干燥器、热水取暖器、电烘箱箱体温度检测等都会用到热敏电阻。其中，继电保护和温度上下限报警就是最典型的应用。

① 继电保护。将突变型热敏电阻埋没在被测物中，并与继电器串联，给电路加上恒定电源。当周围介质温度升到某一定数值时，电路中的电流可以由十分之几毫安突变为几十毫安，因此继电器动作，从而实现温度控制或过热保护。用热敏电阻作为对电动机过热保护的热继电器，如图 7-24 所示。把 3 只特性相同的热敏电阻放在电动机绕组中，紧靠绕组处每相各放一只，滴上万能胶固定。经测试其阻值在 20℃时为 10kΩ，100℃时为 1kΩ，110℃时为 0.6kΩ，当电极正常运行时温度较低，晶体管 VT 截止，继电器 J 不动作；当电动机过负

荷或断相或一相接地时，电动机温度急剧升高，使热敏电阻阻值急剧减小，到一定值后，VT 导通，继电器 J 吸合，使电动机工作回路断开，实现保护作用。根据电动机各种绝缘等级的允许升温值来调节偏流电阻 R_2 值从而确定晶体管 VT 的动作点。

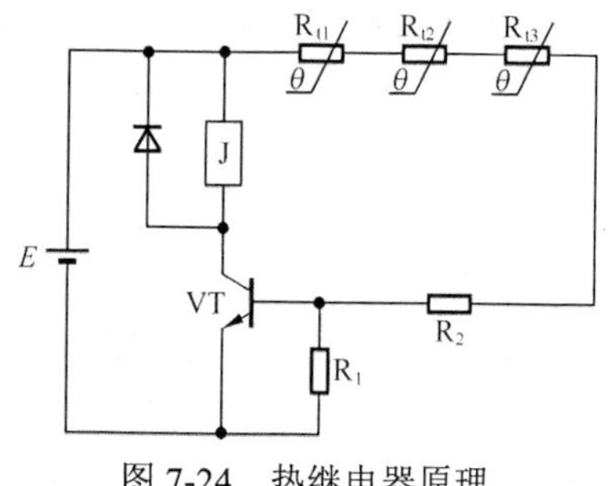

图 7-24　热继电器原理

② 温度上下限报警。如图 7-25 所示，此电路中采用运算放大器构成迟滞电压比较器，晶体管 VT_1 和 VT_2 根据运放输入状态导通或截止。R_t，R_1，R_2，R_3 构成一个输入电桥，则

$$U_{ab}=12\left(\frac{R_1}{R_1+R_t}-\frac{R_3}{R_3+R_2}\right) \tag{7-21}$$

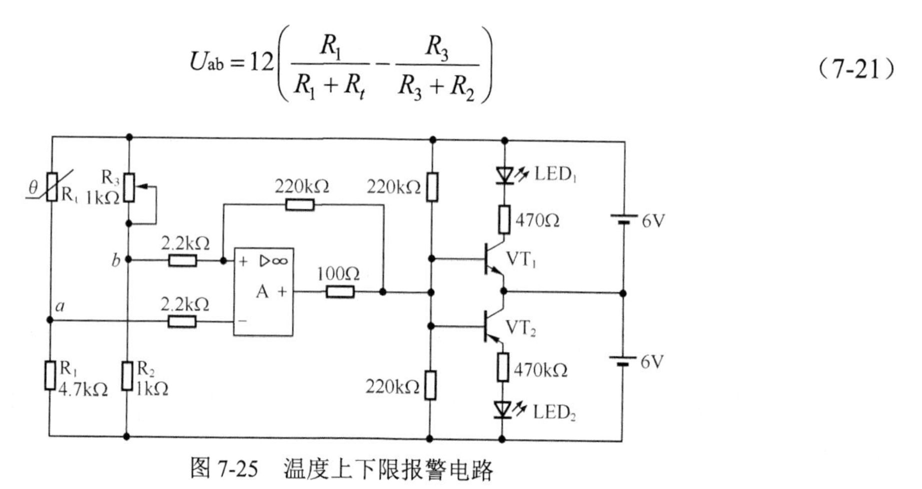

图 7-25　温度上下限报警电路

当温度升高时，R_t 减小，此时 $U_{ab}>0$，即 $V_a>V_b$，VT_2 导通，LED_2 发光报警；当温度下降时，R_t 增加，此时 $U_{ab}<0$，即 $V_a<V_b$，VT_1 导通，LED_1 发光报警；当温度等于设定值时，$U_{ab}=0$，即 $V_a=V_b$，VT_1 和 VT_2 都截止，LED_1 和 LED_2 都不发光。

四、PN 结和集成温度传感器

由于硅 PN 结温度传感器具有优良的性能和低廉的价格，正在逐步替代常温区使用的原有传统测温器件。PN 结温度传感器与热敏电阻和热电阻相比，它的最大特点是输出特性几乎近似于线性关系，而且精度高、体积小、使用方便、易于集成化，因此被广泛应用于家电、医疗器械、食品、化工、冷藏、粮库、农业、科研等有关领域。硅 PN 结温度传感器的主要技术参数包括测量范围：−50℃～150℃；灵敏度：−2.1mV/℃～−2.3mV/℃；互换精度：一般优于±0.5℃；线性度：优于±0.5℃；输出阻抗：小于 500Ω。可以制成晶体二极管或三极管型的 PN 结温度传感器以及集成型的 PN 结温度传感器。

PN 结温度传感器的工作原理是基于半导体 PN 结的结电压随温度变化的特性进行温度测量的。把晶体管和激励电路、放大电路、恒流电路以及补偿电路等集成在一个芯片上就构成了集成温度传感器。

集成温度传感器按输出信号可以分为电流型输出和电压型输出两种。电流型输出的典型产品如 AD590，灵敏度为 1μA/℃；电压型输出产品如 ICL8073，灵敏度为 1mV/℃。集成温度传感器的测温精度一般为±0.1℃，测温范围为−50℃～150℃。随着集成技术和计算机的

发展，现在能够和微型计算机直接接口的数字输出型温度传感器也正在迅速发展，如DS18B20等。

PN结型温度传感器的主要性能参数有测温范围、最大功耗、输出电压、灵敏度、线性度、总偏差、响应时间等。

图7-26所示为一个简单的测温电路。AD590在25℃（298.2K）时，理想输出电流为298.2μA，但实际上存在一定误差，可以在外电路中进行修正。将AD590串联一个可调电阻，在已知温度下调整电阻值，使输出电压U_T满足1mV/K的关系（如25℃时，U_T应为298.2mV）。调整好以后，固定可调电阻，即可由输出电压U_T读出AD590所处的热力学温度。

简单的控温电路如图7-27所示。AD311为比较器，它的输出控制加热器电流，调节R_1可改变比较电压，从而改变了控制温度。AD581是稳压器，为AD590提供一个合理的稳定电压。

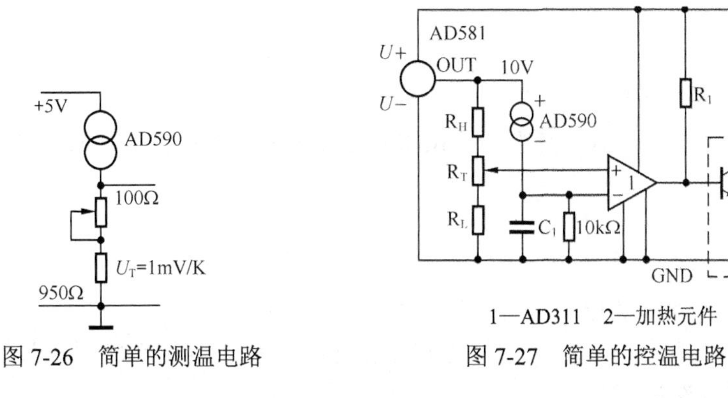

1—AD311　2—加热元件

图7-26　简单的测温电路　　　图7-27　简单的控温电路

PN结型温度传感器的应用领域：在电力电子电路中可以用作增益、音量的自动控制或作为过热、过载等的保护电路中，它还被广泛地应用于工业自动控制、高空和深海探测、卫星火箭、医疗卫生等行业的温度测量和温度控制中。

任务布置

【实训】　电冰箱温度超标指示电路的制作

电冰箱冷藏室的温度一般都保持在5℃以下，利用NTC热敏电阻制成的电冰箱温度超标指示器，可在温度超过5℃时，提醒用户及时采取措施。

电冰箱温度超标指示电路如图7-28所示。电路由热敏电阻R_t和作比较器用的运算放大器IC等元器件组成。运算放大器IC反相输入端加有R_1和热敏电阻R_t的分压电压，该电压随电冰箱冷藏室温度的变化而变化。在运算放大器IC同相输入端加有基准电压，此基准电压的数值对应于电冰箱冷藏室最高温度的预定值。可通过调节电位器RP来设定电冰箱冷藏室最高温度的预定值。当电冰箱冷藏室的温度上升，NTC热敏电阻R_t的阻值变小，加于运算放大器IC反相输入端的分压电压随之减小。当分压电压减小至设定的基准电压时，运算放大器IC输出端呈现高电平，使指示灯VL点亮报警，表示电冰箱冷藏室温度已超过5℃。

制作印制电路板或利用面包板装配如图7-28所示电路，过程如下。

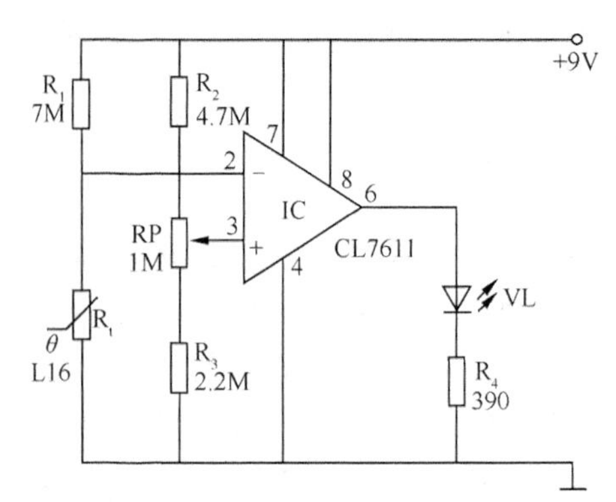

图 7-28　电冰箱温度超标指示电路

① 准备电路板和元器件，认识元器件。

② 电路装配调试。

③ 测量电路各点电压。

④ 记录实验过程和结果。

⑤ 调节电位器 RP 于不同值，观察和记录报警温度，进行电路参数和实验结果分析。

课后习题

1．热电阻温度传感器和热电偶各有何特点？

2．用分度号为 Pt_{100} 的铂热电阻测温，当被测温度分别为−100℃和 650℃时，求铂热电阻的阻值 R_{t1} 和 R_{t2} 分别为多大？

3．求用分度号为 Cu_{100} 的铜热电阻测量 50℃温度时的铜热电阻的阻值。

4．热电阻有哪几种接线方式？

5．热敏电阻有哪些应用？

单元八
超声波和微波传感器

超声技术是一门以物理、电子、机械及材料学为基础的各行各业都要使用的通用技术之一。它是通过超声波产生、传播及接收的物理过程完成的。超声波具有聚束、定向、反射及透射等特性。按超声振动辐射大小的不同大致可分为：用超声波使物体或物性变化的功率应用，称之为功率超声；用超声波获取若干信息，称之为检测超声。这两种超声的应用都必须借助于超声波探头（换能器或传感器）来实现。

目前，超声波技术广泛应用于冶金、船舶、机械、医疗等各个工业部门的超声探伤、超声清洗、超声焊接、超声检测和超声医疗等方面，并取得了很好的社会效益和经济效益。

任务一　超声波传感器的工作原理

【知识教学目标】

1．了解超声波的概念。

2．掌握超声波传感器的组成结构。

3．理解超声波传感器的工作原理。

4．了解超声波传感器在工程中的应用。

【技能培养目标】

1．利用压电元件构成超声波传感器的发射器和接收器。

2．能够利用超声波传感器设计应用电路。

【相关知识】

利用超声波传感器在超声场中的物理性质和各种效应而研制的装置可称为超声波换能器、探测器或传感器。超声波探头按其工作原理可分为压电式、磁致伸缩式、电磁式等，其中以压电式最为常用。压电式超声波探头常用的材料是压电晶体和压电陶瓷，这种传感器是利用压电效应来工作的。

一、超声波及其物理性质

振动在弹性介质内的传播称为波动，简称波。频率在 $16\sim2\times10^4$Hz 之间，能为人耳所听到的机械波称为声波；低于 16Hz 的机械波称为次声波；高于 2×10^4Hz 的机械波称为超声波，如图 8-1 所示。频率在 $3\times10^8\sim3\times10^{11}$Hz 之间的波称为微波。

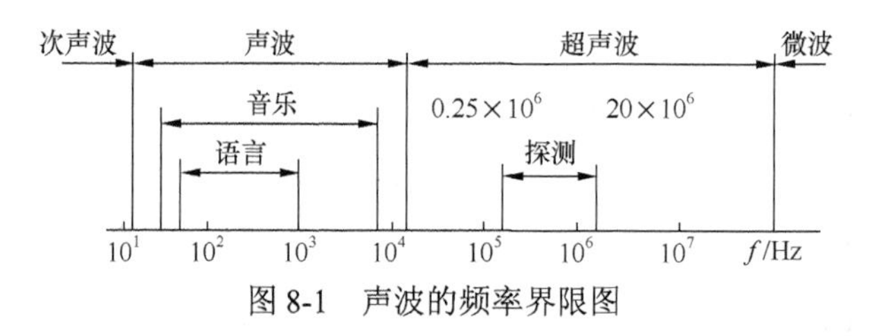

图 8-1　声波的频率界限图

当超声波由一种介质入射到另一种介质时，由于在两种介质中传播速度不同，在介质界面上会产生反射、折射和波型转换等现象。

1．超声波的波形及其传播速度

声源在介质中的施力方向与波在介质中传播的方向不同，声波的波形也不同。通常有以下几种波形。

① 纵波：质点振动方向与波的传播方向一致的波，它能在固体、液体和气体介质中传播。

② 横波：质点振动方向垂直于传播方向的波，它只能在固体介质中传播。

③ 表面波：质点的振动介于横波与纵波之间，沿着介质表面传播，其振幅随深度增加而迅速衰减的波，表面波只在固体的表面传播。

超声波的传播速度与介质密度和弹性特性有关。超声波在气体和液体中传播时，由于不存在剪切应力，所以仅有纵波的传播，其传播速率 c 为

$$c=\sqrt{\frac{1}{\rho B_a}} \tag{8-1}$$

式中：ρ——介质的密度；

B_a——绝对压缩系数。

上述的ρ、B_a都是温度的函数，因此可以看出超声波在介质中的传播速率会随温度的变化而变化。表 8-1 所示为蒸馏水在 0℃～100℃时声速随温度变化的数值。

从表 8-1 可见，蒸馏水温度在 0℃～100℃范围内，声速随温度的变化而变化，在 74℃时达到最大值，大于 74℃后，声速随温度的增加而减小。此外，水质、压强也会引起声速的变化。

表 8-1　　0℃～100℃范围内蒸馏水声速随温度的变化

温度/℃	声速/(m/s)	温度/℃	声速/(m/s)	温度/℃	声速/(m/s)	温度/℃	声速/(m/s)	温度/℃	声速/(m/s)
0	1402.74	20	1482.66	40	1529.18	60	1551.30	80	1554.81
1	1407.71	21	1485.69	41	1530.80	61	1551.88	81	1554.57
2	1412.57	22	1488.63	42	1532.37	62	1552.42	82	1554.30
3	1417.32	23	1491.50	43	1533.88	63	1552.91	83	1553.98
4	1421.96	24	1494.29	44	1535.33	64	1553.35	84	1553.63
5	1426.50	25	1497.00	45	1536.82	65	1553.76	85	1553.25
6	1430.92	26	1499.64	46	1538.06	66	1554.11	86	1552.82
7	1435.24	27	1502.20	47	1539.34	67	1554.43	87	1552.37
8	1439.46	28	1504.67	48	1540.57	68	1554.70	88	1551.88
9	1443.58	29	1507.10	49	1541.74	69	1554.93	89	1551.35
10	1447.59	30	1509.44	50	1542.87	70	1555.12	90	1550.79
11	1451.51	31	1511.71	51	1543.93	71	1555.27	91	1550.20
12	1455.34	32	1513.91	52	1544.95	72	1555.37	92	1549.58
13	1459.07	33	1516.05	53	1545.92	73	1555.44	93	1548.23
14	1462.70	34	1518.12	54	1546.83	74	1555.47	94	1548.23
15	1466.25	35	1520.12	55	1547.70	75	1555.45	95	1547.50
16	1469.70	36	1522.06	56	1548.51	76	1555.40	96	1546.75
17	1473.07	37	1523.93	57	1549.28	77	1555.31	97	1545.96
18	1476.35	38	1525.74	58	1550.00	78	1555.18	98	1545.14
19	1479.55	39	1527.49	59	1550.68	79	1555.02	99	1544.29

在固体中，纵波、横波及其表面波三者的声速有一定的关系，通常可认为横波声速为纵波的一半，表面波声速为横波声速的 90%。气体中纵波声速为 344m/s，液体中纵波声速在 900～1900m/s。

2．超声波的反射和折射

声波从一种介质传播到另一种介质，在两个介质的分界面上一部分声波被反射，另一部分透射过界面，在另一种介质内部继续传播。这样的两种情况称之为声波的反射和折射，如图 8-2 所示。

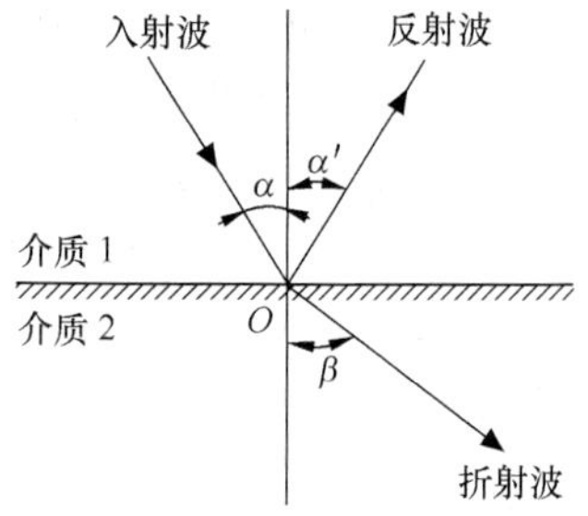

图 8-2　超声波的反射和折射

由物理学知，当波在界面上产生反射时，入射角α的正弦与反射角α'的正弦之比等于波速之比。当波在界面处产生折射时，入射角α的正弦与折射角β的正弦之比等于入射波在第一介质中的波速 c_1 与折射波在第二介质中的波速 c_2 之比，即

$$\frac{\sin\alpha}{\sin\beta}=\frac{c_1}{c_2} \tag{8-2}$$

声波的反射系数和透射系数可分别由如下两式求得

$$R=\frac{I_r}{I_0}=\left[\frac{\dfrac{\cos\beta}{\cos\alpha}-\dfrac{\rho_2c_2}{\rho_1c_1}}{\dfrac{\cos\beta}{\cos\alpha}+\dfrac{\rho_2c_2}{\rho_1c_1}}\right]^2 \tag{8-3}$$

$$T=\frac{I_t}{I_0}=\frac{4\rho_1c_1 \cdot \rho_2c_2 \cdot \cos^2\alpha}{\left(\rho_1c_1\cos\beta+\rho_2c_2\right)^2} \tag{8-4}$$

式中：I_0、I_r、I_t——分别为入射波、反射波、透射波的声强；

α、β——分别为声波的入射角和折射角；

ρ_1c_1、ρ_2c_2——分别为两介质的声阻抗，其中 c_1、c_2 分别为反射波和折射波的速率。当超声波垂直入射界面，即在$\alpha=\beta=0$ 时，则

$$R=\left[\frac{1-\dfrac{\rho_2c_2}{\rho_1c_1}}{1+\dfrac{\rho_2c_2}{\rho_1c_1}}\right]^2 \tag{8-5}$$

$$T=\frac{4\rho_1c_1 \cdot \rho_2c_2}{\left(\rho_1c_1+\rho_2c_2\right)^2} \tag{8-6}$$

由式（8-5）和式（8-6）可知，若$\rho_2c_2\approx\rho_1c_1$，则反射系数 $R\approx0$，透射系数 $T\approx1$，此时声波几乎没有反射，全部从第一介质透射入第二介质；若$\rho_2c_2>>\rho_1c_1$，反射系数 $R\approx1$，则声波在界面上几乎全反射，透射极少。同理，当$\rho_1c_1>>\rho_2c_2$，反射系数 $R\approx1$，声波在界面上几乎全反射。例如，在 20℃的水温时，水的特性阻抗为$\rho_1c_1=1.48\times10^6\text{kg/(m}^2\cdot\text{s)}$，空气的特性阻抗为$\rho_2c_2=0.000429\times10^6\text{kg/(m}^2\cdot\text{s)}$，$\rho_1c_1>>\rho_2c_2$，故超声波从水介质中传播至水气界面时，将发生全反射。

二、超声波传感器的原理

超声波为直线传播方式，频率越高，绕射能力越弱，但反射能力越强，利用超声波的这种性质可制成超声波传感器。另外，超声波在空气中传播速率较慢，为 344m/s，这就使得超声波传感器的使用变得非常简单。

超声波传感器由发送器和接收器两部分组成，但一个超声波传感器也可具有发送和接收声波的双重作用，即为可逆元件。市售的超声波传感器有专用型和兼用型。专用型的发送器发送超声波，接收器接收超声波；兼用型就是发送器（接收器）既可发送超声波（接收超声波），又可接收超声波（发送超声波）。市售超声波传感器的谐振频率（中心频率）为23kHz、40kHz、75kHz、200kHz、400kHz等。谐振频率增高，则检测距离变短，分解力也变高。

超声波传感器利用的是压电效应的原理。压电效应有逆压电效应和正压电效应，超声波传感器是可逆元件，超声波发送器就是利用逆压电效应的原理。所谓逆压电效应就是在压电元件上施加电压，元件就变形，即应变；正压电效应就是指压电元件沿一定方向受力后，发生变形，在元件两表面产生符号相反的电荷。

图8-3所示为超声波传感器结构示例。超声波传感器采用双晶振子，即把双压电陶瓷片以相反极化方向粘在一起，在长度方向上，一片伸长，另一片就缩短。在双晶振子的两面涂敷薄膜电极，其上面用引线通过金属板（振动板）接到一个电极端，下面用引线直接接到另一个电极端。双晶振子为正方形，正方形两边由圆弧形凸起部分支撑着，这两处的支点就成为振子振动的节点。金属板的中心有圆锥形振子，发送超声波时，圆锥形振子有较强的方向性，能高效率地发送超声波；接收超声波时，超声波的振动集中于振子的中心，能高效应地产生高频电压。

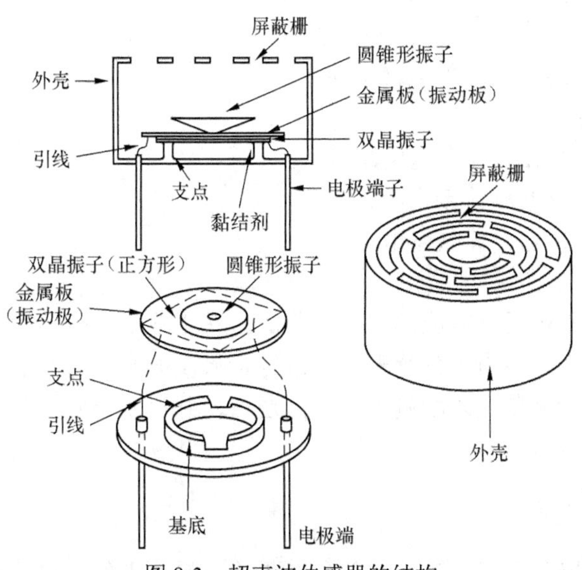

图8-3　超声波传感器的结构

图8-4所示为采用双晶振子的超声波传感器的工作原理示意图。若在发送器的双晶振子（谐振频率为40kHz）上施加40kHz的同频电压，压电陶瓷片a、b就根据所加的高频电压极性伸长与缩短，于是就发送40kHz频率的超声波。超声波以疏密波形式传播，送给超声波接收器就被其接收。超声波接收器利用的是压电效应的原理，即在压电元件的指定方向上施加压力，元件就发生应变，则产生一面为正极，另一面为负极的电压。如图8-4所示的接收器中也有与图8-3所示结构相同的双晶振子，若接收到发送器发送的超声波，振子就以发送超声波的频率进行振动，于是，就产生与超声波频率相同的高频电压，当然这种电压非常小，要用放大器进行放大。

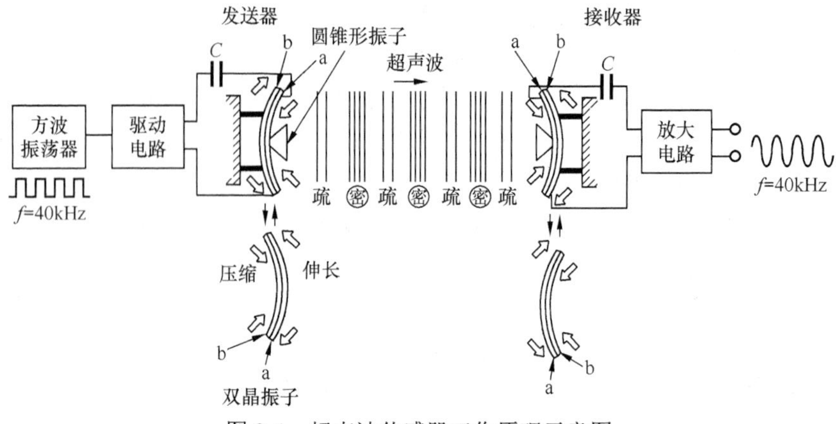

图 8-4　超声波传感器工作原理示意图

任务二　超声波传感器应用

【知识教学目标】

1．了解超声波传感器在物位测量中的应用。

2．了解超声波传感器在流量测量中的应用。

3．了解超声波传感器在开关电路中的应用。

【技能培养目标】

1．利用超声波传感器设计发送电路。

2．利用超声波传感器设计接收电路。

3．利用超声波传感器设计防盗电路。

【相关知识】

超声波传感器是利用压电效应的原理工作的，在工业、通信、医疗、家用电器及其他领域都有非常广泛的应用。超声波传感器能够进行金属及非金属材料的无损探伤、零件清洗、超声波无缝焊接、流量测量、浓度测量、定向通信，并可用于胎儿状态检查仪、家用加湿器和汽车倒车测距报警器等。

一、超声波物位传感器

超声波物位传感器是利用超声波在两种介质的分界面上的反射特性而制成的。如果从发射超声脉冲开始，到接收换能器接收到反射波为止的这个时间间隔为已知，就可以求出分界面的位置，利用这种方法可以对物位进行测量。根据发射和接收换能器的功能，传感器可分为单换能器和双换能器。单换能器的传感器发射和接收超声波使用同一个换能器，而双换能器的传感器发射和接收各由一个换能器完成。

图 8-5 所示为几种超声物位传感器的结构示意图。超声波发射和接收换能器可设置在液体介质中，让超声波在液体介质中传播，如图 8-5（a）所示。由于超声波在液体中的衰减比较小，所以即使发射的超声脉冲幅度较小也可以传播。超声波发射和接收换能器也可以安装在液面的上方，让超声波在空气中传播，如图 8-5（b）所示。这种方式便于安装和维修，但

超声波在空气中的衰减比较厉害。

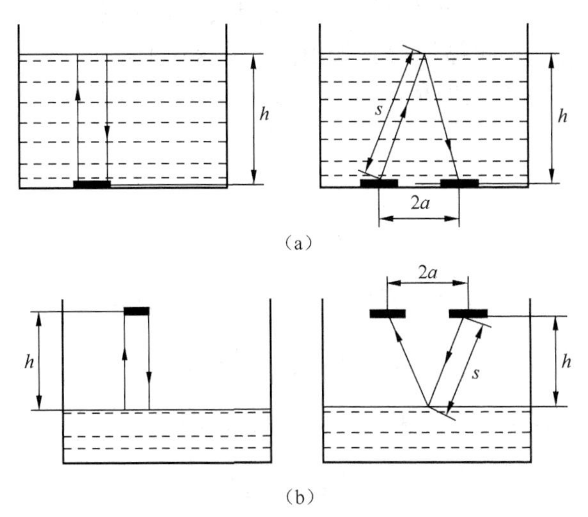

图 8-5　几种超声波物位传感器的结构原理示意图

对于单换能器来说，超声波从发射器到液面，又从液面反射到换能器的时间为

$$t = \frac{2h}{c} \tag{8-7}$$

则

$$h = \frac{ct}{2} \tag{8-8}$$

式中：h——换能器距液面的距离；

c——超声波在介质中传播的速率。

对于图 8-5 所示的双换能器，超声波从发射到接收经过的路程为 $2s$，而

$$s = \frac{ct}{2} \tag{8-9}$$

因此液位高度为

$$h = \sqrt{s^2 - a^2} \tag{8-10}$$

式中：s——超声波从反射点到换能器的距离；

a——两换能器间距之半。

从以上公式中可以看出，只要测得超声波脉冲从发射到接收的时间间隔，便可以求得待测的物位。

超声物位传感器具有精度高和使用寿命长的特点，但若液体中有气泡或液面发生波动，便会产生较大的误差。在一般使用条件下，它的测量误差为±0.1%，检测物位的范围为 10^{-2}～10^{4}m。

二、超声波流量传感器

利用超声波流量传感器进行测定的方法是多样的，如传播速度变化法、波速移动法、多普勒效应法、流动听声法等。但目前应用较广的主要是超声波传播速度变化法。

超声波在流体中传播时，在静止流体和流动流体中的传播速率是不同的，利用这一特点可以求出流体的速率，再根据管道流体的截面积，便可知道流体的流量。

如果在流体中设置两个超声波传感器，它们既可以发射超声波又可以接收超声波，一个装在上游，一个装在下游，其距离为 L，如图 8-6 所示。如设顺流方向的传播时间为 t_1，逆流方向的传播时间为 t_2，流体静止时的超声波传播速率为 c，流体流动速率为 v，则

$$t_1=\frac{L}{c+v} \tag{8-11}$$

$$t_2=\frac{L}{c-v} \tag{8-12}$$

一般来说，流体的流速远小于超声波在流体中的传播速率，因此超声波传播时间差为

$$\Delta t=t_2-t_1=\frac{2Lv}{c^2-v^2} \tag{8-13}$$

由于 $c>>v$，从式（8-13）便可得到流体的流速，即

$$v=\frac{c^2}{2L}\Delta t \tag{8-14}$$

在实际应用中，超声波传感器安装在管道的外部，从管道的外面透过管壁发射和接收超声波，而不会给管道内流动的流体带来影响，如图 8-7 所示。

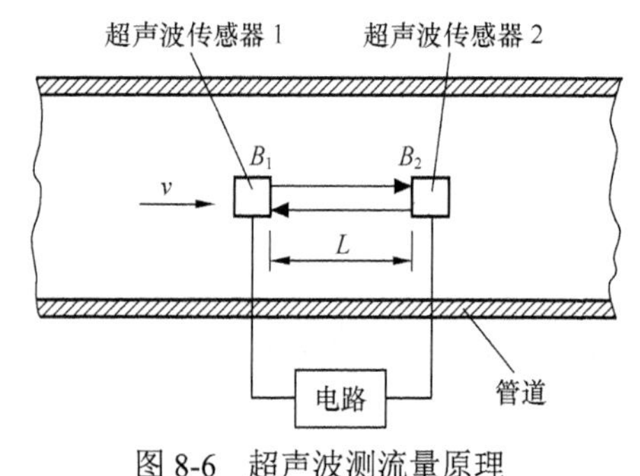

图 8-6　超声波测流量原理

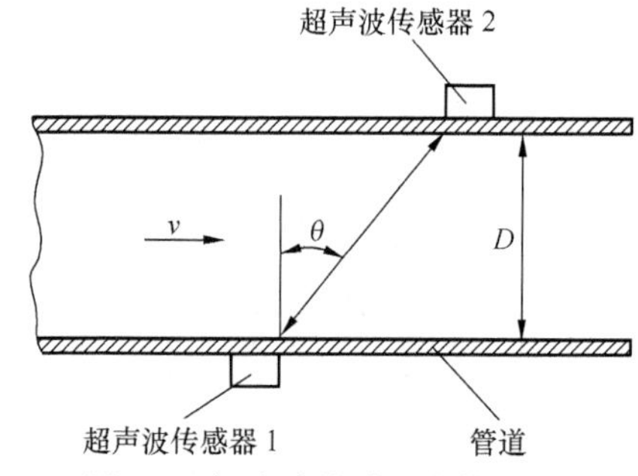

图 8-7　超声波传感器安装位置

此时超声波的传输时间由下式确定为

$$t_1=\frac{\frac{D}{\cos\theta}}{c+v\sin\theta} \tag{8-15}$$

$$t_2=\frac{\frac{D}{\cos\theta}}{c-v\sin\theta} \tag{8-16}$$

超声波流量传感器具有不阻碍流体流动的特点，可测的流体种类很多，不论是非导电的流体、高黏度的流体，还是浆状流体，只要能传输超声波的流体都可以进行测量。超声波流量计可用来对自来水、工业用水、农业用水等进行测量，还适用于下水道、农业灌渠、河流等流速的测量。

三、超声波自控淋浴开关电路

图 8-8 所示为超声波自控淋浴开关电路。电路由超声波收发电路、锁相电路及控制执行电路等组成。该电路的核心是锁相电路，它由 LM567 等组成，其作用是对输入的外来信号和

本身振荡信号的频率进行比较。当输入到 LM567 的 3 脚的外来信号的频率和本身振荡信号的频率相同时，8 脚输出电平由高变低，同时，利用锁相电路本身的振荡信号为超声波发送电路提供信号源。电路的振荡频率 $f=1/(1.1R_8C_5)$，本电路为 40kHz。

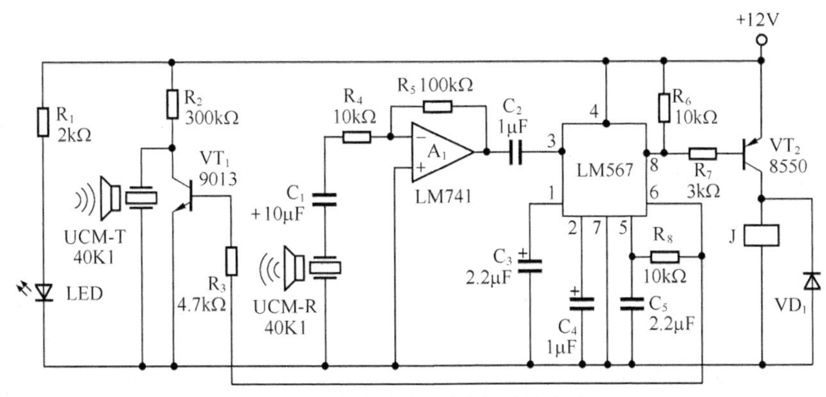

图 8-8　超声波自控淋浴开关电路

超声波发送电路由 VT_1 等构成，由锁相电路 LM567 的 6 脚输出的振荡信号经 R_3 加到 VT_1 基极进行放大，推动超声波发送器 UCM-T40Kl 发出超声波信号。超声波接收电路由 A_1 等构成，平时，超声波接收器 UCM-R40K1 接收不到 UCM-T40K1 发出的超声波信号，LMS67 的 8 脚输出为高电平，VT_2 截止，继电器 J 处于释放状态，电磁阀关闭，淋浴器无水喷出。当有人站在淋浴器下时，UCM-T40Kl 发出的超声波经人体反射后，被 UCM-R40Kl 接收并转为相应的电压信号，经 A_1 放大后通过 C_2 耦合到 LM567 的 3 脚，由于该信号的频率与锁相电路本身产生的振荡信号的频率完全相同，故 8 脚输出低电平，此时，VT_2 处于导通状态，继电器 J 吸合，电磁阀得电打开，淋浴器有水喷出。

四、无损检测

超声波检测可检测高速运动的板料和棒料，也可构成全自动检测系统，检测后不但能发出报警信号，还可在有缺陷区域喷上有色涂料，并根据缺陷的数量或严重程度作出“通过”或“拒收”的决定。

（1）透射测试法

当材料内有缺陷时，材料内的不连续性成为超声波传输的障碍，超声波通过这种障碍时只能透射一部分声能。只要有百分之几的细裂纹，在无损检测中即可构成超声波不能透过的阻挡层。此即缺陷透射检测法的原理，如图 8-9 所示。在检测时，把超声发射探头置于试件的一侧，而把接收探头置于试件的另一侧，并保证探头和试件之间有良好的声耦合，以及两个探头置于同一条直线上，在超声波束的通道中出现的任何缺陷都会使接收信号衰减，甚至完全消失。为保证良好的声耦合，在自动装置中采用向探头下面喷水的方法。图 8-9（a）所示的装置可在精度要求不高的情况下用于板材的粗检，许多个超声波检测探头并联安装，每个通道激励各自的笔式记录器，所绘制图形如图 8-9（b）所示。

（2）反射测试法

用反射法的脉冲回波技术检测精度较高。如图 8-10 所示，脉冲发生器通过探头将超声波脉冲向试件发射，如果有缺陷，其回波会在示波器上显示，根据示波器上的读数所获得的脉冲间隔时间即可测得缺陷的深度。这里使用的自激时基发生器要比通用示波器的复杂一些，因为在每个锯齿波终结后要等待足够长的时间，使试件中的混响逐渐平息下去，这个等待时间设在新的动作循环之前，为扫描时间的 4～5 倍。

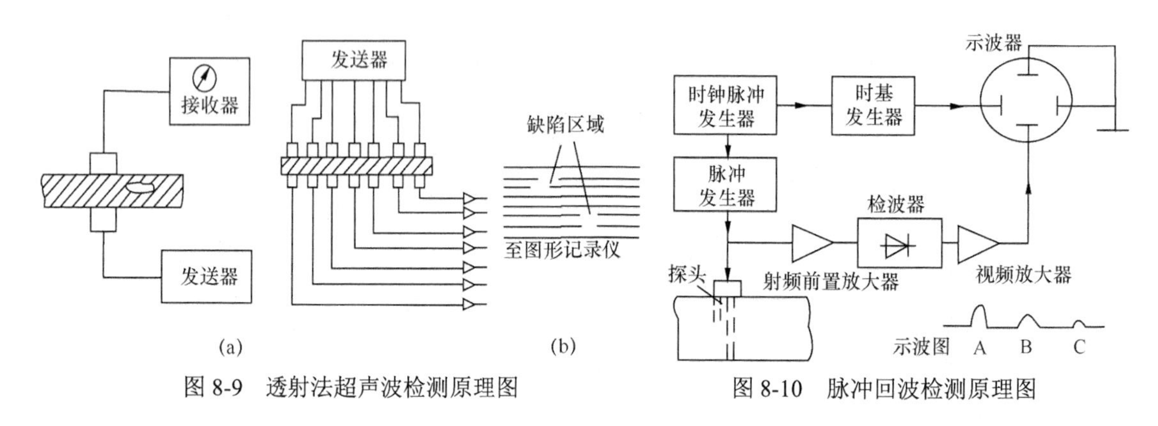

图 8-9 透射法超声波检测原理图　　图 8-10 脉冲回波检测原理图

任务三 微波传感器

【知识教学目标】

1．了解微波的概念。

2．掌握微波传感器的组成结构。

3．理解微波传感器的工作原理。

4．了解微波传感器在工程中的应用。

【技能培养目标】

1．利用微波传感器设计无损检测电路。

2．能够利用微波传感器设计应用电路。

【相关知识】

微波是波长为 1mm～1m 的电磁波，可以细分为 3 个波段：分米波、厘米波、毫米波。微波既具有电磁波的性质，又不同于普通无线电波和光波的性质，是一种相对波长较长的电磁波。图 8-11 所示为电磁波波谱。

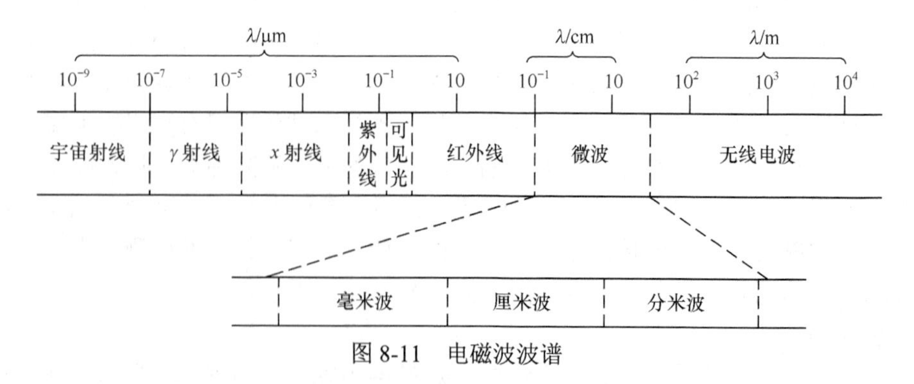

图 8-11 电磁波波谱

微波具有下列特点。

① 定向辐射的装置容易制造。

② 遇到各种障碍物易于反射。

③ 绕射能力差。

④ 传输特性好，传输过程中受烟雾、火焰、灰尘、强光的影响很小。

⑤ 介质对微波的吸收与介质的介电常数成比例，水对微波的吸收作用最强。

一、微波传感器的原理与分类

微波传感器是利用微波特性来检测某些物理量的器件或装置。由发射天线发出微波，此波遇到被测物体时将被吸收或反射，使微波功率发生变化。若利用接收天线，接收到通过被测物体或由被测物体反射回来的微波，并将它转换为电信号，再经过信号调理电路，即可以显示出被测量，实现了微波检测。根据微波传感器的原理，微波传感器可以分为反射式和遮断式两类。

1．反射式微波传感器

反射式微波传感器通过检测被测物反射回来的微波功率或经过的时间间隔来测量被测量。通常它可以测量物体的位置、位移、厚度等参数。

2．遮断式微波传感器

遮断式微波传感器是通过检测接收天线收到的微波功率大小来判断发射天线与接收天线之间有无被测物体或被测物体的厚度、含水量等参数的。

二、微波传感器的组成

微波传感器通常由微波发射器（即微波振荡器）、微波天线及微波检测器 3 部分组成。

1．微波发射器

微波发射器是产生微波的装置。由于微波波长很短，即频率很高（300MHz～300GHz），要求振荡回路中具有非常微小的电感与电容，因此不能用普通的电子管与晶体管构成微波振荡器。构成微波振荡器的器件有调速管、磁控管或某些固态器件，小型微波振荡器也可以采用体效应管。

2．微波天线

由微波振荡器产生的振荡信号通过天线发射出去。为了使发射的微波具有尖锐的方向性，天线要具有特殊的结构。常用的天线如图 8-12 所示，有喇叭形、抛物面形、介质天线与隙缝天线等。

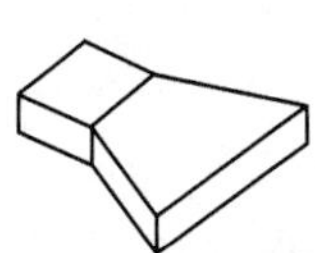

（a）扇形喇叭天线

（b）圆锥形喇叭天线

（c）旋转抛物面天线

（d）抛物柱面天线

图 8-12　常用的微波天线

喇叭形天线结构简单，制造方便，可以看作是波导管的延续。喇叭形天线在波导管与空间之间起匹配作用，可以获得最大能量输出。抛物面天线使微波发射的方向性能得到改善。

3．微波检测器

电磁波作为空间的微小电场变动而传播，所以使用电流—电压特性呈现非线性的电子元件作为探测它的敏感探头。与其他传感器相比，敏感探头在其工作频率范围内必须有足够快的响应速率。作为非线性的电子元件可用种类较多（半导体PN结元件、隧道结元件等），可根据使用情形选用。

微波传感器是一种新型的非接触传感器，具有如下特点。

① 有极宽的频谱（波长为1.0mm～1.0m）可供选用，可根据被测对象的特点选择不同的测量频率。

② 在烟雾、粉尘、水汽、化学环境以及高、低温环境中对检测信号的传播影响极小，因此可以在恶劣环境下工作。

③ 时间常数小，反应速率快，可以进行动态检测与实时处理，便于自动控制。

④ 测量信号本身就是电信号，无须进行非电量的转换，从而简化了传感器与微处理器间的接口。

⑤ 传输距离远，便于实现遥测和遥控。

⑥ 微波无显著辐射公害。

微波传感器存在的主要问题是零点漂移和标定尚未得到很好的解决。其次，测量环境对测量结果影响大，如温度、气压、取样位置等。

三、微波传感器的应用

1．微波液位计

微波液位计原理如图8-13所示。相距为S的发射天线与接受天线，相互成一定的角度。波长为λ的微波信号从被测液面反射后进入接收天线。接收天线接收到的微波功率的大小也将随着被测液面的高低不同而异。P_r为接受天线接收到的功率，即

$$P_r=\left(\frac{\lambda}{4\pi}\right)^2\frac{P_tG_tG_r}{S^2+4d^2} \qquad (8\text{-}17)$$

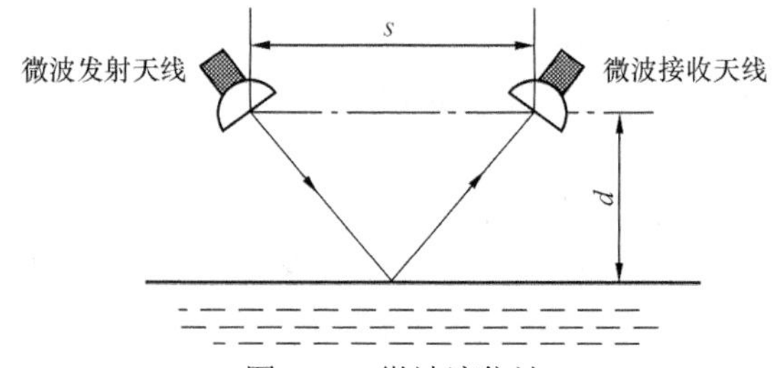

图8-13　微波液位计

式中：d——两天线与被测液面间的垂直距离；

P_t——发射天线发射的功率；

G_t——发射天线的增益；

G_r——接收天线的增益。

2．微波湿度传感器

水分子是极性分子，常态下成偶极子形式杂乱无章地分布着。在外电场作用下，偶极子会形成定向排列。当微波场中有水分子时，偶极子受场的作用而反复取向，不断从电场中得到能量（储能），又不断释放能量（放能），前者表现为微波信号的相移，后者表现为微波衰减。这个特性可用水分子自身介电常数ε来表征，即

$$\varepsilon = \varepsilon' + \alpha\varepsilon'' \tag{8-18}$$

式中：ε' ——储能的度量；

ε'' ——衰减的度量；

α ——常数。

ε' 与 ε'' 不仅与材料有关，还与测试信号频率有关，所以极性分子均有此特性。一般干燥的物体，如木材、皮革、谷物、纸张、塑料等，其 ε' 在 1～5 范围内，而水的 ε' 则高达 64，因此如果材料中含有少量水分子时，其复合 ε' 将显著上升，ε'' 也有类似性质。

使用微波传感器，测量干燥物体与含一定水分的潮湿物体所引起的微波信号的相移与衰减量，就可以换算出物体的含水量。

图 8-14 所示为测量酒精含水量仪器的方框图。图中，MS 产生的微波功率经分功率器分成两路，再经衰减器 A_1、A_2 分别注入两个完全相同的转换器 T_1、T_2 中。其中，T_1 放置无水酒精，T_2 放置被测样品。相位与衰减测定仪（PT、AT）分别反复接通两电路（T_1 和 T_2）输出，自动记录与显示它们之间的相位差与衰减差，从而确定样品酒精的含水量。

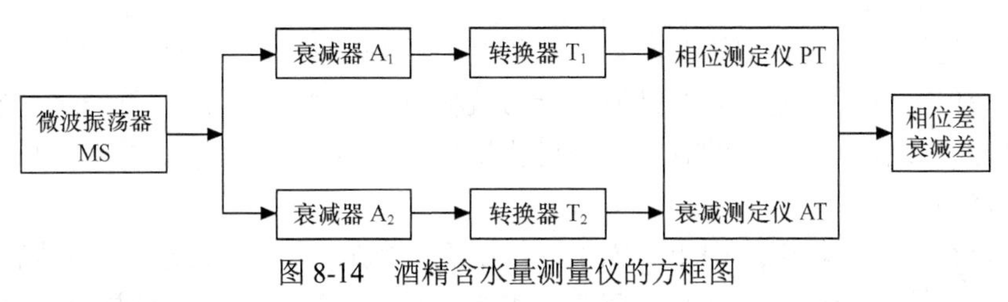

图 8-14　酒精含水量测量仪的方框图

3．微波测厚仪

微波测厚仪利用微波在传播过程中遇到被测物体金属表面被反射，且反射波的波长与速率都不变的特性进行测厚。

微波测厚仪原理如图 8-15 所示，在被测金属物体上下两表面各安装一个终端器。微波信号源发出的微波，经过环行器 A、上传输波导管传输到上终端器，由上终端器发射到被测物体上表面上，微波在被测物体上表面全反射后又回到上终端器，再经过传输导管、环行器 A、下传输波导管传输到下终端器。由下终端器发射到被测物体下表面的微波，经全反射后又回到下终端器，再经过传输导管回到环行器 A。因此被测物体的厚度与微波传输过程中的行程长度有密切关系，当被测物体厚度增加时，微波传输的行程长度便减小。

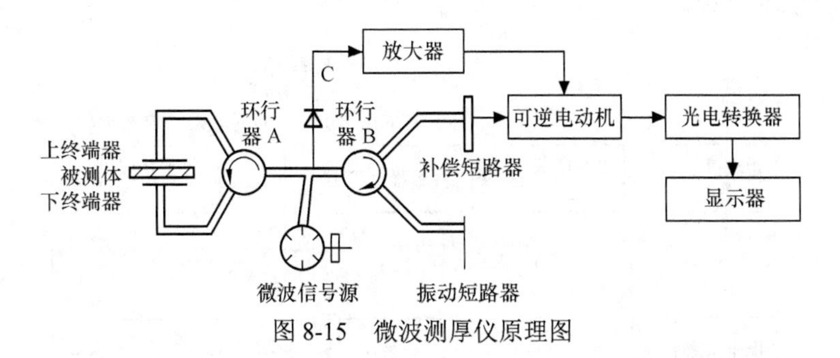

图 8-15　微波测厚仪原理图

一般情况下，微波传输行程长度的变化非常微小。为了精确地测量出这一微小变化，通常采用微波自动平衡电桥法，即以前面讨论的微波传输行程作为测量臂，完全模拟测量臂微波的传输行程设置一个参考臂（见图 8-15 右部）。若测量臂与参考臂行程完全相同，则反相叠加的微波经过检波器 C 检波后，输出为零。若两臂行程长度不同，两路微波叠加后不能相互抵消，经检波器后便有不平衡信号输出。此不平衡差值信号经放大后控制可逆电动机旋转，带动补偿短路器产生位移，改变补偿短路器的长度，直到两臂行程长度完全相同，放大器输出为零，可逆电动机停止转动为止。

补偿短路器的位移与被测物厚度增加量之间的关系式为

$$\Delta S=L_B-(L_A-\Delta L_A)=L_B-(L_A-\Delta h)=\Delta h \tag{8-19}$$

式中：L_A——电桥平衡时测量臂行程长度；

L_B——电桥平衡时参考臂行程长度；

ΔL_A——被测物厚度变化Δh 后引起的测量臂行程长度变化值；

Δh——被测物厚度变化；

ΔS——补偿短路器位移值。

由式（8-19）可知，补偿短路器位移值ΔS 即为被测物厚度变化值Δh。

4．微波无损检测

微波无损检测是综合利用微波与物质的相互作用进行的，一方面微波在不连续界面处会产生反射、散射、透射，另一方面微波还能与被检材料产生相互作用，此时的微波场会受到材料中的电磁参数和几何参数的影响。通过测量微波信号基本参数的改变即可达到检测材料内部缺陷的目的。

复合材料在工艺过程中，由于增强了纤维的表面状态、树脂黏度、低分子物含量、线性高聚物向体型高聚物转化的化学反应速率、树脂与纤维的浸渍性、组分材料热膨胀系数的差异以及工艺参数控制的影响等因素，因此，在复合材料制品中难免会出现气孔、疏松、树脂开裂、分层、脱粘等缺陷。这些缺陷在复合材料制品中的位置、尺寸以及在温度和外载荷作用下对产品性能的影响，可用微波无损检测技术进行评定。

微波无损检测系统主要由天线、微波电路、记录仪等部分组成，如图 8-16 所示。当以金属介质内的气孔作为散射源，产生明显的散射效应时，最小气隙的半径与波长的关系符合下列公式，即

$$Ka\approx 1 \tag{8-20}$$

式中：K——$K=2\pi/\lambda$，其中λ为波长；

a——气隙的半径。

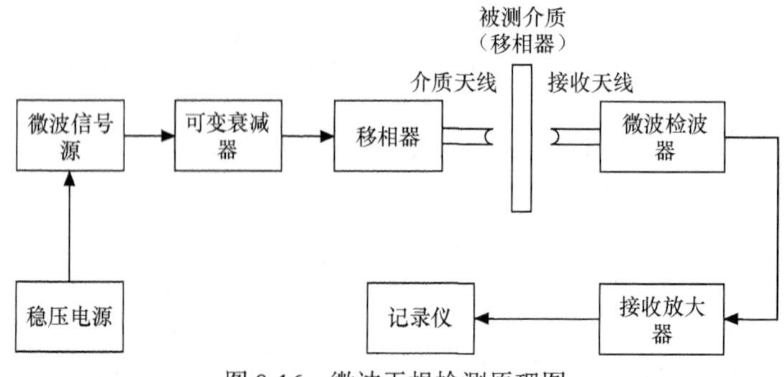

图 8-16　微波无损检测原理图

当微波的工作频率为 36.5GHz 时，a=1.0mm，也就是说，λ = 6mm 时，可检出的孔隙的最小直径约为 2.0mm。从原理上讲，当微波波长为 1mm 时，可检出最小的孔径大约为 0.3mm。通常，根据所需检测的介质中最小气隙的半径来确定微波的工作频率。

任务布置

课外学习

1．利用超声波传感器设计一个倒车防撞报警器。

要求：设计方案正确，具体可行，有设计电路。

2．利用超声波传感器设计金属材料无损探伤的应用电路。

要求：设计方案正确，具体可行，有设计电路。

3．利用微波传感器设计金属材料无损探伤的应用电路。

要求：设计方案正确，具体可行，有设计电路。

课后习题

1．超声波在介质中传播具有哪些特性?

2．超声波传感器有哪几部分组成?

3．超声波发送器利用什么原理工作？

4．超声波接收器利用什么原理工作？

5．简述超声波传感器测量流量的工作原理，并推导出数学表达式。

6．已知超声波传感器垂直安装在被测介质底部，超声波在被测介质中的传播速率为 1460m/s，测得时间间隔为 28μs，试求物位高度。

7．超声波探伤有何优点，还有哪些传感器可以对工件进行无损探伤？

8．微波传感器有哪些特点？微波传感器如何分类？

9．微波天线有哪几种类型？

10．微波无损检测是如何进行测量的？

单元九
半导体传感器

半导体传感器是典型的物理型传感器，它是通过某些材料的电特性的物性变化来实现被测量的直接转换的。半导体材料的导电能力的大小，是由半导体内载流子数目决定的。利用被测量来改变半导体内载流子数目，就可以构成以半导体材料作为敏感元件的各种传感器。

任务一　气敏传感器

【知识教学目标】

1．了解气敏传感器的应用领域。

2．掌握气敏传感器的组成结构。

3．理解气敏传感器的工作原理。

4．了解气敏传感器在工程中的应用。

【技能培养目标】

1．测试气敏传感器性能指标。

2．能够利用气敏传感器设计煤气泄漏报警器。

【相关知识】

气敏传感器是用来检测气体类别、浓度和成分的传感器。由于气体种类繁多，性质各不相同，不可能用一种传感器检测所有类别的气体，因此，能实现气—电转换的传感器种类很多。按构成材料气敏传感器可分为半导体和非半导体两大类。目前实际使用最多的是半导体气敏传感器。

半导体气敏传感器是利用待测气体与半导体表面接触时，产生的电导率等物理性质变化来检测气体的。按照半导体与气体相互作用时产生的变化只限于半导体表面或深入到半导体内部，可分为表面控制型和体控制型。前者半导体表面吸附的气体与半导体间发生电子接收，结果使半导体的电导率等物理性质发生变化，但内部化学组成不变；后者半导体与气体的反应，使半导体内部组成发生变化，而使电导率变化。按照半导体变化的物理特性，又分为电阻型和非电阻型。电阻型半导体气敏元件是利用敏感材料接触气体时，其阻值变化来检测气体的成分或浓度；非电阻型半导体气敏元件是利用其他参数，如二极管伏安特性和场效应晶体管的阈值电压变化来检测被测气体的。表 9-1 所示为半导体气敏元件的分类。

表 9-1　　半导体气敏元件的分类

	主要物理特性	类　　型	检测气体	气敏元件
电阻型	电阻	表面控制型	可燃性气体	SnO_2、ZnO 等的烧结体、薄膜、厚膜
		体控制型	酒精	氧化镁，SnO_2
			可燃性气体	氧化钛（烧结体）
			氧气	T-Fe_2O_3
非电阻型	二极管整流特性	表面控制型	氢气	铂—硫化镉
			一氧化碳	铂—氧化钛
			酒精	金属—半导体结型二极管
	晶体管特性		氢气、硫化氢	MOS

气敏传感器是暴露在各种成分的气体中使用的，由于检测现场温度、湿度的变化很大，又存在大量粉尘和油雾等，所以其工作条件较恶劣，而且气体与传感元件的材料接触后会产生化学反应物，附着在元件表面，往往会使其性能变差。因此，对气敏元件有下列要求：能长期稳定工作、重复性好、响应速度快、共存物质产生的影响小等。用半导体气敏元件组成

的气敏传感器主要用于工业上的天然气、煤气、石油化工等部门的易燃、易爆、有毒等有害气体的监测、预报和自动控制。

一、半导体气敏传感器的机理

半导体气敏传感器是利用气体在半导体表面的氧化和还原反应导致敏感元件阻值变化而制成的。当半导体器件被加热到稳定状态，在气体接触半导体表面而被吸附时，被吸附的分子首先在表面物性自由扩散，失去运动能量，一部分分子被蒸发掉，另一部分残留分子产生热分解而固定在吸附处（化学吸附）。当半导体的功函数小于吸附分子的亲和力（气体的吸附和渗透特性）时，吸附分子将从器件夺得电子而变成负离子吸附，半导体表面呈现电荷层。例如氧气等具有负离子吸附倾向的气体被称为氧化型气体或电子接收性气体。如果半导体的功函数大于吸附分子的离解能，吸附分子将向器件释放出电子，而形成正离子吸附。具有正离子吸附倾向的气体有H_2、CO、碳氢化合物和醇类，它们被称为还原型气体或电子供给性气体。

当氧化型气体吸附到N型半导体上，还原型气体吸附到P型半导体上时，将使半导体载流子减少，从而使电阻值增大。当还原型气体吸附到N型半导体上，氧化型气体吸附到P型半导体上时，则载流子增多，使半导体电阻值下降。图9-1所示为气体接触N型半导体时所产生的器件阻值变化情况。由于空气中的含氧量大体上是恒定的，因此氧的吸附量也是恒定的，器件阻值也相对固定。若气体浓度发生变化，其阻值也将变化。根据这一特性，可以从阻值的变化得知吸附气体的种类和浓度。半导体气敏时间（响应时间）一般不超过1min。N型材料有SnO_2、ZnO、TiO等，P型材料有MoO_2、CrO_3等。

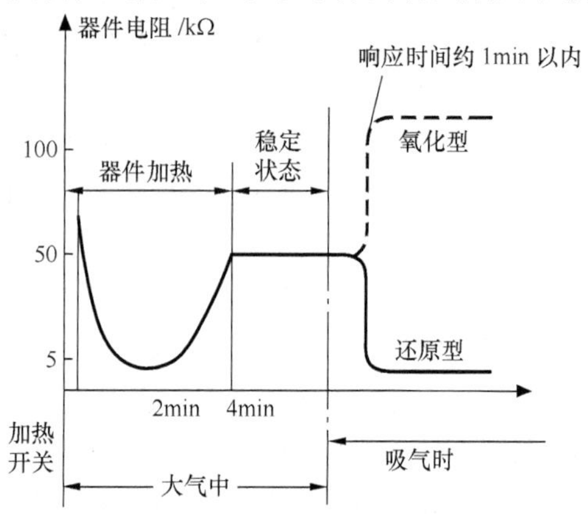

图9-1　N型半导体吸附气体时的器件阻值变化图

二、半导体气敏传感器类型及结构

1．电阻型半导体气敏传感器结构和类型

半导体气敏传感器一般由3部分组成：敏感元件、加热器和外壳。按其制造工艺来分有烧结型、薄膜型和厚膜型3类。它们的典型结构如图9-2所示。

图9-2（a）所示为烧结型气敏器件。这类器件以SnO_2半导体材料为基体，将铂电极和加热丝埋入SnO_2材料中，用加热、加压、温度为700℃～900℃的制陶工艺烧结成形，因此，被称为半导体陶瓷，简称半导瓷。半导瓷内的晶粒直径为1μm左右，晶粒的大小对电阻有一定影响，但对气体检测灵敏度则无很大的影响。烧结型器件制作方法简单，器件寿命长；但由于烧结不充分，器件机械强度不高，电极材料较贵重，电性能一致性较差，因此应用受到一定限制。

图9-2（b）所示为薄膜型器件。它采用蒸发或溅射工艺，在石英基片上形成氧化物半导体薄膜（其厚度在100nm以下），制作方法也很简单。实验证明，SnO_2半导体薄膜的气敏特性最好，但这种半导体薄膜为物理性附着，因此器件间性能差异较大。

图9-2（c）所示为厚膜型器件。这种器件是将氧化物半导体材料与硅凝胶混合制成能印刷的厚膜胶，再把厚膜胶印刷到装有电极的绝缘基片上，经烧结制成的。这种工艺制成的元件

机械强度高、离散度小，适合大批量生产。

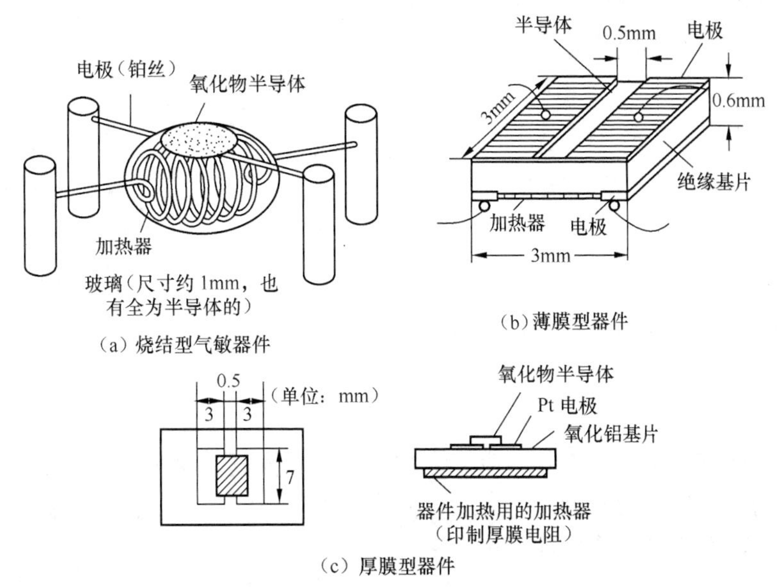

（a）烧结型气敏器件

（b）薄膜型器件

（c）厚膜型器件

图 9-2　气敏半导体传感器的器件结构

这些器件全部附有加热器，它的作用是将附着在敏感元件表面上的尘埃、油雾等烧掉，加速气体的吸附，从而提高器件的灵敏度和响应速率。加热器的温度一般控制在 200℃～400℃。

由于加热方式一般有直热式和旁热式两种，因而分为直热式和旁热式气敏元件。直热式气敏元件的结构及符号如图 9-3 所示。直热式器件是将加热丝、测量丝直接埋入 SnO_2 或 ZnO 等粉末中烧结而成的，工作时加热丝通电，测量丝用于测量器件阻值。这类器件制造工艺简单、成本低、功耗小，可以在高电压回路下使用，但热容量小，易受环境气流的影响，测量回路和加热回路间没有隔离从而会相互影响。国产 QN 型和日本费加罗 TGS#109 型气敏传感器均属此类结构。

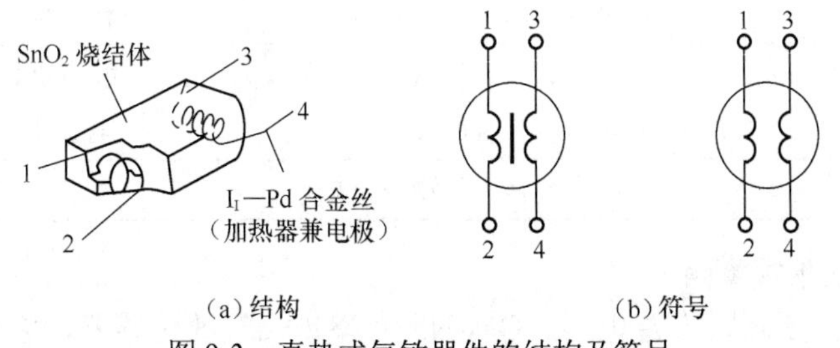

（a）结构

（b）符号

图 9-3　直热式气敏器件的结构及符号

旁热式气敏器件的结构及符号如图 9-4 所示，它的特点是将加热丝放置在一个陶瓷管内，管外涂梳状金电极作测量极，在金电极外涂上 SnO_2 等材料，旁热式结构的气敏传感器克服了直热式结构的缺点，使测量极和加热极分离，而且加热丝不与气敏材料接触，避免了测量回路和加热回路的相互影响，器件热容量大，降低了环境温度对器件加热温度的影响，所以这类结构器件的稳定性、可靠性都较直热式器件好，国产 QM-N5 型和日本费加罗 TGS# 812、TGS#813 型等气敏传感器都采用这种结构。

2．测量电路

SiO_2 气敏器件所用检测电路如图 9-5 所示。当所测气体浓度变化时，气敏器件的阻值发生变化，从而使输出发生变化。

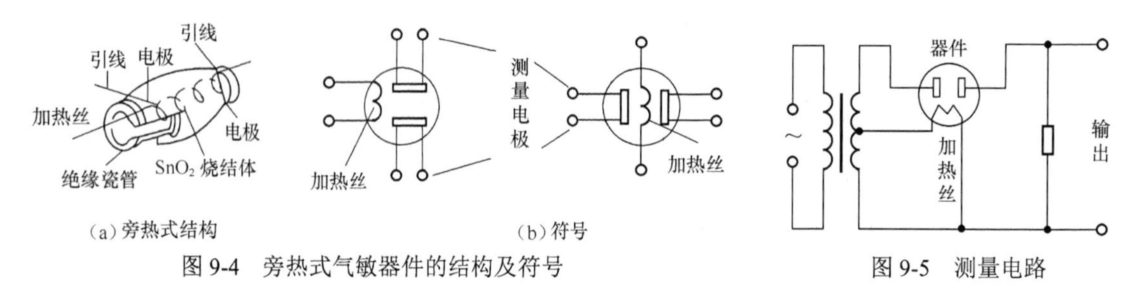

图 9-4　旁热式气敏器件的结构及符号

图 9-5　测量电路

三、气敏传感器应用

半导体气敏传感器由于具有灵敏度高、响应时间和恢复时间快、使用寿命长以及成本低等优点，从而得到了广泛的应用。其用途可分为：气体泄漏报警、自动控制、自动测试等。表 9-2 给出了半导体气敏传感器的应用举例。

表 9-2　　半导体气敏传感器的各种检测对象气体

分　类	检测对象气体	应 用 场 所
爆炸性气体	液化石油气、城市用煤气 甲烷、可燃性煤气	家庭 煤矿、办事处
环境气体	氧气、二氧化碳、 水蒸气（调节温度、防止结露） 大气污染	家庭、办公室 电子设备、汽车 温室
有害气体	一氧化碳（不完全燃烧的煤气） 硫化氢、含硫的有机化合物 卤素、卤化物、氨气等	煤气灶 特殊场合 特殊场合
工业气体	氧气、一氧化碳 水蒸气（食品加工）	发电机、锅炉 电炊灶
其他	呼出气体中的酒精、烟	

1．矿井瓦斯超限报警器

图 9-6 所示为瓦斯超限报警电路。QM-N5 为旁热式气敏传感器，它和 R_1、RP 组成瓦斯气体检测电路，晶体管 VS 作为无触点电子开关。LC179 型三模拟声报警专用集成电路，它采用双列 8 脚直插塑料硬封装，电路可靠性好；内部集成了功率放大器，可直接驱动扬声器发声；可产生 3 种不同的模拟报警声响，是制作各种报警器的良好声源。LC179 的第 1、2 脚为外接振荡电阻器端，增减所接电阻器的阻值可改变发声音调；第 3 脚为负电源端；第 4 脚为音频输出端；第 5 脚为正电源端；第 6、7 脚为空脚端；第 8 脚为选声端。当第 8 脚“悬空”时，可产生模拟警车电笛声；当接电源正端时，可产生模拟消防车电笛声；当接电源负端时，可产生模拟救护车电笛声。LC179 的主要电参数：工作电压范围 3～4.5V，工作电流＜150μA，

最大输出电流可达 150mA，工作温度范围−10℃～60℃。

当无瓦斯或瓦斯浓度很低时，QM-N5 的 A-B 极间电阻很大，电位器 RP 滑动触点电压小于 0.7V，VS 不被触发，警笛电路无电源不发声；当瓦斯气体超过安全标准时，A-B 极间电阻迅速减小，当 RP 滑动触点电压大于 0.7V 时，VS 被触发导通，警笛电路得电，发出报警声。

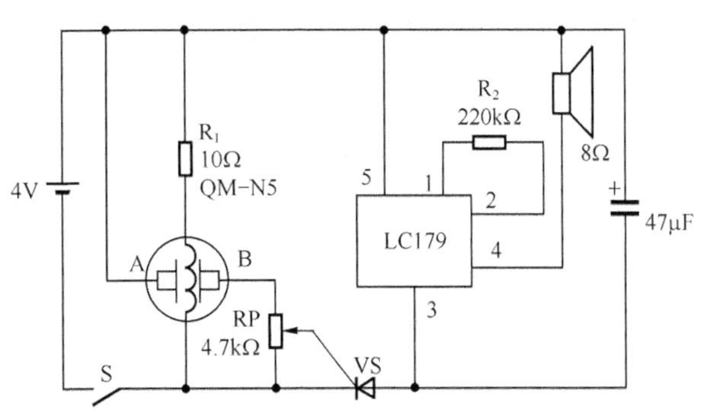

图 9-6　矿井瓦斯超限报警器

2．有害气体报警电路

图 9-7（a）所示为有害气体报警电路。电路中晶体管 VT 采用 U850，它是一种高增益的达林顿晶体管。在纯洁的空气中，气敏传感器的 A-B 间内阻较大，此时 B 点为低电位，VT 不导通，因此，KD9561 无工作电流而不报警。当传感器接触到有害可燃气体后，A-B 间电阻变小，B 点电位升高并向 C_2 充电，当充电电位达到 U850 导通电位（约 1.4V）时，VT 导通，驱动报警器 KD9561 报警。一旦有害气体浓度降低，使 B 电位低于 1.4V 时，VT 截止，报警解除。若将本电路的负载改为继电器，如图 9-7（b）所示，即可成为自动排气控制装置。

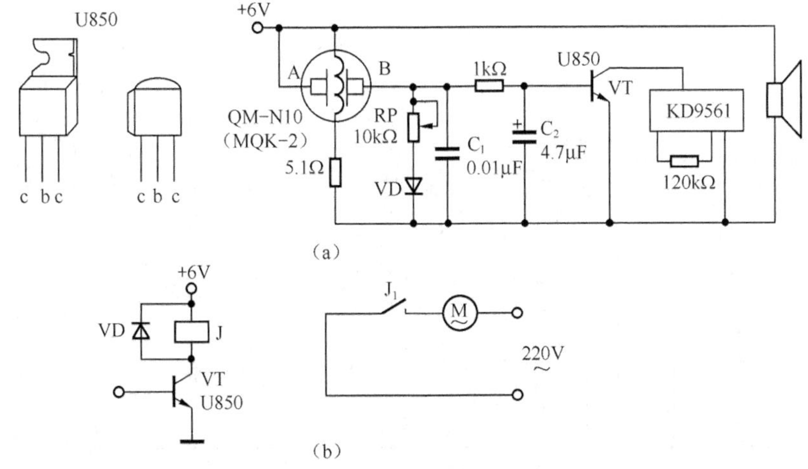

图 9-7　有害气体报警电路

3．实用酒精测试仪

图 9-8 所示为实用酒精测试仪的电路。使用时，只要被试者向测试仪的传感器吹一口气，便可显示出醉酒的程度，确定被试者是否适宜驾驶车辆。气体传感器选用二氧化锡气敏元件。当气体传感器探测不到酒精时，加在 A 的第 5 脚电平为低电平；当气体传感器探测到酒精时，其内阻变低，从而使 A 的第 5 脚电平变高。A 为显示推动器，它共有 10 个输出端，每个输出端可以驱动一个发光二极管，显示推动器 A 根据第 5 脚电压高低来确定依次点亮发光二极管的级数，酒精含量越高则点亮二极管的级数越大。上面 5 个发光二极管为红色，表示超过安全水平，酒精含量不超过 0.05%。

4．防酒后驾车控制器

图 9-9 所示为防止酒后驾车控制器原理图，图中 QM-J1 为旁热式气敏传感器元件。若司

机没有喝酒，或酒精浓度较低时，在驾驶室内合上开关 S，此时气敏器件间电阻很高，U_a 为高电平，则 U_1 为低电平，555 定时器截止，U_3 为高电平，K_2 线圈失电，其常闭触点 K_{2-2} 闭合，绿灯 VD_1 亮，常闭触点 K_{2-1} 闭合，发动机点火启动。

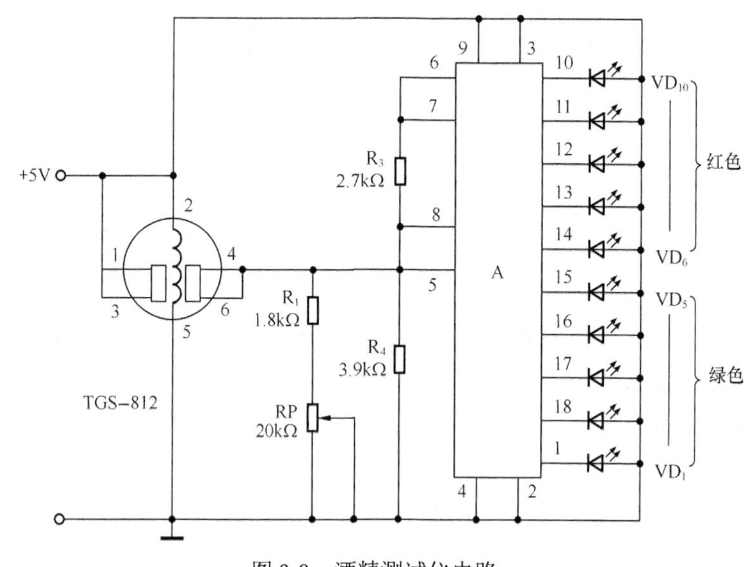

图 9-8　酒精测试仪电路

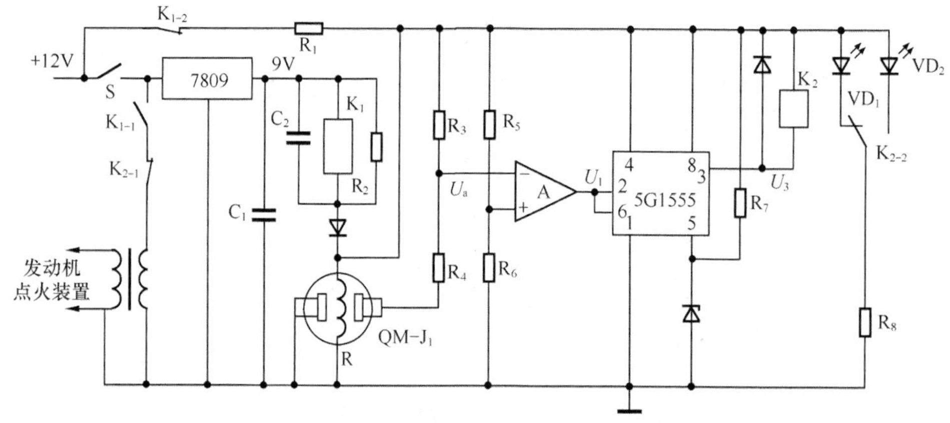

图 9-9　防止酒后驾车控制器原理图

若司机酗酒，气敏器件阻值急剧下降，使 U_a 为低电平，则 U_1 为高电平，555 定时器导通，U_3 为低电平，继电器 K_2 带电吸合，K_{2-2} 常闭触点断开，常开触点闭合，红灯 VD_2 亮，以示警告，常闭触点 K_{2-1} 断开，发动机无法启动。

若司机拔出器敏器件，则继电器 K_1 失电，其常开触点 K_{1-1} 断开，仍然无法启动发动机。常闭触点 K_{1-2} 的作用是长期加热气敏器件，保证控制器处于准备工作的状态。

任务二　湿敏传感器

【知识教学目标】

1．了解湿度的概念。

2．掌握湿敏传感器的组成结构。

3．理解湿敏传感器的工作原理。

4．了解湿敏传感器在工农业中的应用。

【技能培养目标】

1．了解湿度的测量方法。

2．能够利用湿敏传感器设计智能空气加湿器。

【相关知识】

湿度是指大气中的水蒸气含量，通常采用绝对湿度和相对湿度两种表示方法。绝对湿度是指在一定温度和压力条件下，每单位体积的混合气体中所含水蒸气的质量，单位为 g/m^3，一般用符号 AH 表示。相对湿度是指气体的绝对湿度与同一温度下达到饱和状态的绝对湿度之比，一般用符号%RH 表示。相对湿度给出大气的潮湿程度，它是一个无量纲的量，在实际使用中多使用相对湿度这一概念。

湿敏传感器是能够感受外界湿度变化，并通过器件材料的物理或化学性质变化，将湿度转化成有用信号的器件。湿度检测较之其他物理量的检测显得困难，这首先是因为空气中水蒸气含量要比空气少得多；另外，液态水会使一些高分子材料和电解质材料溶解，一部分水分子电离后与溶入水中的空气中的杂质结合成酸或碱，使湿敏材料不同程度地受到腐蚀和老化，从而丧失其原有的性质；再者，湿度信息的传递必须靠水对湿敏器件直接接触来完成，因此湿敏器件只能直接暴露于待测环境中，不能密封。通常，对湿敏器件有下列要求：在各种气体环境下稳定性好，响应时间短，寿命长，有互换性，耐污染和受温度影响小等。微型化、集成化及廉价是湿敏器件的发展方向。

湿度的检测已广泛用于工业、农业、国防、科技、生活等各个领域，湿度不仅与工业产品质量有关，而且是环境条件的重要指标。

下面介绍一些现已发展得比较成熟的几类湿敏传感器。

一、氯化锂湿敏电阻

氯化锂湿敏电阻是利用吸湿性盐类潮解，离子导电率发生变化而制成的测湿元件。它由引线、基片、感湿层与电极组成，如图 9-10 所示。

氯化锂通常与聚乙烯醇组成混合体，在氯化锂（LiCl）溶液中，Li 和 Cl 均以正负离子的形式存在，而 Li^+对水分子的吸引力强，离子水合程度高，其溶液中的离子导电能力与浓度成正比。当溶液置于一定温湿场中，若环境相对湿度高，溶液将吸收水分，使浓度降低，因此，其溶液电阻率增高。反之，环境相对湿度变低时，则溶液浓度升高，其电阻率下降，从而实现对湿度的测量。氯化锂湿敏元件的电阻—湿度特性曲线如图 9-11 所示。

由图 9-11 可知，在 50%～80%RH 相对湿度范围内，电阻与湿度的变化呈线性关系。为了扩大湿度测量的线性范围，可以将多个氯化锂（LiCl）含量不同的器件组合使用，如将测量范围分别为（10%～20%）RH、（20%～40%）RH、（40%～70%）RH、（70%～90%）RH 和（80%～99%）RH 这 5 种器件配合使用，就可自动地转换完成整个湿度范围的湿度测量。

氯化锂湿敏元件的优点是滞后小，不受测试环境风速影响，检测精度高达±5%，但其耐热性差，不能用于露点以下测量，器件性能重复性不理想，使用寿命短。

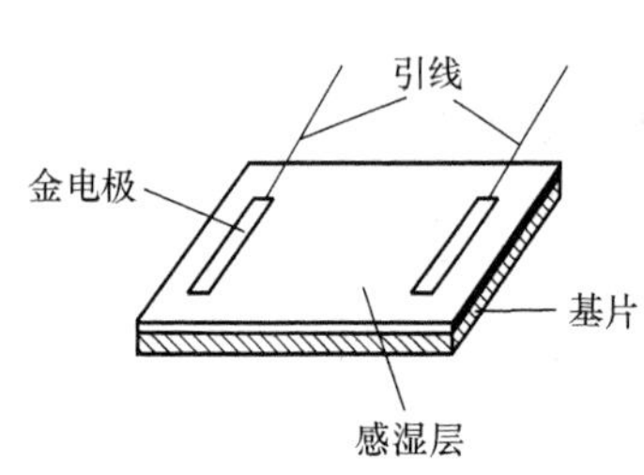

图 9-10　湿敏电阻结构示意图

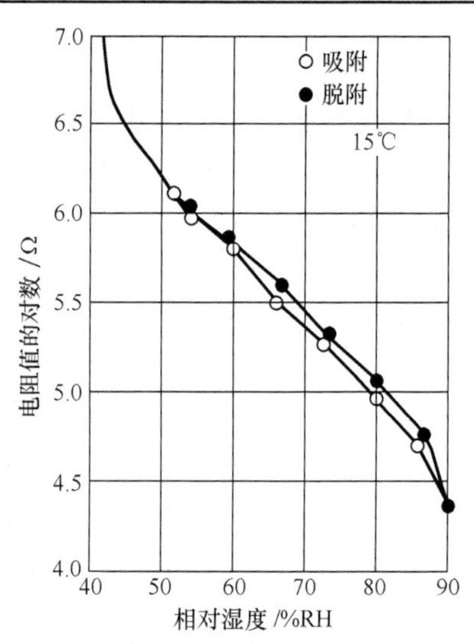

图 9-11　氯化锂湿度—电阻特性曲线

二、半导体陶瓷湿敏电阻

通常，用两种以上的金属氧化物半导体材料混合烧结而成为多孔陶瓷。这些材料有 ZnO—LiO_2—V_2O_5 系、Si—Na_2O—V_2O_5 系、TiO_2—MgO—Cr_2O_3 系、Fe_3O_4 等，前 3 种材料的电阻率随湿度增加而下降，故称为负特性湿敏半导体陶瓷，最后一种的电阻率随湿度增加而增大，故称为正特性湿敏半导体陶瓷（以下简称半导瓷）。

1．$MgCr_2O_4$—TiO_2 湿敏元件

氧化镁复合氧化物—二氧化钛湿敏材料通常制成多孔陶瓷型“湿—电”转换器件，它是负特性半导瓷，$MgCr_2O_4$ 为 P 型半导体，它的电阻率低，阻值温度特性好，结构如图 9-12 所示。在 $MgCr_2O_4$—TiO_2 陶瓷片的两面涂覆有多孔金电极，金电极与引出线烧结在起。为了减少测量误差，在陶瓷片外设置有由镍铬丝制成的加热线圈，以便对器件加热清洗，排除恶劣气氛对器件的污染。整个器件安装在陶瓷基片上，电极引线一般采用铂—铱合金。

$MgCr_2O_4$—TiO_2 陶瓷湿度传感器的相对湿度与电阻值之间的关系如图 9-13 所示。传感器的电阻值既随所处环境的相对湿度的增加而减小，又随周围环境温度的变化而有所变化。

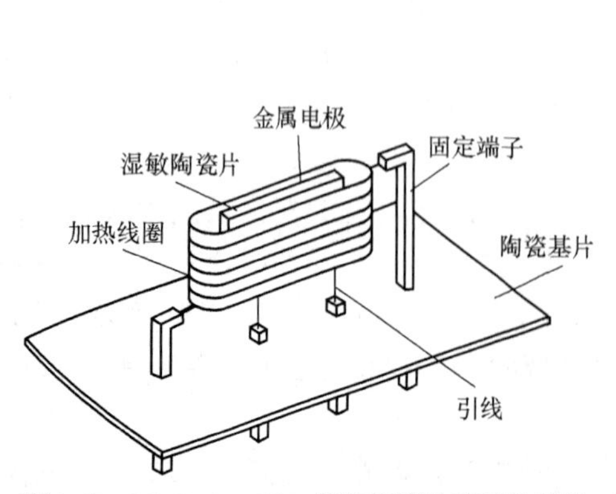

图 9-12　$MgCr_2O_4$—TiO_2 陶瓷湿度传感器的结构

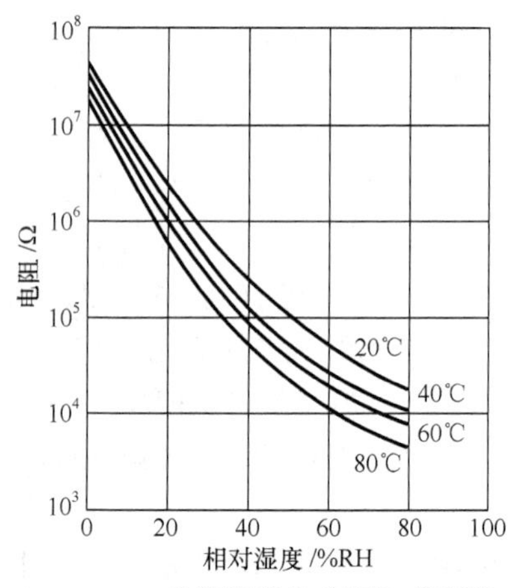

图 9-13　$MgCr_2O_4$—TiO_2 陶瓷湿度传感器相对湿度与电阻的关系

2．$ZnO—Cr_2O_3$ 陶瓷湿敏元件

$ZnO—Cr_2O_3$ 湿敏元件的结构是将多孔材料的金电极烧结在多孔陶瓷圆片的两表面上，并焊上铂引线，然后将敏感元件装入有网眼过滤的方形塑料盒中用树脂固定，其结构如图 9-14 所示。

$ZnO—Cr_2O_3$ 传感器能连续稳定地测量湿度，而无须加热除污装置，因此功耗低于 0.5W，体积小，成本低，是一种常用测湿传感器。

3．四氧化三铁（Fe_3O_4）湿敏器件

四氧化三铁湿敏器件由基片、电极和感湿膜组成，器件构造如图 9-15 所示。基片材料选用滑石瓷，光洁度为▽10～11，该材料的吸水率低，机械强度高，化学性能稳定。在基片上制作一对梭状金电极，然后将预先配制好的 Fe_3O_4 胶体液涂覆在梭状金电极的表面，进行热处理和老化。Fe_3O_4 胶体之间的接触呈凹状，粒子间的空隙使薄膜具有多孔性，当空气相对湿度增大时，Fe_3O_4 胶膜吸湿，由于水分子的附着，强化颗粒之间的接触，降低粒间的电阻和增加更多的导流通路，所以元件阻值减小。当处于干燥环境中，胶膜脱湿，粒间接触面减小，元件阻值增大。当环境温度不同时，涂覆膜上所吸附的水分也随之变化，使梭状金电极之间的电阻产生变化。

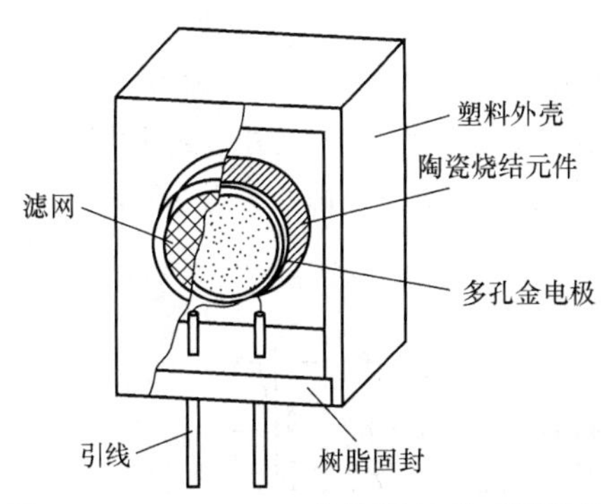

图 9-14　$ZnO—Cr_2O_3$ 陶瓷湿敏传感器结构

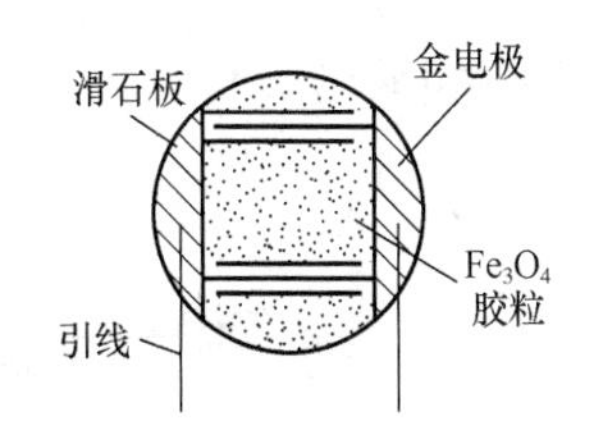

图 9-15　Fe_3O_4 湿敏元件构造

Fe_3O_4 湿敏器件在常温、常湿条件下性能比较稳定，有较强的抗结露能力，测湿范围广，有较为一致的湿敏特性和较好的温度—湿度特性，但该类器件有较明显的湿滞现象，响应时间长，吸湿过程（60%RH→98%RH）需要 2min，脱湿过程（98%RH→12%RH）需 5～7min。

三、湿敏传感器的应用

1．直读式湿度计

图 9-16 所示为直读式湿度计电路，其中 RH 为氯化锂湿度传感器。VT_1、VT_2、T_1 等组成测湿电桥的电源，其振荡频率为 250～1000Hz。电桥输出经变压器 T_2、C_3 耦合到 VT_3、经 VT_3 放大后的信号，由 VD_1～VD_4 桥式整流后，输入给微安表，指示出由于相对湿度的变化引起电流的改变，经标定并把湿度刻划在微安表盘上，就成为一个简单而实用的直读式湿度计了。

2．自动喷灌控制器电路工作原理

本例介绍的自动喷灌控制器由分立元器件组成，它也是通过检测土壤的湿度来实现对植物喷灌设施的自动控制。

该控制器电路由电源电路、湿度检测电路和控制电路组成，如图 9-17 所示。

电源电路由电源变压器 T、整流桥 UR、隔离二极管 VD_2、稳压二极管 VS 和滤波电容器 C_1、C_2 等组成。

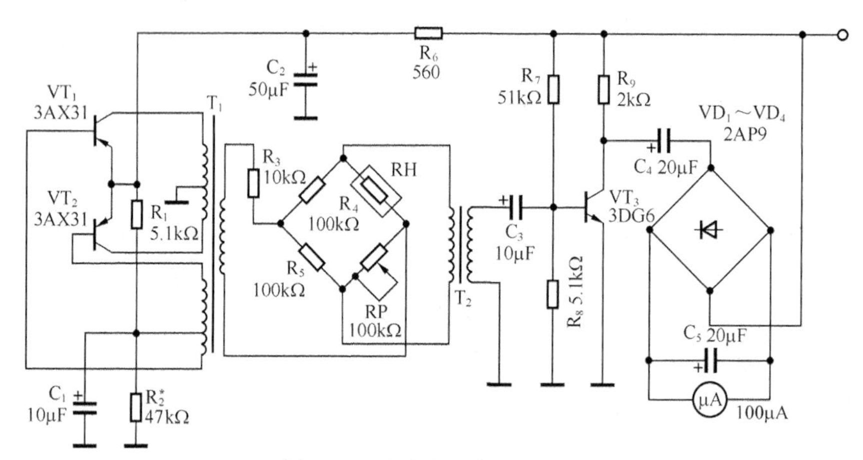

图 9-16　直读式湿度计电路图

交流 220V 电压经 T 降压、UR 整流后，在滤波电容器 C_2 两端产生直流 6V 电压。该电压一路供给微型水泵的直流电动机（采用交流电动机的大、中型水泵使用交流 220V 电源供电，如图 9-17 中虚线所示）；另一路经 VD_2 降压、VS 稳压和 C_1 滤波后，产生+5.6V 电压，供给 VT_1～VT_3 和继电器 K。

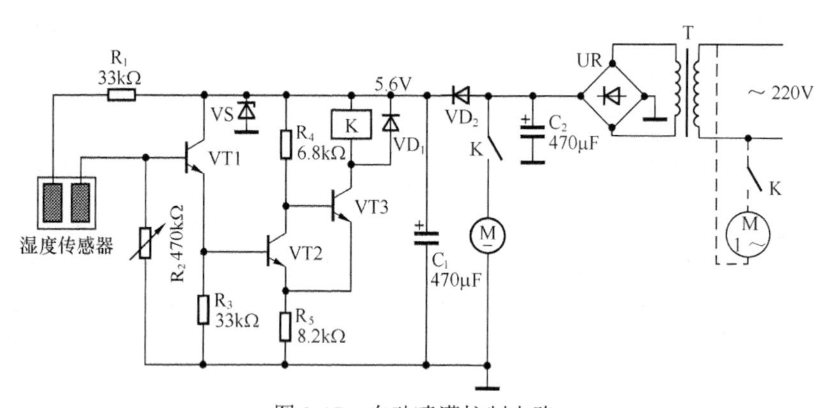

图 9-17　自动喷灌控制电路

湿度传感器插在土壤中，对土壤湿度进行检测。当土壤湿度较高时，湿度传感器两电极之间的电阻值较小，使 VT_1、VT_2 导通，VT_3 截止，继电器 K 不吸合，水泵电动机 M 不工作。当土壤湿度变小，使湿度传感器两电极之间的电阻值增大至一定值时，VT_1 和 VT_2 将截止，使 VT_3 导通，继电器 K 吸合，其常开触头 K 接通，使水泵电动机 M 通电，喷水设施开始工作。当土壤中的水分增加到一定程度，湿度传感器两电极间的电阻值减小至一定值时，VT_1 和 VT_2 又导通，使 VT_3 截止，继电器 K 释放，水泵电动机 M 停转。当土壤水分减少至一定程度时，将重复进行上述过程，从而使土壤保持较恒定的湿度。

3．砖坯水分检测器电路工作原理

在砖瓦烧制过程中，需要对砖坯含水量进行检测与控制。传统的方法是利用砖坯烘干前后称重来计算砖坯的水分，但此方法操作繁琐且分选时间较长。本例介绍的砖坯水分检测器，可以快速检测出砖坯水分，在砖坯含水量过多或过少时，会发出声光报警，可用于砖坯的现场检测与分选。

该检测器电路由湿度检测探头、稳压基准电源、比较器、开关电路和声光报警电路组成，如图 9-18 所示。

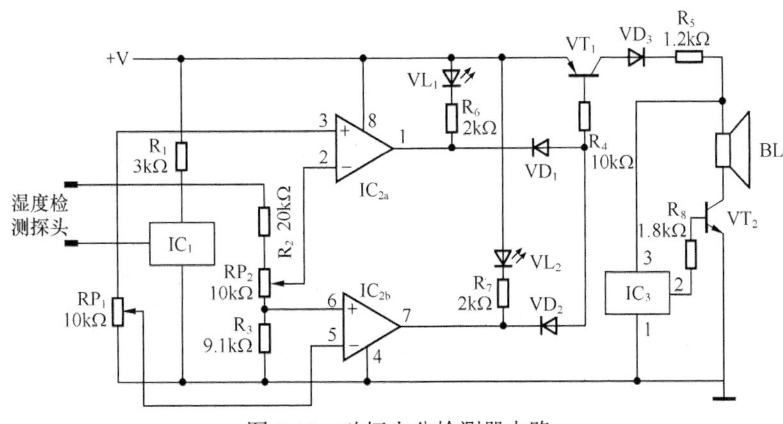

图 9-18　砖坯水分检测器电路

稳压基准电源电路由电阻器 R_1 和集成稳压器 IC_1 组成，IC_1 选用 TL431 集成稳压器。比较器电路由集成电路 IC_2 和电阻器 R_2、R_3、电位器 RP_1、RP_2 等组成，IC_2 选用 LM393 集成电路。开关电路由开关管 VT_1、二极管 VD_1、VD_2 和电阻器 R_4 等组成。声光报警电路由发光二极管 VL_1、VL_2、电阻器 R_6、R_7、音乐集成电路 IC_3、音频放大管 VT_2 和扬声器 BL 等组成。IC_3 选用 KD9561 或 LC179 音效集成电路。

将湿度检测探头插入砖坯中，两支检测探头之间的电阻值将随着砖坯含水量的高低而变化。

当砖坯的含水量在工艺允许范围内，IC_{2a} 和 IC_{2b} 均输出高电平，使 VD_1、VD_2 和 VT_1 均截止，扬声器 BL 不响，发光二极管 VL_1 和 VL_2 均不亮。

当砖坯水分含量高于工艺允许值的上限时，两检测探头之间的阻值较正常时偏小，使 IC_{2a} 反相输入端的电位增高，其输出端变为低电平，使 VD_1 和 VT_1 均导通，绿色发光二极管 VL_1 点亮，同时 IC_3 和 VT_2 工作，扬声器 BL 发出报警声，提醒检验员砖坯的湿度过高。当砖坯水分含量低于工艺下限时，两检测探头之间的阻值较正常时偏大，使 IC_{2b} 的同相输入端电位变低，其输出端变为低电平，使 VD_2 和 VT_1 均导通，红色发光二极管 VL_2 点亮，IC_3 和 VT_2 工作，扬声器 BL 发出报警声，提醒检验员砖坯的含水量过低。

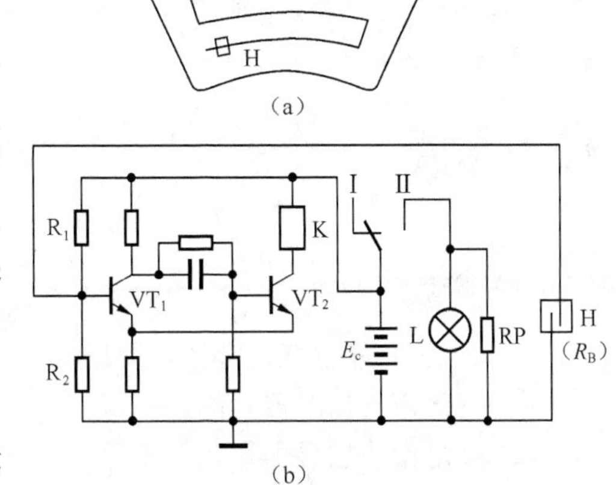

图 9-19　汽车挡风玻璃自动去湿电路

4．汽车挡风玻璃自动去湿电路

图 9-19 所示为一种用于汽车驾驶室挡风玻璃的自动去湿装置。其中图 9-20（a）所示为挡风玻

璃示意图，图中 R_s 为嵌入玻璃的加热电阻丝，H 为结露感湿器件；图 9-20（b）所示为原理电路，晶体管 VT_1 和 VT_2 接成施密特触发电路，VT_2 的集电极负载为继电器 K 的线圈绕组。VT_1 基极电阻为 R_1，R_2 和湿敏器件 H 的等效电阻 RP 并联。预先调整各电阻值；使在常温、常湿条件下 VT_1 导通，VT_2 截止。一旦由于阴雨使湿度增大，湿敏器件 H 的等效电阻 RP 值下降到某一特定值，R_2 与 RP 并联的电阻值减小，VT_1 截止，VT_2 导通，VT_2 的集电极负载一继电器 K 线圈通电，它的常开触点Ⅱ接通电源 E_c，小灯泡 L 点亮，电阻丝 R_s 通电，挡风玻璃被加热，驱散湿气。当湿度减少到一定程度，施密特触发电路又翻转到初始状态，小灯泡 L 熄灭，电阻丝 R_s 断电，实现了自动防湿控制。

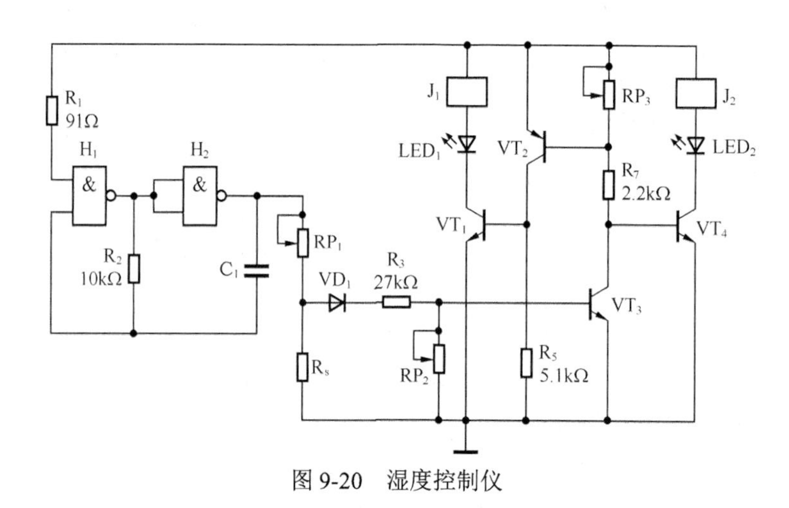

图 9-20　湿度控制仪

5．湿度控制仪

图 9-20 所示为湿度控制仪。它由两个与非门 H_1 和 H_2 组成 RC 振荡器，振荡频率为 2.5kHz，输出电压为 4V，经 RP_1、R_s 分压，VD_1 整流，再经 R_3、RP_2 分压后送至 VT_3。R_s 为湿敏电阻，当湿度下降时，R_s 阻值增大，其分压也增大，使晶体管 VT_3 导通，集电极电位下降，使晶体管 VT_4 截止，继电器 J_2 释放，LED_2 灭。此时 VT_1、VT_2 晶体管导通，LED_1 亮，继电器 J_1 吸合，其触点 J_{1-1} 接通增湿设备进行增湿。当湿度上升时，R_s 阻值减小，其上分压也减小，使晶体管 VT_3 截止，集电极电位上升，晶体管 VT_4 导通，LED_2 亮，继电器 J_2 吸合，其触点 J_{2-1} 接通干燥设备进行干燥。同时 VT_1、VT_2 晶体管截止，LED_1 灭，继电器 J_1 释放，其触点 J_{1-1} 闭合，接通增湿设备。

任务布置

一、课外学习

设计一个智能空气加湿器，要求如下。

① 调研市售加湿器功能。

② 确定市售加湿器存在的不足。

③ 制定设计方案。

④ 设计智能加湿器。

二、实训

【实训】可燃气体泄漏报警器

1．电路组成

该可燃气体报警器电路由气敏传感器、多谐振荡器和音频输出电路组成，如图 9-21 所示。

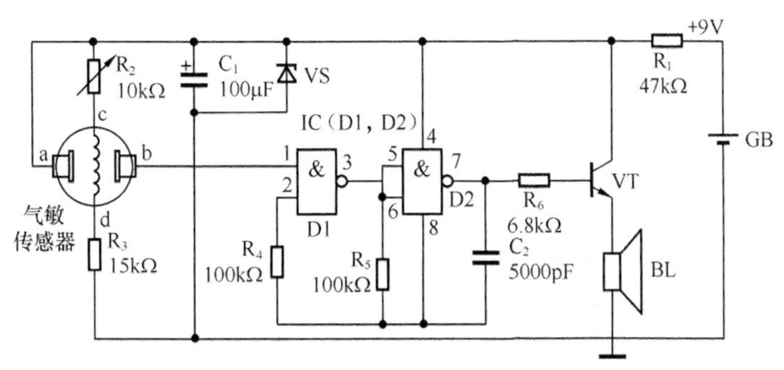

图 9-21　可燃气体报警器电路图

多谐振荡器由与非门集成电路 IC（CD4011）内部的两个与非门（D1 和 D2）和外围电容元件组成。

音频输出电路由电阻器 R_5、音频放大管 V 和扬声器 BL 组成。

2．工作原理

当室内的可燃气体浓度在允许范围内（低于限定值）时，气敏传感器 a、b 端之间阻值较大，b 端（IC 的 1 端）输出电压较低，多谐振荡器不工作，扬声器 BL 中无声音。

当煤气或天然气泄漏，使室内的可燃气体体积分数超过限定值时，气敏传感器 b 端的输出电压高于 IC 内 D1 的转换电压时多谐振荡器工作，从 IC 的 4 脚输出振荡信号。该信号经 V 放大后，推动 BL 发出警报声。

调节 R_2 的电阻值，使气敏传感器 c、b 之间的电压为 4.5V。

3．元器件选择

R_1 选用 1/2W 碳膜电阻器，R_2 选用小型密封式可变电阻器，R_3～R_6 选用 1/4W 碳膜电阻器。

C_1 选用高频瓷介电容器，C_2 选用耐压值为 16V 的电解电容器。

V 选用 S9013 或 C8050 硅 NPN 型晶体管。

VS 选用 1/2W、6.8V 稳压二极管。

IC 选用 CD4011 或 MC4011 四与非门集成电路。

传感器可选用国产 QM-N2 气敏传感器。

课后习题

1．简述气敏传感器的组成。

2．为什么多数气敏元件都附有加热器？加热方式有哪些？

3．简述气敏元件的工作原理。

4．分析气敏传感器应用于哪些领域。

5．湿度有哪几种表示方法？

6．什么叫湿敏电阻？湿敏电阻有哪些类型？各有什么特点？

7．湿敏传感器的工作原理是什么？

8．分析湿敏传感器能够应用于哪些领域。

单元十
辐射式传感器

红外传感器一般由光学系统、探测器、信号调理电路及显示单元等组成。红外探测器是红外传感器的核心。红外探测器按探测机理的不同，分为热探测器和光子探测器两大类。红外传感器在工程上有广泛的应用。

核辐射传感器是核辐射检测仪表的重要组成部分。它是利用放射性同位素在蜕变成另一元素时发出射线来进行测量的。利用核辐射传感器可以精确、迅速、自动、非接触、无损检测各种参数，如线位移、角位移、板料厚度、覆盖层厚度、探伤、密闭容器的液位、转速、流体密度、强度、温度、流量、材料的成分等。核辐射传感器包括放射源、探测器以及电信，转化电路等。

任务一　红外传感器

【知识教学目标】

1．了解红外传感器的应用领域。

2．掌握红外传感器的组成结构。

3．理解红外传感器的工作原理。

4．了解红外传感器在工程中的应用。

【技能培养目标】

1．测试红外传感器性能指标。

2．能够利用红外传感器设计防盗报警器。

【相关知识】

红外技术在工农业、医学、军事、科研和日常生活中的应用非常广泛，几乎普遍化。其在军事上的应用有热成像系统、搜索跟踪系统、红外辐射计、警戒系统等；在航空航天技术上的有人造卫星的遥感遥测、红外线研究天体的演化；在医学上的有红外诊断和辅助治疗；在工农业生产中的有温度探测及红外烘干等；在日常生活中的有红外取暖等。红外传感技术已经发展成为一门综合性学科。

红外辐射俗称红外线，它是一种不可见光，由于是位于可见光中红色光以外的光线，故称红外线。它的波长范围大致在0.76～1000μm，红外线在电磁波谱中的位置如图10-1所示。工程上又把红外线所占据的波段分为4部分，即近红外、中红外、远红外和极远红外。

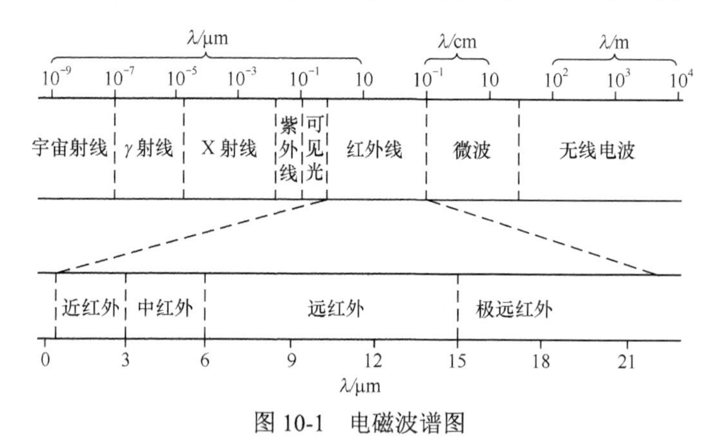

图10-1　电磁波谱图

红外辐射的物理本质是热辐射，一个炽热物体向外辐射的能量大部分是通过红外线辐射出来的。物体的温度越高，辐射出来的红外线越多，辐射的能量就越强。红外光的本质与可见光或电磁波性质一样，具有反射、折射、散射、干涉、吸收等特性，它在真空中也以光速传播，并具有明显的波粒二相性。

红外辐射和所有电磁波一样，是以波的形式在空间直线传播的。它在大气中传播时，大气层对不同波长的红外线存在不同的吸收带。红外线气体分析器就是利用该特性工作的，空气中对称的双原子气体，如N_2、O_2、H_2等不吸收红外线。红外线在通过大气层时，有3个波段透过率高，它们是2～2.6μm、3～5μm和8～14μm，统称它们为“大气窗口”。这3个波段对红外探测技术特别重要，红外探测器一般都工作在这 3 个波段（大气窗口）之内。

一、红外探测器

红外传感器一般由光学系统、探测器、信号调理电路及显示单元等组成。红外探测器是红外传感器的核心。红外探测器是利用红外辐射与物质相互作用所呈现的物理效应来探测红外辐射的。红外探测器的种类很多，按探测机理的不同，分为热探测器和光子探测器两大类。

1．热探测器

热探测器的工作机理是：利用红外辐射的热效应，探测器的敏感元件吸收辐射能后引起温度升高，进而使某些有关物理参数发生相应变化，通过测量物理参数的变化来确定探测器所吸收的红外辐射。

与光子探测器相比，热探测器的探测率比光子探测器的峰值探测率低，响应时间长。热探测器主要优点是响应波段宽，响应范围可扩展到整个红外区域，可以在常温下工作，使用方便，应用相当广泛。

热探测器主要有 4 类：热释电型、热敏电阻型、热电阻型和气体型。其中，热释电型探测器在热探测器中探测率最高，频率响应最宽，所以这种探测器备受重视，发展很快。这里我们主要介绍热释电型探测器。

热释电型红外探测器是根据热释电效应制成的。电石、水晶、酒石酸钾钠、钛酸钡等晶体受热产生温度变化时，其原子排列将发生变化，晶体自然极化，在其两表面产生电荷的现象称为热释电效应。用此效应制成的“铁电体”，其极化强度（单位面积上的电荷）与温度有关。当红外辐射照射到已经极化的铁体薄片表面上时引起薄片温升高，使其极化强度降低，表面电荷减少，这相当于释放一部分电荷，所以叫做热释放电型传感器。如果将负载电阻与铁电梯体薄片相连，则负载电阻上便产生一个电信号输出。输出信号的强弱取决于薄片温度变化的快慢，从而反映出入射的红外辐射的强弱，热释电型红外传感器的电压响应率正比于入射光辐射率变化的速率。

2．光子探测器

光子探测器的工作机理是：利用入射光辐射的光子流与探测器材料中的电子互相作用，从而改变电子的能量状态，引起各种电学现象——光子效应。根据所产生的不同电学现象，可制成各种不同的光子探测器。光子探测器有内光电和外光电探测器两种，前者又分为光电导、光生伏特效应和光磁电探测器 3 种。光子探测器的主要特点是灵敏度高、响应速度快、具有较高的响应频率，但探测波段较窄，一般需在低温下工作。

二、红外传感器的应用

1．红外测温仪

红外测温仪是利用热辐射体在红外波段的辐射通量来测量温度的。当物体的温度低于 1000℃时，它向外辐射的不是可见光而是红外光，可用红外探测器检测其温度。如采用分离出所需波段的滤光片，可使红外测温仪工作在任意红外波段。

图 10-2 所示为目前常见的红外探测温仪方框图。它是一个包括光、机、电一体化的红外测温系统，图中的光学系统是一个固定焦距的透射系统，滤光片一般采用只允许 8～14μm 的红外辐射能通过的材料。步进电机带动调制盘转动，将被测的红外辐射调制成交变的红外辐

射线。红外探测器一般为（钽酸锂）热释电探测器，透镜的焦点落在其光敏面上。被测目标的红外辐射通过透镜聚焦在红外探测器上，红外探测器将红外辐射变换为电信号输出。

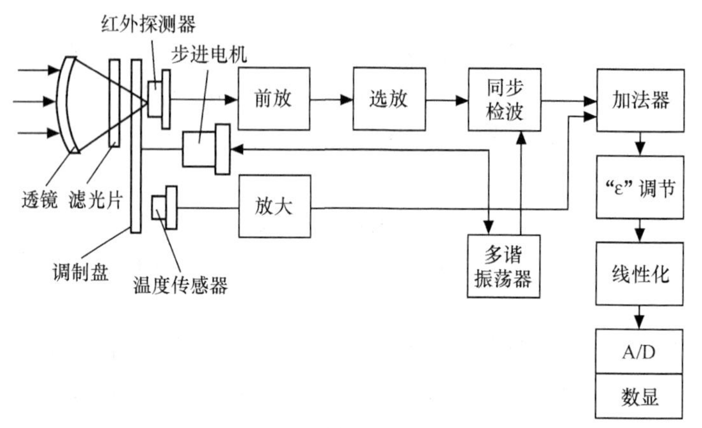

图10-2　红外测温仪方框图

红外测温仪的电路比较复杂，包括前置放大、选频放大、温度补偿、线性化、发射率（ε）调节等。目前已有一种带单片机的智能红外探测器，这种探测器利用单片机与软件的功能，大大简化了硬件电路，提高了仪表的稳定性、可靠性和准确性。

红外测温仪的光学系统可以是透射式，也可以是反射式。反射式光学系统多采用凹面玻璃反射镜，并在镜的表面镀金、铝、镍或铬等对红外辐射反射率很高的金属材料。

2．红外线气体分析仪

红外线气体分析仪是根据气体对红外线具有选择性的吸收特性来对气体成分进行分析的。不同气体其吸收波段（吸收带）不同，图10-3所示为几种气体对红外线的透射光谱。从图中可以看出，CO气体对波长为4.65μm附近的红外线具有很强的吸收能力，CO_2气体则在2.78μm和4.26μm附近以及波长大于13μm的范围对红外线有较强的吸收能力。如分析CO气体，则可以利用4.26μm附近的吸收波段进行分析。

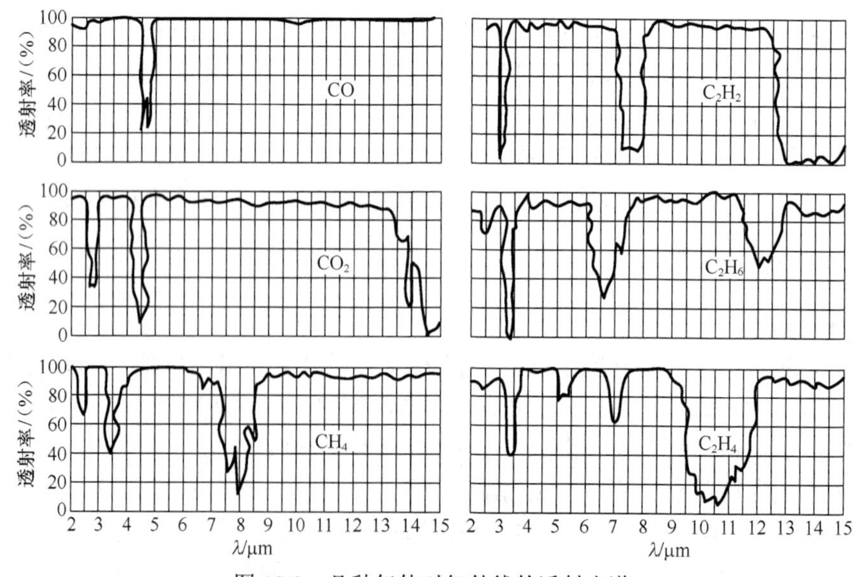

图10-3　几种气体对红外线的透射光谱

图 10-4 所示为工业用红外线气体分析仪的结构原理图。该分析仪由红外线辐射光源、气室、红外探测器及电路等部分组成。

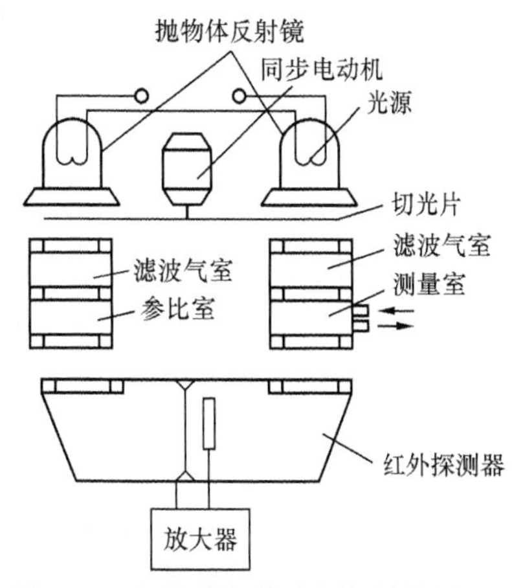

图 10-4　红外线气体分析仪结构原理图

光源由镍铬丝通电加热发出 3～10μm 的红外线，切光片将连续的红外线调制成脉冲状的红外线，以便于红外线检测器信号的检测。测量气室中通入被分析气体，参比气室中封入不吸收红外线的气体（如 N_2 等）。红外探测器是薄膜电容型，它有两个吸收气室，充以被测气体，当它吸收了红外辐射能量后，气体温度升高，导致室内压力增大。测量时（如分析 CO 气体的含量），两束红外线经反射、切光后射入测量气室和参比气室，由于测量气室中含有一定量的 CO 气体，该气体对 4.65μm 的红外线有较强的吸收能力，而参比气室中气体不吸收红外线，这样射入红外探测器的两个吸收气室的红外线造成能量差异，使两吸收室压力不同，测量边的压力减小，于是薄膜偏向定片方向，改变了薄膜电容两电极间的距离，也就改变了电容。如被测气体的浓度越大，两束光强的差值也越大，则电容的变化量也越大，因此电容变化量反映了被分析气体中被测气体的浓度。

图 10-4 所示结构中还设置了滤波气室，其目的是为了消除干扰气体对测量结果的影响。所谓干扰气体，是指与被测气体吸收红外线波段有部分重叠的气体，如 CO 气体和 CO_2 在 4～5μm 波段内红外吸收光谱有部分重叠，则 CO_2 的存在对分析 CO 气体带来影响，这种影响称为干扰。为此在测量边和参比边各设置了一个封有干扰气体的滤波气室，它能将与 CO_2 气体对应的红外线吸收波段的能量全部吸收，因此左右两边吸收气室的红外能量之差只与被测气体（如 CO）的浓度有关。

3．红外线自动水龙头

这个红外线自动水龙头有两个特点：一是当有人走近它时，延时 2～3s 自动开启，当人离开时水龙头自动关闭；二是在夜间它还有灯光控制功能，当有人走近时，它首先打开电灯，然后开启水龙头，当人离开后电灯会延时数十秒后自动关闭。它完全符合人工操作程序，使用十分方便。在一些公共场所，例如医院、厕所、饭店等处所使用可取得卫生、节电、节水的效果。

该电路由红外发射器、红外接收器、水阀门控制器和电灯控制器组成，如图 10-5 所示。电路采用红外线反射式传感器的控制方式，红外发射器与接收器组装在同一电路内并且安装在同一平面。

（1）红外发射器

它是一个由 555 电路组成的多谐振荡器，其振荡频率由 RP_1、R_1 与 C_1 的数值决定。该电路的振荡频率为 38kHz。由多谐振荡器产生的方波脉冲通过限流电阻 R_2 驱动红外发射管向外发送红外线。

（2）红外接收电路

该电路由红外接收管 VD_2 和 CX20106 组成。红外发射管发出的红外脉冲信号，经过人体反射被红外接收管 VD_2 接收，然后输入 CX20106，经电路内解调处理后由 7 脚输出低电平。

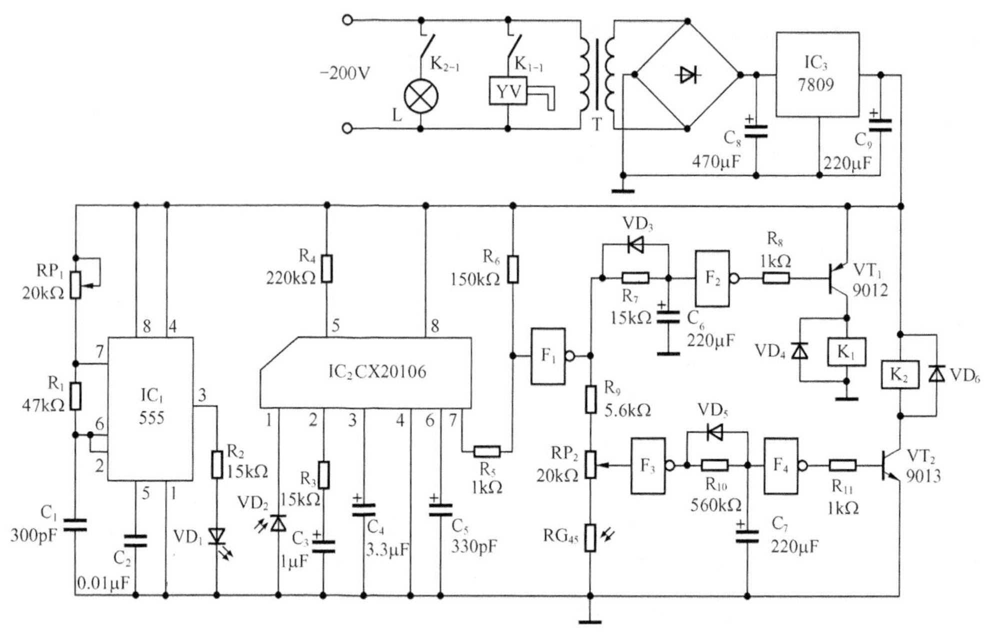

图 10-5　红外线自动水龙头控制电路

CX20106A 是索尼公司的产品，KA2184 则是其仿制品。它们的内部电路结构与电参数完全相同，可直接代用，如图 10-6（a）所示。CX20106A 的内部主要由前置放大器、限幅放大器、带通滤波器、检波器、积分器及脉冲整形电路组成。其中的自动电平控制电路 ABLC 可以保证在输入信号较弱时前置放大器有较高的增益，在输入信号过强时前置放大器不会过载。为确保遥控器在预定的遥控距离（约 10m）内可靠地工作，其内设滤波器的中心频率为 f，频率可由 5 脚外接的电阻来调整，调整范围为 30～60kHz。当接收到与 CX20106A 滤波器中心频率相符合的红外遥控信号后，其输出端（7 脚）就会变为低电平。

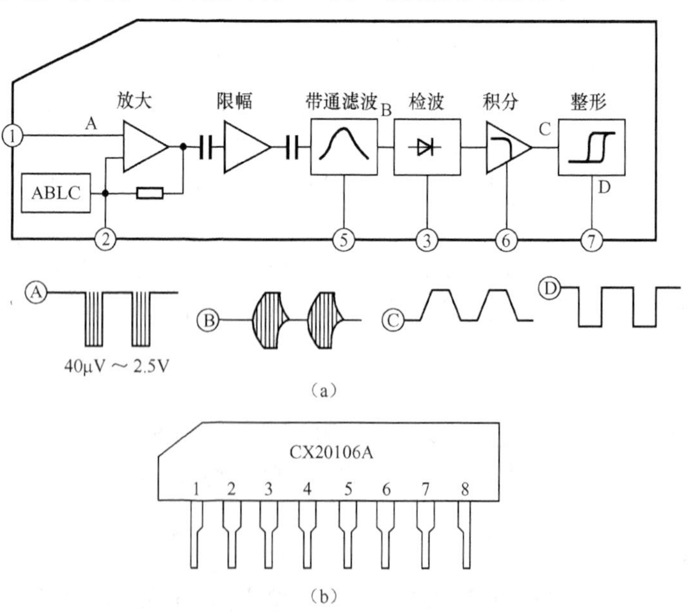

（a）

（b）

图 10-6　CX20106A 与 KA2184 内部电路结构

CX20106A 的电参数如下。

① 电源电压的典型值为 5V，最大值为 17V。

② 工作电流为 1.1～2.5mA（典型值为 1.8mA）。

③ 输出低电平为 0.2V。

④ 电压增益为 77～79dB。

⑤ 输入阻抗为 27kΩ。

⑥ 滤波器中心频率 f_0 为 30～60kHz。

⑦ 允许功耗为 0.6W。

（3）水阀门控制电路

该电路由控制门 F_1 和 F_2、驱动管 VT_1 以及继电器 K_1 组成。当 IC_2 的 7 脚输出低电平时，经反相器 F_1 反相后变为高电平输出。这一高电平经 R_7 向 C_6 充电，待 C_6 充电至其正端电压，升达 F_2 的开门电平后，F_2 反相输出变为低电平。这一低电平经 R_8 使 VT_1 导通，继电器 K_1 通电吸合，接通电磁阀 YV 的电源，水阀门打开。

在该电路中，C_6 起延时作用，防止因干扰造成阀门误开。这里延时时间设定为 2～3s。当 IC_2 的 7 脚恢复高电平后，F_1 的输出端恢复低电平，电容 C_6 经 VD_3 放电，使 F_2 的输入端变为低电平，它的输出端变为高电平，VT_1 截止，继电器 K_1 断电后释放，将水阀门的电源切断，水阀门关闭。

（4）电灯控制电路

该电路由控制门 F_3 和 F_4、驱动管 VT_2 以及继电器 K_2 组成。当 IC_2 的 7 脚输出低电平时，经 F_1 反相变为高电平。这一高电平通过由 R_9、RP_2 与光敏电阻 RG 组成的分压器的分压，使 F_3 的输入端变为高电平〈在夜间高于 F_3 的开门电平〉，F_3 的输出端变为低电平。这时，电容 C_7 经 VD_5 放电，使 F_4 的输入端变为低电平，F_4 的输出端变为高电平。这一高电平通过 R_{11} 使 VT_2 导通，继电器 K_2 通电吸合，将电灯电源接通，电灯点亮。

当 IC_2 的 7 脚输出高电平时，经 F_1 反相变为低电平，F_3 的输入端仍为低电平，经 F_3 反相后变为高电平。这一高电平经 R_9 向 C_7 充电，当 C_7 充电使其正端电压上升至 F_4 的开门电平后，F_4 反相输出低电平，VT_2 截止，继电器 K_2 断电释放，将电灯电源切断，电灯熄灭。电容 C_7 的充电需要一定的时间（与 R_{10}、C_7 的时间常数有关），这里设定为 2～3min，这就使人离开后延时 2～3min 电灯才熄灭。

由于电灯只在夜晚使用，因此电灯控制电路就必须具有在白天停止工作，只在夜间工作的控制功能。这种控制功能是通过设在电路中的光敏电阻 R_G 来实现的。由于光敏电阻值在白天的电阻远小于夜晚时的电阻值，通过 R_9、RP_2 与 R_G 的分压，使 F_3 的输入端在白天不可能达到 F_3 的开门电平，它后面的电路一直保持静止状态，继电器 K_2 不会吸合，电灯也不会亮起来。

发射电路 IC_1 用 NE555 或 LM555 均可，VD_1 用 SE303，VD_2 用 PH302，IC_2 用 CX20106。F_1～F_4 用六反相器 CD4069，VT_1 用 PNP 型管 9012，VT_2 用 NPN 型管 9013，继电器 K_1、K_2 用 9～12V 的小型继电器。

调整电路时，由于 CX20106 已通过 5 脚外接电阻 R_4 将其接收中心频率固定在 38kHz，因此在调整时只需将发射频率调至和接收频率一致即可。方法是：在发射状态下调节 RP_1，测量 IC_2 7 脚的输出电压，使其电压值最小即可。

在进行电灯控制电路中的光控调整时，将组装好的电路置于室外正常光线的地方，调节 RP_2，使灯控电路不起控。再将电路置于室内并用物体将光敏电阻遮挡，使其不见光。这时当有人接近时，灯控电路应起控，电灯应亮，否则应调整 RP_2 使其起控即可。

4．阅报栏自动控制灯电路

不少街头阅报栏都装有夜间照明灯，但多为人工控制，很不方便。一旦忘记关灯，则易变成常明灯，不仅浪费电能，而且降低了电灯的使用寿命。下面介绍一例阅报栏自动控制电路，它可使电灯在白天自动关闭。

该电路由两大部分组成：一部分为主控电路，另一部分为光控电路，如图 10-7 所示。

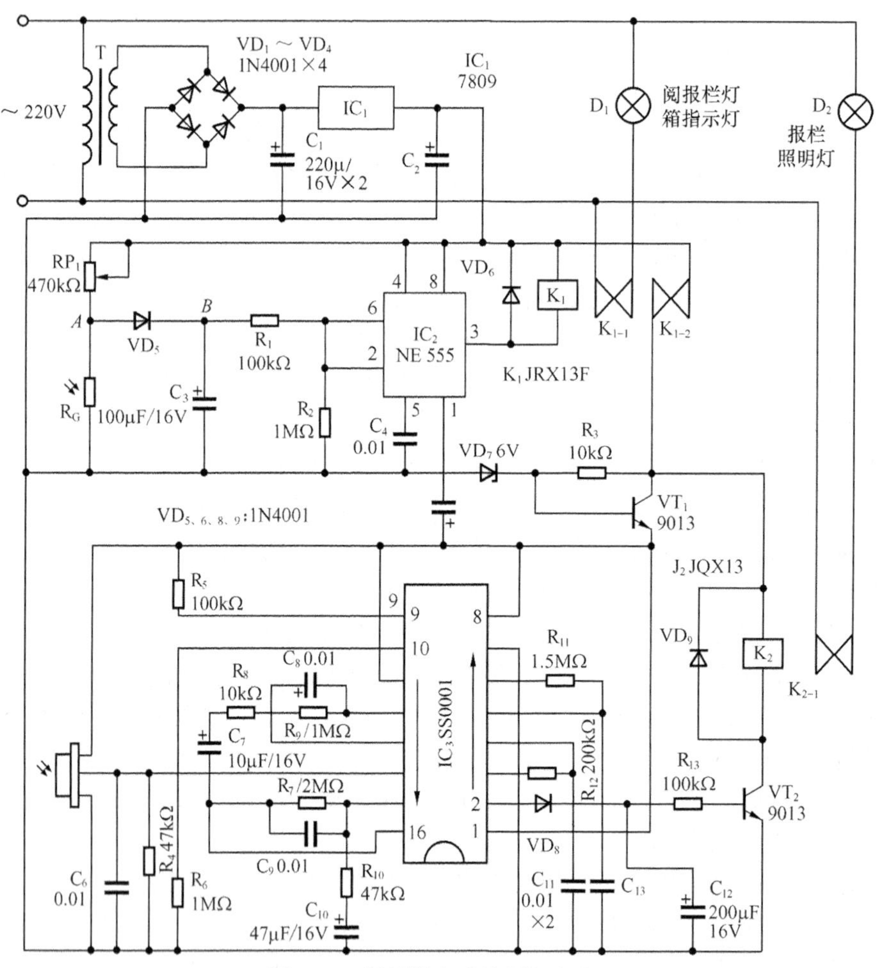

图 10-7　阅报栏自动控制灯电路

（1）主控电路

主控电路主要由热释电红外传感器和热释电红外控制电路 SS0001 组成。由热释电红外 传感器探测到的人体传感信号经 14 脚输入热释电控制电路 IC_3，经电路内对输入信号的放大、比较、延时等处理后，由 2 脚输出控制信号（工作原理如图 10-8 所示）。该输出信号经 VD_8、C_{12}、R_{13} 组成的延时电路处理后，使 VT_2 导通，继电路 K_2 通电吸合，将阅报栏内电灯的电源接通。

（2）光控电路

它的作用是保证控制电路能在夜间起控制作用，能将阅报栏内的电灯自动打开或关闭，而在白天则能使主控电路不起控制作用。该电路还具有延时控制作用，使阅报人在离开时不使电灯立即关闭，而是延迟一段时间后再关闭。

光控电路由 555 电路组成的施密特触发器组成。该施密特触发器有这样的工作特性：当它的输入端（555 的 2、6 脚）电压小于 $1/3V_{DD}$ 时，它的输出端 3 为高电平；当输入端的输入电压大于 $2/3V_{DD}$ 时，输出端 3 变为低电平；当输入端的电压 V_i 在 $1/3V_{DD}$～$2/3V_{DD}$ 之间时，输出端 3 保持原输出状态不变。

在该电路中，RP_1、R_G、VD_5、C_3、R_1 及 R_2 组成输入电路，其中 R_1 与 R_2 为输入端分压偏置电阻。VD_3 与 C_3 组成抗干扰电路，防止在夜间因其他光源对光敏电阻的照射（如汽车的车灯）而使电路发生误翻转。

在白天，光敏电阻 R_G 因受光的照射阻值变小，使施密特电路的输入电压低于 $1/3V_{DD}$。IC_2 的输出端 3 为高电平，继电器 K_1 断开。当夜晚来临时，R_G 因受光减弱，阻值变大，使施密特电路的输入电压大于 $2/3V_{DD}$。这时 $1C_2$ 的 3 脚变为低电平，继电器 K_1 通电吸合。其中第一对触点 $K_{1\text{-}1}$ 接通了阅报栏的照明指示灯 D_1，第二对触点 $K_{1\text{-}2}$ 接通了主控电路的工作电源，使热释电控制电路进入工作状态。

（3）电源电路

本机电源供电采用交流降压、全波整流、集成稳压器 7809 稳压的供电方式。其中，光控电路采用连续不间断的供电方式，它的电源直接取自稳压输出端。而主控电路的工作电源则受光控电路的控制，在夜间由光控电路通过继电器 K_1 的触点 $K_{1\text{-}2}$ 将主控电路的工作电源接通，通过由 VT_1、VD_7 和 R_3 组成的晶体管稳压电路，将 9V 电源进一步稳压为 5.3V（稳压管 VD_7 的稳压值 6V 减去 V_{be1} 的压降 0.7V）后向主控电路供电，目的是使主控电路的工作电压不超过允许电压值。

电路调整主要是调整光控部分，在白天，在使光敏电阻 R_G 不直接受阳光照射的情况下，调节 RP，使 IC_2 输出高电平，然后将 R_G 全部遮挡，使其处于夜晚的环境下，这时继电器 K_1 应吸合，否则需重新调整。

热释电红外传感器应安装在阅报栏内的一侧，其轴线应该与阅报栏窗口平面成向外向下倾斜的状态，使传感器有充分的控制范围。

下面介绍 SS0001 管脚图及各管脚功能，如图 10-8 所示。

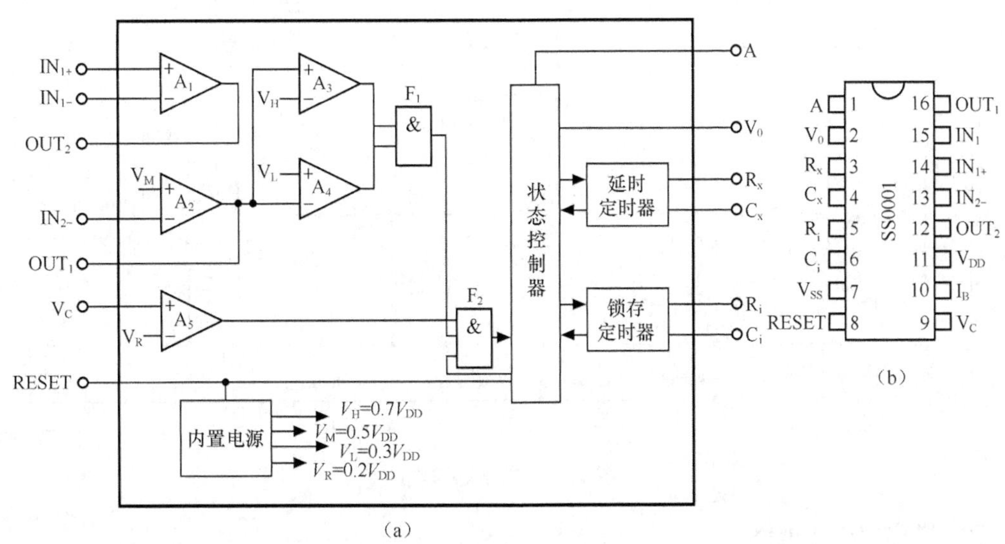

图 10-8　SS0001 管脚图

SS0001是一种通用型传感器控制电路，它的内部是由运算放大器、电压比较器、与门电路、状态控制器、定时控制器、锁定时间控制器和禁止电路等组成，如图10-7所示。SS0001采用16脚标准型塑料封装结构。在图10-8中，1脚（A）为触发方式控制端，当A=1时，电路可重复触发；当A=0时，电路不可重复触发。2脚（V_o）为控制信号输出端，当有传感信号输入时，V_0输出高电平。3脚（R_x）和4脚（C_x）为输出定时控制器T_x的外接元件端，定时时间为$T_x=50\times10^3R_xC_x$。5脚（R_i）和6脚（C_i）为锁定时间控制器T_i的外接元件端，锁定时间$T_i=24R_iC_i$。8脚（V_{RF}）为参考电压及复位端，使用时一般接V_{DD}，若接V_{SS}，可使定时器复位。9脚（V_C）为触发禁止端，当$V_C<V_R$时禁止触发；当$V_C>V_R$时，允许触发，$V_R=0.2V_{DD}$。10脚（I_B）为偏置电流设置端，由外接电阻R_B接V_{SS}端，R_B一般取1MΩ的电阻。脚（OUT_2）和脚（IN_2）分别为第二级运放的输出端和反相输入端。脚（IN_{1+}）和脚（IN_{1-}）分别为第一运放的同相和反相输入端。脚（OUT_1）为第一运放的输出端。脚（V_{DD}）和7脚（V_{SS}）分别为电源正、负端。

5.“电子礼仪小姐”电路

采用反射式红外控制组件与语言电路结合，可组成一个由行人控制的语言发声电路。如果将该语言发声电路设置为专用的问候语，例如“欢迎光临”、“谢谢光临”等，并将其安装于宾馆、饭店、商场等公共场所的门口，它将成为一个无人值守的“自动迎宾礼仪小姐”。

该电路由进出门检测电路、语言发声电路、进出发声互锁控制电路、功放电路和电源电路组成，如图10-9所示。

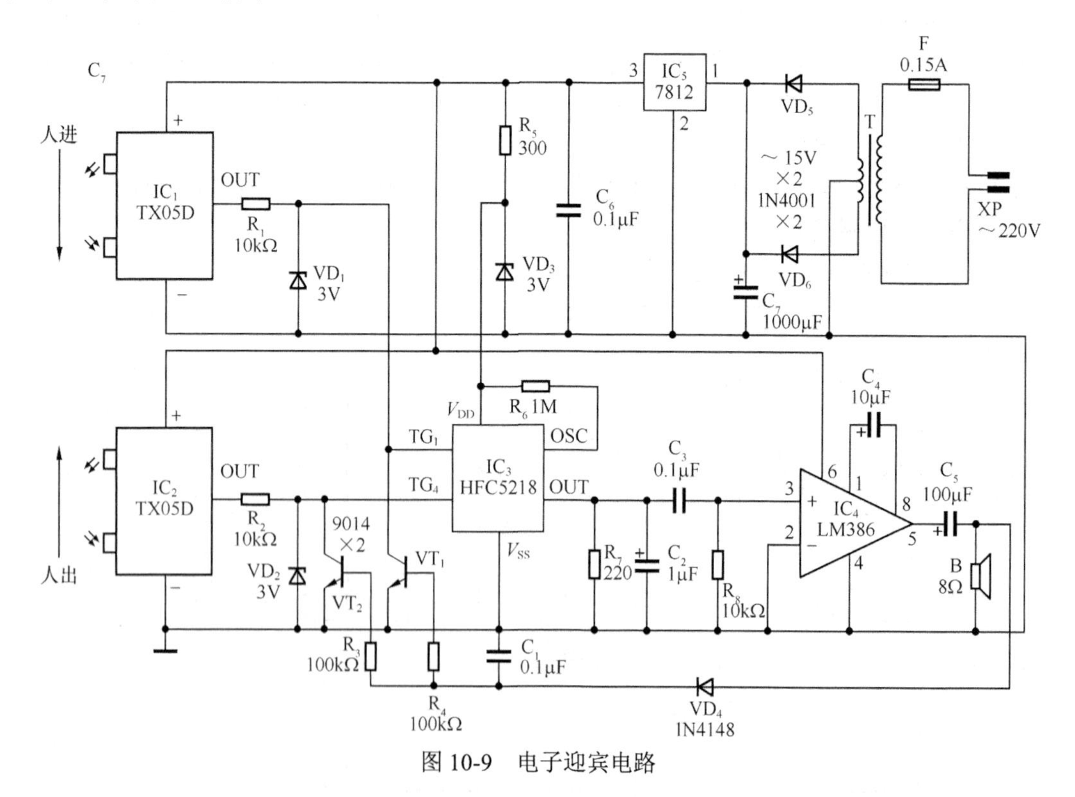

图10-9　电子迎宾电路

（1）进出门检测电路

该电路由两组TX05D组成，分别作进、出门检测电路。当有人进门时，进门检测电路IC_1

输出高电平；有人出门时，出门检测电路 IC_2 输出高电平。IC_1 输出的高电平加至语言发声电路 IC_3 的触发端 TG_1，IG_2 输出的高电平加至 $1C_3$ 的另一触发端 TG_4。

（2）语言发声电路

该电路由一只五合一语音集成电路 HFC5218 组成，该电路内存储有“您好，欢迎光临”、“您好，谢谢光临”、“欢迎光临”、“谢谢光临”和“您好”5 段礼貌用语，可分别通过其外设的 5 个触发端进行触发。触发信号可以是高电平，也可以是正脉冲。本电路使用其中两段问候语，即“你好，欢迎光临”和“您好，谢谢光临”，分别通过触发端 TG_1 和 TG_4 进行触发。当有人进门时，进门检测电路 IC_1 输出的高电平通过 TG_1 将其触发，使电路发出“您好，欢迎光临”的问候语。当有人出门时，出门检测电路 IC_2 输出的高电平通过 TG_4 将其触发，使电路发出“您好，谢谢光临”的问候语。

语言发生电路的工作电压和触发电压均为 3V，所以通过稳压管 DW1、DW2 和 DW3 分别将电源电压和触发电压调整为 3V，供电路使用。电阻 R_6 为发声电路振荡器的外接电阻，用来调节发声电路发声的速度和音调。

（3）语音功放电路

由语言发声电路直接发出的声音功率较小，对于噪声较大的公共场所，有可能使人听不清楚，因此需通过功率放大电路将其放大，使扬声器发出响亮清晰的问候语声。本电路采用小功率集成功放电路 LM386，它的最大输出功率为 660mW。

（4）进、出发声互锁控制电路

由于进、出检测电路具有相同的检测功能，通常，当人们进门时，在通过进门检测器后紧接着又要通过出门检测器，这就有可能使语言发声电路在发出“欢迎光临”之后又会发出“谢谢光临”，因此必须设置互锁电路，以防电路发出错误的问候语。

互锁电路由晶体管 VT_1 和 VT_2 组成的开关电路组成，它们分别设置在语言电路 HFC5218 的触发端 TG_1 和 TG_4。当有人进门时，IC_1 输出的检测信号通过 TG_1 将语言电路触发，使其发声，这时由功放电路输出端输出的语言信号一方面通过扬声器发出“您好，欢迎光临”的问候语；另一方面又通过 VD_4 整流、电容 C_1 滤波将语言信号变为直流电压。这一直流电压分别经 R_3、R_4 使 VT_1、VT_2 导通，将两个触发端 TG_1、TG_4 对地短路。对于 TG_1 来说，这时已完成了它的触发任务，它的工作已不受影响。但对于 TG_4 来说，这时恰好处在行人通过出门检测电路的时刻并使 IC_2 输出高电平，由于 VT_2 的导通，将加至 TG_4 的高电平对地短路，无法实现对语言发声电路的触发。这就使语言发声电路不会再发出“您好，谢谢光临”的声音。

语言发声电路 HFC5218 也可由两片单独的发声电路来代替，它们是 KD5603（欢迎光临）和 KD5604（谢谢光临）。代用时，将 IC_1 的输出端接 KD5603 的触发端，将 IC_1 的输出端接 KD5604 的触发端。VT_1、VT_2 分别接 KD5603 和 KD5604 的触发端。由于该电路工作电压为 3V，所以稳压管 DW1～DW3 是不可少的。

出、入门检测电路分别安装于门内外的同一侧，高度为 1～1.2m，两者相距 0.5～0.8m。扬声器可安装于门的正上方。

由于公共场所的门的宽度般都大于 1m，因此出入门检测电路 TX05D 的工作距离应调整至最大，并应反复测试，使探测距离最大。调整时应通过调节孔将调节旋钮按顺时针方向调至最大位置。

本电路采用交流供电、全波整流、集成稳压器稳压后供电，工作电压为 12V。

下面介绍 TX05D 红外控制组件。

TX05D 红外控制组件是天津新特电子厂生产的低功耗红外反射式开关控制组件，它的内部由低功耗红外发射电路和红外接收解调电路组成，它的外形呈 46.5mm × 32mm × 17mm 方形盒状。TX05D 有 3 根引线，即电源正、负引线和输出信号引线，当接收到反射信号后，输出端变为高电平。

任务二　核辐射传感器

【知识教学目标】

1．了解核辐射传感器的应用领域。

2．掌握核辐射传感器的组成结构。

3．理解核辐射波传感器的工作原理。

4．了解核辐射传感器在工程中的应用。

【技能培养目标】

能够利用核辐射传感器设计厚度计。

【相关知识】

核辐射传感器是核辐射检测仪表的重要组成部分。它是利用放射性同位素在蜕变成另一元素时发出射线来进行测量的。利用核辐射可以精确、迅速、自动、非接触、无损检测各种参数，如线位移、角位移、板料厚度、覆盖层厚度、探伤、密闭容器的液位、转速、流体密度、强度、温度、流量、材料的成分等。核辐射传感器包括放射源、探测器以及电信，转化电路等。

一、核辐射及其性质

众所周知，各种物质都是由一些最基本的物质所组成。这些最基本的物质称为元素。组成每种元素的最基本单元就是原子，每种元素的原子都不是只存在一种，具有相同的核电荷数 Z 而有不同的质子数 A 的原子所构成的元素称同位素。假设某种同位素的原子核在没有外力作用下，自动发生衰变，衰变中释放出α 射线、β 射线、γ射线、X 射线等，这种现象称为核辐射。而放出射线的同位素称为放射性同位素，又称放射源。

实验表明，放射源的强度是随着时间按指数定理而降低的，即

$$J = J_0 e^{-\lambda t} \tag{10-1}$$

式中：J_0——开始时的放射源强度；

J——经过时间为 t 以后的放射源强度；

λ——放射性衰变常数。

放射性同位素种类很多，由于核辐射检测仪表对采用的放射性同位素要求它的半衰期比较长（半衰期是指放射性同位素的原子核数衰变到一半所需要的时间，这个时间又称为放射性同位素的寿命），且对放射出来的射线能量也有一定要求，因此常用的放射性同位素只有 20 种左右，如 Sr^{90}（锶）、Co^{60}（钴）、Cs^{137}（铯）、Am^{241}（镅）等。

下面就核辐射中使用的主要射线及性质作以说明。

1．α 射线

放射性同位素原子核中可以发射出α 粒子。α 粒子的质量为 4.002775u（原子质量单位），

它带有正电荷，实际上即为氦原子核，这种α 粒子流通常称作α 射线。放射出α 粒子后同位素的原子序数将减少两个单位而变为另一个元素。一般α 粒子具有 40～100MeV 的能量，平均寿命为几微秒到 10^{10} 年。它从核内射出的速率为 20km/s，α 粒子的射程长度在空气中为几厘米到十几厘米。

α 射线通过气体时，使其分子或原子的轨道电子产生加速运动，如果此轨道电子获得足够大的能量，就能脱离原子成为自由电子，从而产生一对由自由电子和正离子组成的离子对，这种现象称为电离。如在相互作用中，轨道电子获得的能量还不足以使它脱离原子成为自由电子，仅使电子从低能级跃迁至较高能级，则称这种相互作用为激发。α 离子在穿经物质时，由于激发和电离，损失其动能，最后停滞在物体之中，与其中两个电子结合，成为中性的氦原子。一般说来，其电离效应较激发效应显著。

α 离子在物质中运动时会改变运动方向，这种现象称为散射。由于散射效应，按原来方向进行的α 粒子的数目将减少，但远小于电离和激发效应引起的α 粒子的数目的减少。

在检测技术中，α 射线的电离效应、透射效应和散射效应都有应用，但以电离效应为主，用α 粒子来使气体电离比其他辐射强得多。

2．β 射线

β 粒子的质量为 0.000549u，带有一个单位的电荷。它所带的能量为十万电子伏特到几兆电子伏特。β 粒子的运动速率均较α 粒子的运动速率高得多，在气体中的射程可达 20m。

和α 粒子一样，β 粒子在穿经物质时，会使组成物质的分子或原子发生电离，但与α 射线相比，β 射线的电离作用较小。由于β 粒子的质量比α 粒子小很多，因此更易被散射。β 粒子在穿经物质时，由于电离、激发、散射和激发次级辐射等作用，使β 粒子的强度逐渐衰减，衰减情况大致服从如下的指数规律，即

$$J=J_0 e^{-\mu h} \tag{10-2}$$

式中：J_0 和 J——β 粒子穿经厚度为 h、密度为ρ的吸收体前后的强度；

μ——线性吸收系数。

β 射线与α射线相比，透射能力大，电离作用小。在检测中主要是根据β 辐射吸收来测量材料的厚度、密度或重量，根据辐射的反射来测量覆盖层的厚度，利用β 粒子很大的电离能力来测量气体流的。

3．γ 射线

原子核从不稳定的高能激发态跃迁到稳定的基态或较稳定的低能态，并且不改变其组成过程称为γ 衰变（或称γ 跃迁）。发生γ 跃迁时所放射出的射线称γ 射线或γ 光子。对于放射性同位素核衰变时放射的γ 射线，或者内层轨道电子跃迁时发射的 X 射线，它们和物质作用的主要形式为光电效应。当一个光子和原子相碰撞时，将其能量全部交给某一轨道电子，使它脱离原子，光子则被吸收，这种现象称为光电效应。光电效应也伴随有次级辐射产生。当γ 射线通过物质时，由于发生光电等效应，它的强度将减弱，并遵循式 10-2 所示的指数衰减规律。

与β 射线相比，γ 射线的吸收系数小，它透过物质的能力最大，在气体中的射程为几百米，并且能穿透几十厘米的固体物质，其电离作用最小。在测量仪表中，根据γ 辐射穿透力强这一特性可制作探伤仪、金属厚度计和物位计等。

二、核辐射探测器

核辐射探测器又称核辐射接收器，它是核辐射传感器的重要组成部分。核辐射探测器的作用是将核辐射信号转化为电信号，从而探测出射线的强弱和变化。由于射线的强弱和变化与测量参数有关，因此它可以探测出被测参数的大小及变化。这种探测器的工作原理或者是根据在核辐射作用下某些物质的发光效应，或者是根据当核辐射穿过它们时发生的气体电离效应。

当前常用的核辐射探测器有电离室、正比计数管、盖革—弥勒计数管、闪烁计数器和半导体探测器等。

1．电离室

电离室是利用射线对气体的电离作用而设计的一种辐射探测器，它的重要部分是两个电极和充满在两个电极间的气体。气体可以是空气或某些惰性气体。电离室的形状有圆柱体和方盒状。

如图 10-10 所示，在电离室两侧放置相互绝缘的板电极，电极间加上适当电压，放射线进入电极间的气体中，在核辐射的作用下，电离室中的气体介质即被电离，离子沿着电场的作用线移动，这时在电离室的电路中产生电离电流。核辐射强度越大，在电离室产生的离子对越多，产生的电流亦越大。

电离室内所充气体的压力、极板的大小和两极间的距离对电离电流都有较大的影响。例如增大气体压力或增大电极面积都会使电离电流增大，电离室的特性曲线也将向增大电离电流的方向移动。

在核辐射检测仪表中，有时用一个电离室，有时用两个电离室。为了使两个电离室的特性一样，以减少测量误差，通常设计成差分电离室，如图 10-11 所示。在高电阻上流过的电流为两个电离室收集的电流之差，这样可以避免高电阻、放大器、环境温度等变化而引起的测量误差。

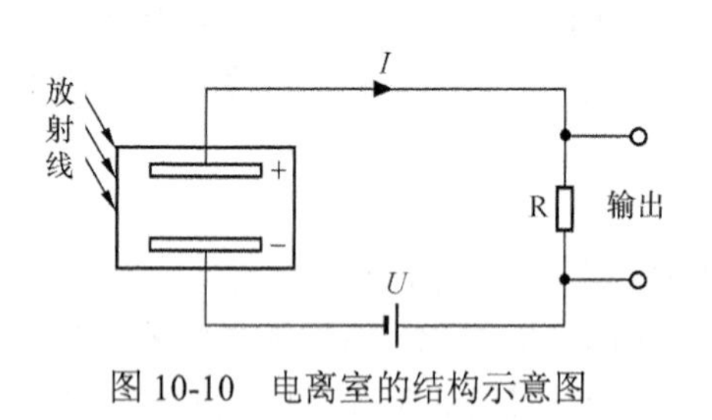

图 10-10　电离室的结构示意图

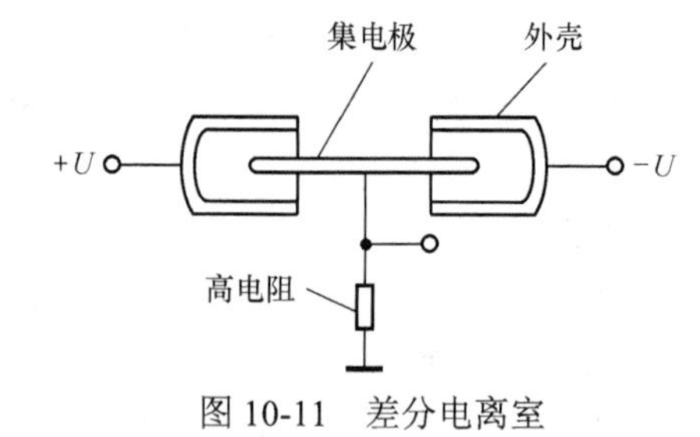

图 10-11　差分电离室

电离室主要用来探测α、β粒子。在同样条件下，进入电离室的α粒子比β粒子所产生的电流大 100 多倍。利用电离室测量α、β粒子时，其效率可以接近 100%，而测量γ射线时，则效率很低。这是因为γ射线没有直接电离的本领，它是靠从电离室的壁上打出二次电子，而二次电子起电离作用，因此，γ射线的电离室必须密闭，一般γ电离室的效率只有 1%～2%。

2．正比计数管

正比计数管的结构如图 10-12 所示。它是由圆筒形的阴极和作为阳极的中央心线组成的，内封有稀有气体、氮气、二氧化碳、氢气、甲烷、丙烷等气体。当放射线射入使气体产生电

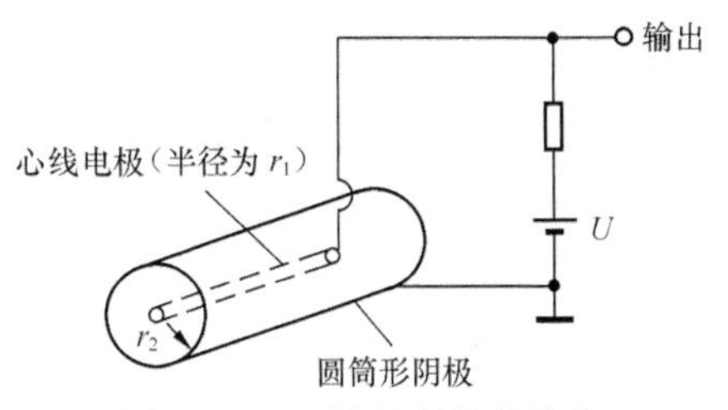

图 10-12　正比计数管的结构

离时，由于在心线近旁电场密度高，电子碰撞被加速，在气体中获得足够的能量，碰撞其他气体分子和原子而产生新的离子对。此过程反复进行而被放大，人们将此过程称为气体放大。放大作用仅限于心线近旁，所以可得到与放射线的入射区域无关的一定的放大倍数。由于放大而产生的阳离子迅速离开气体放大区域而产生输出脉冲。输出脉冲的大小正比于因放射线入射而产生的电子、正离子对的数目，而电子、正离子对数正比于气体吸收的放射线的能量。因此，正比计数管可以探测入射放射线的能量。

正比计数管大多数是圆柱形或者球形、半球形。其阳极很细，阴极直径较大，这主要是为了在外加电压较小的情况下，使阳极附近仍能有很强的电场，以便有足够大的气体放大倍数。

正比计数管可以在很宽的能量范围内测定入射粒子的能量，能量分辨率相当高，分辨时间很短，并且可作快速计数。

3．盖革—弥勒计数管

盖革—弥勒计数管也是根据射线对气体的电离作用而设计的辐射探测器。它与电离室不同的地方主要在于计数管工作在气体放电区域，具有放大作用，其结构如图 10-13 所示。计数管以金属圆筒为阴极，以筒中心的一根钨丝或钼丝为阳极，筒和丝之间用绝缘体隔开。计数管内充有氩、氦等气体。为了便于密封，计数管常用玻璃作外壳，而阴极用金属或石墨涂覆于玻璃表面内部或在外壳内用金属筒作阴极。

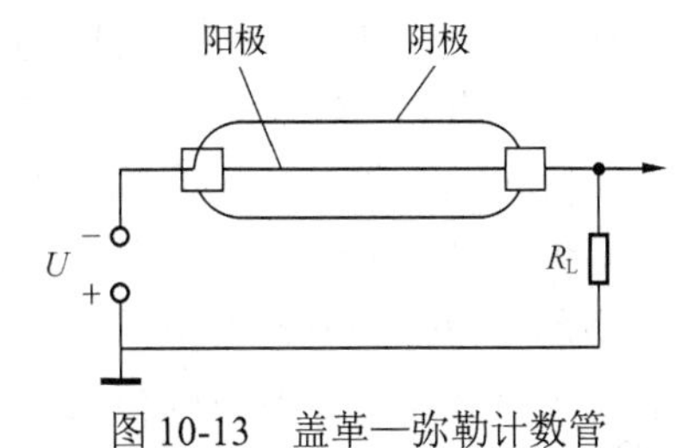

图 10-13　盖革—弥勒计数管

在盖革—弥勒计数管中，阴极和阳极间施加比计数管高的电压。X 射线、α 射线、β 射线入射使产生比正比计数管激烈的气体放大，原离子所在区域沿中央丝极传播到整个计数管内。由于电子漂移速度很快，很快地被收集，于是在中央丝极周围形成一层正离子，称为正离子鞘。正离子鞘的形成使阳极附近的电场变弱，直到不再能产生离子的增殖，此时原始电离的放大过程就停止了。放大过程停止后，在电场作用下，正离子鞘向阴极移动，给出一个与正离子鞘的总电荷有关，而与原始电离无关的脉冲输出。在第一次放大过程停止以及电压脉冲出现后，计数管并不回到原始的状态。由于正离子鞘到达阴极时得到一定的动能，所以正离子也能从阴极中打出次级电子。同时由于正离子鞘到达了阴极，中央阳极电场已恢复，因此这些次级电子又能引起新的离子增殖，像原先一样再产生离子鞘，再产生电压脉冲，形成所谓连续放电现象。为了克服这个问题，必须采取特殊的方法使放电猝灭。猝灭放电的方法有两种：一种是采用猝灭电路，用来降低中央丝极的电压，使其降低到发生碰撞电离所需电压以下；另一种方法是在计数管中放入少量猝灭性气体。这种猝灭型计数管又可分为两种：一种是充惰性气体和少量酒精、乙醚或石油醚的蒸气，称为有机管；另一种管内充惰性气体和卤素气体，称为卤素管。

盖革—弥勒计数管由于有气体放大作用，所产生的电流比电离室的离子流大好几千倍，因此它不需要高电阻，其负载电阻一般不超过 1MΩ，输出的脉冲一般为几伏到几十伏。图 10-14 所示为计数管的特性曲线。在一定的核辐射照射下，当增加二极间的电压时，在一定范围内只能增加脉冲的幅度 U，而计数率 N 只有微弱的增加。图中 ab 段对应的曲线称为计数管的坪。J_1、J_2 代表入射的核辐射强度，且 $J_1>J_2$。由图 10-14 可知，在外电压 U 相同的情况下，入射的核辐射强度越强，盖革—弥勒计数管内产生的脉冲数 N 越多。计数管所加电压由所加气体决定，卤素计数管为 280～400V，有机计数管为 800～1000V。

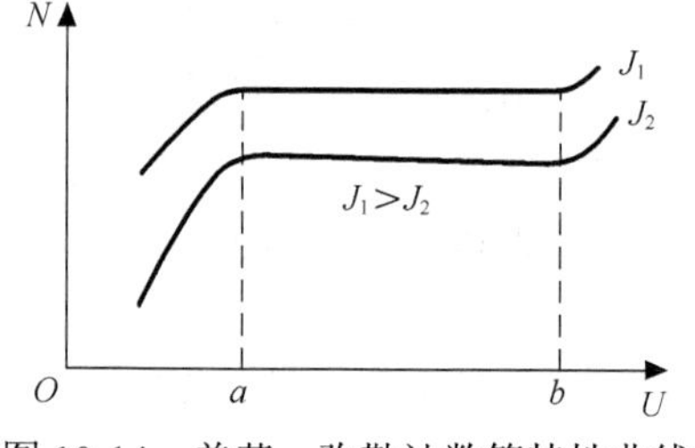

图 10-14　盖革—弥勒计数管特性曲线

4．闪烁计数器

物质受放射线的作用而被激发，在由激发态跃迁到基态的过程中，发射出脉冲状的光的现象称为闪烁现象，能产生这样发光现象的物质称为闪烁体。闪烁计数器先将辐射能变为光能，然后再将光能变为电能而进行探测，它由闪烁体和光电倍增管两部分组成，如图 10-15 所示。

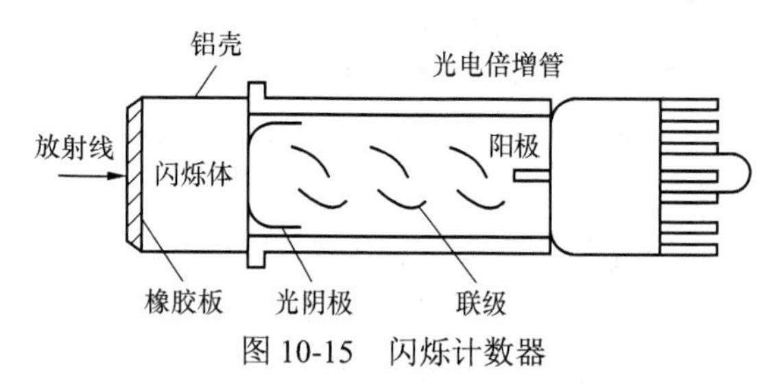

图 10-15　闪烁计数器

闪烁晶体的种类很多，按化学组成成分可分为有机和无机两大类，按物质形态分则可分为固态、液态和塑料等类型。通常使用固态闪烁体，其中有银激活的硫化锌 ZnS(Ag)、铊激活的碘化钠 NaI (T1)、铊激活的碘化铯 CsI(T1)、金激活的碘化锂 LiI(Au)等。有机闪烁体中应用最广的有蒽、芪、三联苯和萘等。

光电倍增管的作用为接受闪烁体发射的光子将其变为电子，并将这些电子倍增放大为可测量的脉冲。光电倍增管可以分为电场聚焦型和无聚焦型两类。在每一类中，按照次阴极的几何形状及排列方式的不同又分为几种。放射性同位素检测仪表中常用的 GDB-19 和 GDB-10 分别为直线聚焦型和百叶窗式无聚焦型。光电倍增管的基本特性有光特性、阳极的电流电压特性、光阴极的光谱响应等。入射到光阴极上的光通量 F 与阳极电流 i_a 之间的关系称为此光电倍增管的光特性。一般光电倍增管的 i_a 与光通量 F 成正比。在一定的光通量 F 下，光电倍增管的阳极电流与工作电压的关系是电流随工作电压的增加而急剧上升，上升到某一值后达到饱和。光谱响应是指光阴极发射光电子的效率随入射光波长而变化的关系。在组合闪烁计数器时，光电倍增管的光谱灵敏度范围必须和闪烁晶体发出的光谱相配合。

闪烁计数器负载电阻上产生脉冲，其幅度一般为零点几伏到几伏，较盖革—弥勒计数管的输出脉冲的幅度小。闪烁计数器的输出脉冲与入射粒子的能量成正比，它探测γ射线的效率在 20%～30%之间，比盖革—弥勒计数管和离子室高很多；它探测α、β射线的效率接近 100%。由于闪烁体中一次闪烁的持续时间很短，故最大计数率一般为 10^6～10^8 数量级。若输出采用电流法，则记录的辐射强度不受限制。

5．半导体探测器

半导体探测器是近年来迅速发展起来的一种射线探测器。由于荷电粒子一入射到固体中就与固体中的电子产生相互作用并失去能量而停止，入射到半导体中的荷电粒子在此过程产生电子和空穴对。而 X 射线或γ射线由于光电效应、康普顿散射、电子对生成等而产生二次电子，此高速的二次电子经过与荷电粒子的情况相同的过程而产生电子和空穴。若取出这些生成的电荷，可以将放射线变为电信号。

就半导体而言，目前主要使用的是 Si 和 Ge，研究人员对 GaAs、CdTe 等材料也进行了研究。目前，开发的半导体传感器有 PN 结型传感器、表面势垒型传感器、锂漂移型传感器、非晶硅传感器等。

三、核辐射传感器的应用

1. 核辐射厚度计

透射式厚度计如图 10-16 所示，它是利用射线穿透物质的能力来制成的检测仪表。它的特点是放射源和核辐射探测器分别置于被测物体的两侧，射线穿过被测物体后射入核辐射探测器。由于物质的吸收，使得射入核辐射探测器的射线强度降低，降低的程度和物体的厚度等参数有关。如前所述，射到探测器的透射射线强度 J 和物体厚度 t 的关系为

$$J=J_0 e^{-\mu\rho t} \tag{10-3}$$

或

$$T=\frac{1}{\mu\rho}\ln\frac{J_0}{J} \tag{10-4}$$

式中：ρ——被测材料的密度；

μ——被测材料对所用射线的质量吸收系数；

J_0——没有被测物体时射到探测器处的射线强度。

对于一定的放射源和一定的材料就有一定的 μ 和 ρ，则测出 J 和 J_0 即可计算确定该材料的厚度 t。放射源一般用β、X 或γ射线。图 10-17 所示为零位法的透射式厚度计。放射源的β射线穿过被测物体射入测量电离室 1，β射线也穿过补偿楔射入补偿电离室 2。这两个电离室接成差式电路，流过电阻上的电流为两个电离室的输出电流之差。该电流差在电阻上产生的电压降使振荡器振荡，变为交流输出，再经放大后加在平衡电动机上，使电动机正转或反转，带动补偿楔移动，直到两个电离室接受的射线强度相等，使电阻上电压降等于零为止；根据补偿楔的移动量可测知厚度。

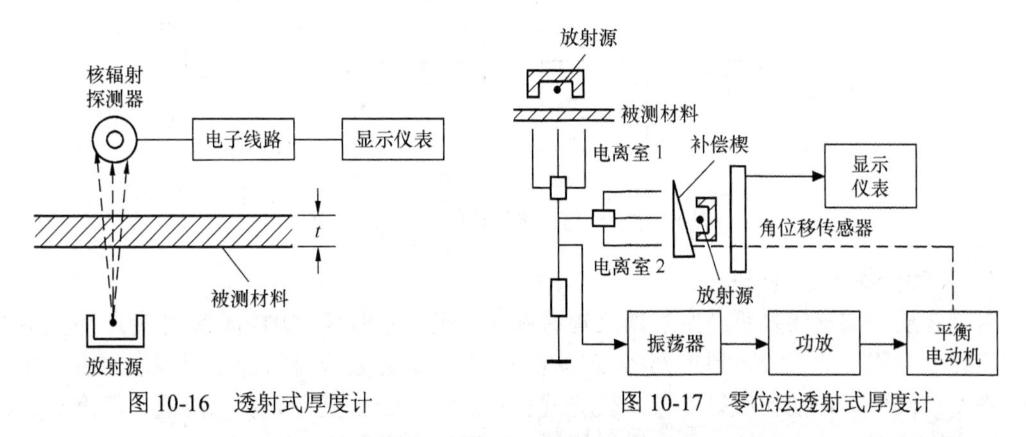

图 10-16　透射式厚度计　　图 10-17　零位法透射式厚度计

还可以用散射法测量厚度。散射法是指利用核辐射被物体后向散射的效应制成的检测仪器。这种仪器的特点是放射源和核辐射探测器可置于被测物质的同侧，射入的被测物质中的射线，由于和被测物质的相互作用，而使得其中的部分射线反向折回，并进入位于与放射源同侧的核辐射探测器而被测量。射到核辐射探测器处的后向散射射线强度与放射源至被测物质的距离，以及被测物质的成分、密度、厚度和表面状态等因素有关，因此改变其中一个参

数而保持其他参数不变，则测得的射线强度将仅随该参数而变化。利用这种方法可测量薄板的厚度、覆盖层厚度、材料的成分、密度等参数。这种方法的优点为非接触测量，且不损坏被测物质。

后向散射测量厚度的示意图如图 10-18 所示。射线强度与散射体厚度之间的关系式为

$$J_{散}=J_{饱和}(1-e^{-k\rho t}) \tag{10-5}$$

式中：t 和 ρ——分别为散射体的厚度和密度；

$J_{散}$和 $J_{饱和}$——厚度为 t 和厚度为“无限大”时的后向散射β 射线强度；

k——与射线能量有关的系数。

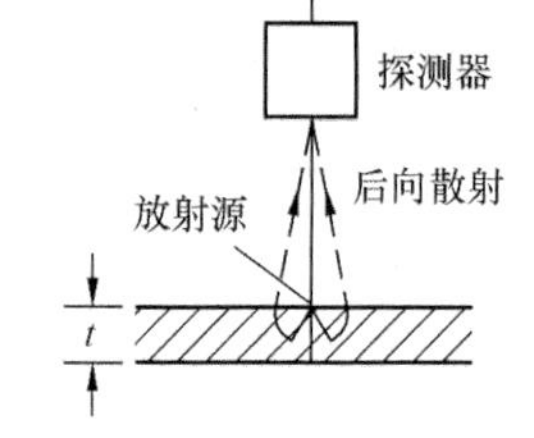

图 10-18 β 散射式厚度测量

2．辐射式物位计

可以应用γ射线检测物位。测量物位的方法有很多，图 10-19 所示为其中一些典型的应用实例。

图 10-19（a）所示为定点测量的方法。将射线源 I 与探测器安装在同一平面上，由于气体对射线的吸收能力远比液体或固体弱，因而当物位超过和低于此平面时，探测器接收到的射线强度发生急剧变化。可见，这种方法不能进行物位的连续测量。

图 10-19（b）所示为将射线源和探测器分别安装在容器的下部和上部，射线穿过容器中的被测介质和介质上方的气体后到达探测器。显然，探测器接收到的射线强弱与物位的高度有关。这种方法可对物位进行连续测量，但是测量范围比较窄（一般为 300～500mm），测量准确度较低。

为了克服图 10-19（b）存在的上述缺点，可采用线状的射线源，如图 10-19（c）所示，或采用线状的探测器，如图 10-19（d）所示。虽然对射线源或探测器的要求提高了，但这两种方法既可以适应宽量程的需要，又可以改善线性特性。

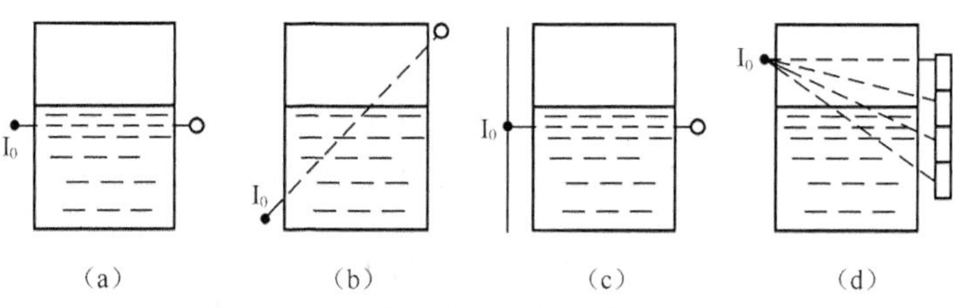

图 10-19 辐射式物位计的测量原理框图

3．X 荧光材料成分分析仪

射到物质上的核辐射所产生的次级辐射称为次级荧光射线（如特征 X 射线），荧光射线的能谱和强度与物质的成分、厚度及密度等有关。利用荧光效应可以检测覆盖层厚度、物质成分、密度和固体颗粒的粒度等参数。荧光式材料成分分析仪具有分析速度快、精度高、灵敏度高、应用范围广、成本低、易于操作等优点，已经得到广泛应用。

能量色散 X 射线荧光成分分析仪是根据初级射线从样品中激发出来的特征 X 射线荧光对材料成分进行定性分析和定量分析。即初级射线从样品中激发出来的多种能量的各组成元素的特征 X 射线射入探测器，该探测器输出一个和射入其中的 X 射线能量成正比的脉冲，这些脉冲输入给脉冲高度分析器、定标器和显示记录仪器，给出以 X 射线荧光能量

为横坐标的能谱曲线，由能谱曲线的峰位置及峰面积的大小，就可以求出样品中含有什么元素及其质量含量。

能量色散型 X 射线荧光分析仪的探头部分如图 10-20 所示。它由放射源、探测器、样品台架孔板、滤光片和安全屏蔽快门等组成。在 X 荧光分析仪中，低能γ射线源和 X 射线源用得最多。常用的探测器有正比计数管、闪烁计数管和锂漂移硅半导体探测器。要根据具体的场合，合理地选用。

放射源、样品和探测器间的几何布置也是一个重要问题。如图 10-21 所示，将放射源表面中心点和样品表面中心点的连线方向与表面中心点的连线方向间的夹角当作散射角θ。散射角θ的选择取决于所用射线能量、探测器形式和所测样品。选择合适的散射角可以使能谱曲线上的散射峰和散射光子的逃逸峰对所测荧光峰的干扰最小。最常用的散射角为 90°～180°，这种布置可使探头结构简单、尺寸较小、使用方便。

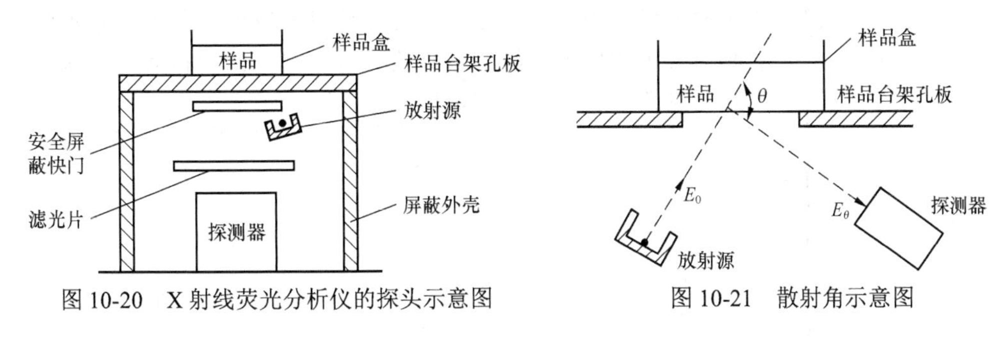

图 10-20　X 射线荧光分析仪的探头示意图　　图 10-21　散射角示意图

任务布置

课外学习

1．利用红外线传感器设计一个自动门的应用电路。
2．查阅核辐射传感器的应用情况。

课后习题

1．红外辐射有何特点？红外线分为哪几个波段？
2．红外探测器有哪些类型？说明它们的工作原理。
3．在如图 10-4 所示的红外线气体分析仪中，为什么要设置滤波气室？
4．TX05D 有何作用？
5．图 10-9 电子迎宾电路中 VT_1、VT_2 的作用是什么？
6．HFC5218 模块的作用是什么？
7．什么是放射性同位素？辐射强度与什么有关系？
8．试说明α、β、γ射线的特性。
9．试说明用β射线测量物体厚度的原理。
10．试用核辐射原理设计一个物体探伤仪，并说明其工作原理。

单元十一 新型传感器

随着微处理器技术、信息技术、检测技术和控制技术的迅速发展，传感器的应用越来越广泛，同时对传感器也提出了更高的要求，不仅要具有传统的检测功能，而且要具有存储、判断和信息处理功能，数字式传感器和智能式传感器也就应运而生了。

任务一　数字式传感器

【知识教学目标】

1．了解光栅传感器、编码器和感应同步器的结构和类型。

2．理解光栅传感器、编码器和感应同步器的工作原理。

3．了解光栅传感器、编码器和感应同步器的用途。

【技能培养目标】

1．了解光栅传感器、编码器和感应同步器在生产现场中的应用。

2．能够进行位移的测量。

【相关知识】

随着微型计算机的迅速发展，对信号的检测、控制和处理必然进入数字化阶段。前面介绍的传感器大部分是模拟式传感器，与计算机等数字系统配接时，必须经过 A/D 转换器将模拟信号转换成数字信号，才能输入到计算机等数字系统。这样增加了系统的复杂性，而且 A/D 转换器的转换精度受到位数和参考电压精度的限制，系统的总精度也将受到限制。

数字式传感器能够直接将非电量转换为数字量，这样就不需要 A/D 转换，可直接用数字显示。数字式传感器与模拟式传感器相比有以下优点：测量精度和分辨率高，稳定性好，抗干扰能力强，便于与微机接口，适宜远距离传输等。

数字式传感器的发展历史不长，到目前为止它的种类还不太多，有两种类型：一种是以编码方式产生代码型的数字信号；另一种是输出计数型的离散脉冲信号。

代码型数字传感器又称编码器，它输出的信号是数字代码，每一个代码对应一个输入量的值。这类传感器有绝对式光电编码器和接触式码盘等。计数型数字传感器又称脉冲数字传感器，它输出的脉冲数与输入量成正比。这类传感器有增量式光电脉冲编码器、光栅传感器等。

数字式传感器可以测线位移，也可以测角位移，还可用来计数。如计数型传感器加上计数器可用来检测输送带上的产品个数，数字式传感器在自动检测和自动控制中得到了日益广泛的应用。

一、光栅传感器

光栅是一种在基体上刻有等间距均匀分布条纹的光学元件。由于光栅传感器测量精度高、动态测量范围广、可进行无接触测量、易实现系统的自动化和数字化，因而在机械工业中得到了广泛的应用。特别是在量具、数控机床的闭环反馈控制、工作母机的坐标测量等方面，光栅传感器都起着重要作用。

1．光栅的结构和类型

光栅主要由标尺光栅和光栅读数头两部分组成。通常，标尺光栅固定在活动部件上，如机床的工作台或丝杆上。光栅读数头安装在固定部件上，如机床的底座上。当活动部件移动时，读数头和标尺光栅也就随之作相对的移动。

（1）光栅尺

标尺光栅和光栅读数头中的指示光栅构成光栅尺，如图 11-1 所示，其中长的一块为标尺光栅，短的一块为指示光栅。两光栅上均匀地刻有相互平行、透光和不透光相间的线纹，这些线纹与两光栅相对运动的方向垂直。从图上光栅尺线纹的局部放大部分来看，白的部分 b 为透光线纹宽度，黑的部分 a 为不透光线纹宽度，设栅距为 W，则 $W=a+b$，一般光栅尺的透光线纹和不透光线纹宽度是相等的，即 $a=b$。常见长光栅的线纹宽度为 25、50、100、125、250 线/mm。

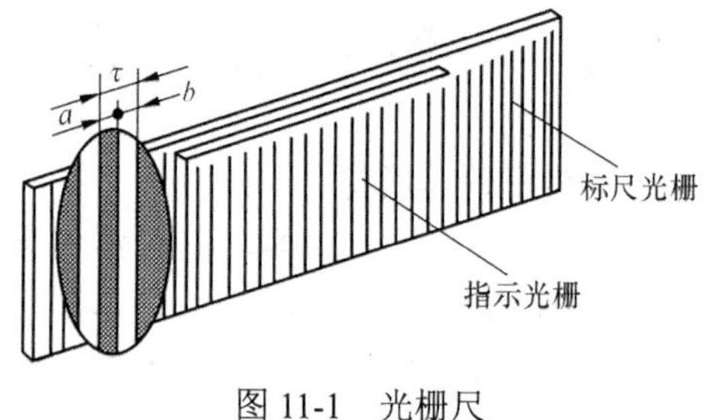

图 11-1　光栅尺

（2）光栅读数头

光栅读数头由光源、透镜、指示光栅、光敏元件和驱动线路组成，如图 11-2（a）所示。光栅读数头的光源一般采用白炽灯。白炽灯发出的光线经过透镜后变成平行光束，照射在光栅尺上。由于光敏元件输出的电压信号比较微弱，因此必须首先将该电压信号进行放大，以避免在传输过程中被多种干扰信号所淹没、覆盖而造成失真。驱动电路的功能就是实现对光敏元件输出信号进行功率放大和电压放大。

光栅读数头的结构形式按光路分，除了垂直入射式外，常见的还有分光读数头、反射读数头等，其结构如图 11-2（b）、图 11-2（c）所示。

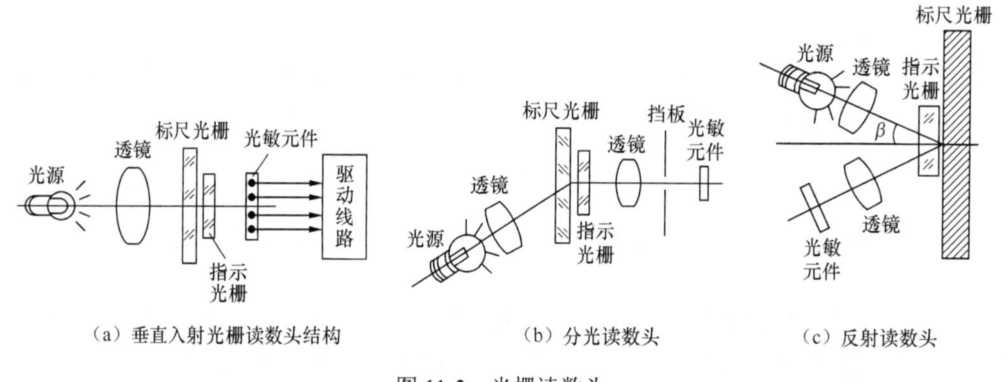

（a）垂直入射光栅读数头结构　（b）分光读数头　（c）反射读数头

图 11-2　光栅读数头

光栅按其形状和用途可以分为长光栅和圆光栅两类，长光栅用于长度测量，又称直线光栅，圆光栅用于角度测量；按光线的走向可分为透射光栅和反射光栅。

2．光栅传感器的工作原理

光栅是利用莫尔条纹现象来进行测量的。所谓莫尔（Moire），法文的原意是水面上产生的波纹。莫尔条纹是指两块光栅叠合时，出现光的明暗相间的条纹。从光学原理来讲，如果光栅栅距与光的波长相比较是很大的话，就可以按几何光学原理来进行分析。图 11-3 所示为两块栅距相等的光栅叠合在一起，并使它们的刻线之间的夹角为θ，这时光栅上就会出现若干条明暗相间的条纹，这就是莫尔条纹。莫尔条纹有如下几个重要特性。

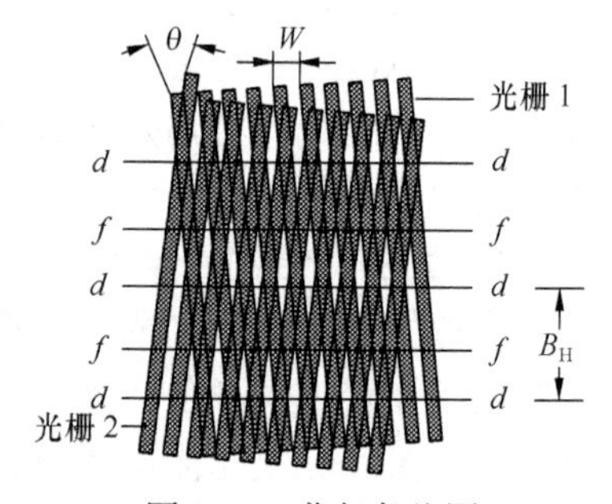

图 11-3　莫尔条纹图

（1）消除光栅刻线的不均匀误差

由于光栅尺的刻线非常密集，光电元件接收到的莫尔条纹所对应的明暗信号，是一个区域内许多刻线的综合结果，因此它对光栅尺的栅距误差有平均效应，这有利于提高光栅的测量精度。

（2）位移的放大特性

当光栅每移动一个光栅距 W 时，莫尔条纹也跟着移动一个条纹宽度 B_H，如果光栅作反向移动，条纹移动方向也相反。莫尔条纹的间距 B_H 与两光栅线纹夹角 θ 之间的关系为

$$B_H = \frac{W}{\sin\frac{\theta}{2}} \approx \frac{W}{\theta} \tag{11-1}$$

θ 越小，B_H 越大，这相当于把栅距 W 放大了 $1/\theta$ 倍。例如 $\theta = 0.1°$，则 $1/\theta \approx 573$，即莫尔条纹宽度 B_H 是栅距 W 的 573 倍，相当于把栅距放大了 573 倍，说明光栅具有位移放大作用，从而提高了测量的灵敏度。

（3）移动特性

莫尔条纹随光栅尺的移动而移动，它们之间有严格的对应关系，包括移动方向和位移量。移动一个栅距 W，莫尔条纹也移动一个间距 B_H。主光栅相对指示光栅的转角方向为逆时针方向，主光栅向左移动，则莫尔条纹向下移动；主光栅向右移动，莫尔条纹向上移动。

（4）光强与位置关系

两块光栅相对移动时，从固定点观察到莫尔条纹光强的变化近似为余弦波形变化。光栅移动一个栅距 W，光强变化一个周期，这种正弦波形的光强变化照射到光电元件上，即可转换成电信号关于位置的正弦变化。

当光电元件接收到光的明暗变化，光信号就可转换为如图 11-4 所示的电压信号输出，它可以用光栅位移量 x 的正弦函数表示为

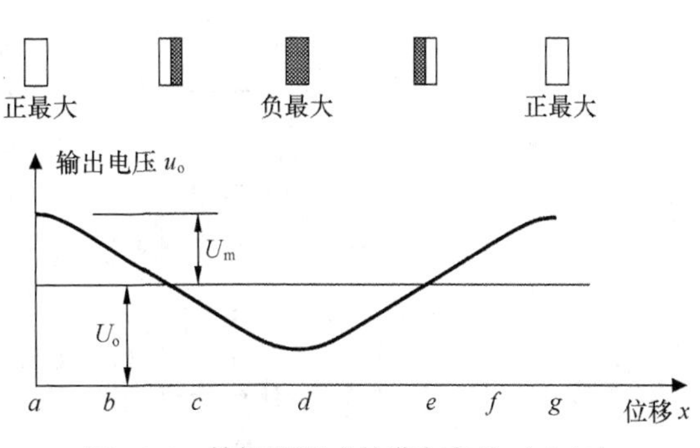

图 11-4　等栅距形成的莫尔条纹（$\theta \neq 0$）

$$u_o = U_o + U_m \sin\left(\frac{\pi}{2} + \frac{2\pi x}{W}\right) \tag{11-2}$$

式中：u_o——光电元件输出的电压信号；

U_o——输出信号中的平均直流分量；

U_m——输出信号中正弦交流分量的幅值。

由式（11-2）可见，输出电压反映了位移量的大小。

3．光栅数显表

光栅读数头实现了位移量由非电量转换为电量，位移是向量，因而对位移量的测量除了确定大小之外，还应确定其方向。为了辨别位移的方向，进一步提高测量的精度，以及实现数字显示的目的，必须把光栅读数头的输出信号送入数显表做进一步的处理。光栅数显表由

整形放大电路、细分电路、辨向电路及数字显示电路等组成。

（1）辨向原理

在实际应用中，被测物体的移动方向往往不是固定的。无论主光栅向前或向后移动，在一固定点观察时，莫尔条纹都是作明暗交替变化。因此，只根据一条莫尔条纹信号，无法判别光栅移动方向，也就不能正确测量往复移动时的位移。为了辨向，需要两个一定相位差的莫尔条纹信号。

图 11-5 所示为辨向的工作原理和它的逻辑电路。在相隔 $B_H/4$ 的位置上安装两个光电元件，得到两个相位差为π/2 的电信号 U_{o1} 和 U_{o2}，经过整形后得到两个方波信号 U'_{o1} 和 U'_{o2}，从图中波形的对应关系可以看出，在光栅向 A 方向移动时，U'_{o1} 经微分电路后产生的脉冲（如图 11-5（c）中实线所示）正好发生在 U'_{o2} 的“1”电平时，从而经与门 Y_1 输出一个计数脉冲。而 U'_{o1} 经反相微分后产生的脉冲（如图 11-5（c）中虚线所示）则与 U'_{o2} 的“0”电平相遇，与门 Y_2 被阻塞，没有脉冲输出。在光栅向 A 方向移动时，U'_{o1} 的微分脉冲发生在 U'_{o2} 为“0”电平时，故与门 Y_1 无脉冲输出；而 U'_{o1} 反相微分所产生的脉冲则发生在 U'_{o2} 的“1”电平时，与门 Y_2 输出一个计数脉冲。因此，U'_{o2} 的电平状态可作为与门的控制信号，来控制 U'_{o1} 所产生的脉冲输出，从而就可以根据运动的方向正确地给出加计数脉冲和减计数脉冲。

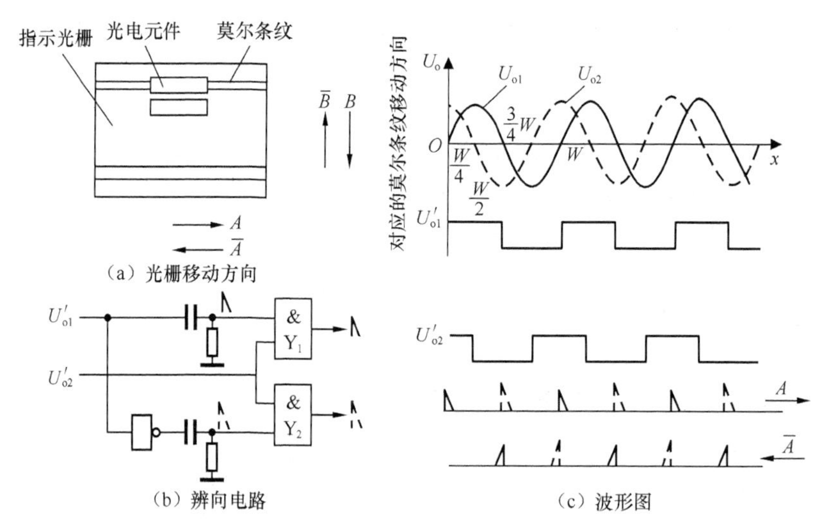

图 11-5　辨向逻辑工作原理和逻辑电路

（2）细分技术

由前面讨论的光栅测量原理中可知，以移过的莫尔条纹的数量来确定位移量，其分辨率为光栅栅距。为了提高分辨率和测量比栅距更小的位移量，可采用细分技术。所谓细分，就是在莫尔条纹信号变化一个周期内，发出若干个脉冲，以减小脉冲当量。如一个周期内发出 n 个脉冲，即可使测量精度提高 n 倍，而每个脉冲相当于原来栅距的 $1/n$。由于细分后计数脉冲频率提高了 n 倍，因此也称之为 n 倍频。细分方法有机械细分和电子细分两类。下面介绍电子细分法中常用的四倍频细分法，这种细分法也是许多其他细分法的基础。

在上述辨向原理中可知，在相差 $B_H/4$ 位置上安装两个光电元件，得到两个相位相差

π/2 的电信号。若将这两个信号反相就可以得到 4 个依次相差π/2 的信号，从而可以在移动一个栅距的周期内得到 4 个计数脉冲，实现四倍频细分。也可以在相差 $B_H/4$ 位置上安放 4 个光电元件来实现四倍频细分。这种方法不可能得到高的细分数，因为在一个莫尔条纹的间距内不可能安装更多的光电元件。它有一个优点，就是对莫尔条纹产生的信号波形没有严格要求。

二、编码器

将机械转动的模拟量（位移）转换成以数字代码形式表示的电信号，这类传感器称为编码器。编码器以其高精度、高分辨率和高可靠性被广泛用于各种位移的测量。

编码器的种类很多，主要分为脉冲盘式（增量编码器）和码盘式编码器（绝对编码器），其关系可表示为

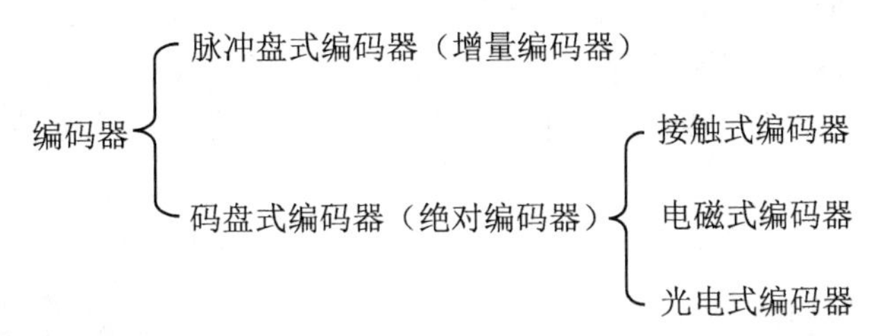

脉冲盘式编码器的输出是一系列脉冲，需要一个计数系统对脉冲进行加减（正向或反向旋转时）累计计数，一般还需要一个基准数据（即零位基准）才能完成角位移测量。绝对编码器不需要基准数据及计数系统，它在任意位置都可给出与位置相对应的固定数字码输出，能方便地与数字系统（如微型计算机）连接。

码盘式编码器按其结构形式可分为接触式、光电式、电磁式等，后两种为非接触式编码器。非接触式编码器具有非接触、体积小、寿命长，且分辨率高的特点。3 种编码器相比较，光电式编码器的性价比最高，它作为精密位移传感器在自动测量和自动控制技术中得到了广泛的应用。目前我国已有 23 位光电编码器，为科学研究、军事、航天和工业生产提供了对位移量进行精密检测的手段。

光电式编码器主要由安装在旋转轴上的编码圆盘（码盘）、狭缝以及安装在圆盘两边的光源和光敏元件等组成。

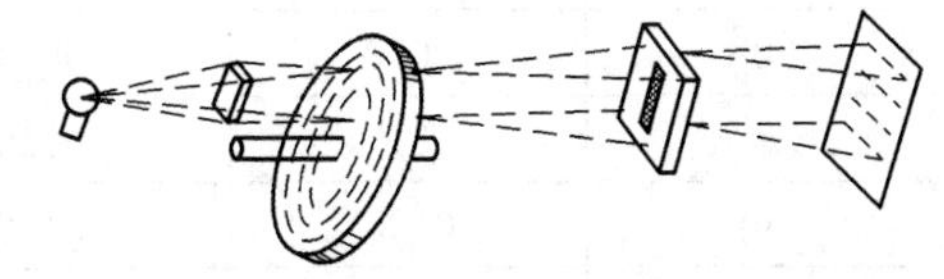

图 11-6　光电式编码器结构原理图

光电式编码器的基本结构如图 11-6 所示。码盘由光学玻璃制成，其上刻有许多同心码道，每位码道上都有按一定规律排列的透光和不透光部分，即亮区和暗区。码盘构造如图 11-7 所示，它是一个 6 位二进制码盘。当光源将光投射在码盘上时，转动码盘，通过亮区的光线经狭缝后，由光敏元件接收。光敏元件的排列与码道一一对应，对应于亮区和暗区的光敏元件输出的信号，前者为“1”，后者为“0”。当码盘旋至不同位置时，光敏元件输出信号的组合，反映出按一定规律编码的数字量，代表了码盘轴的角位移大小。

编码器码盘按其所用码制可分为二进制码、十进制码、循环码等。

如图 11-7 所示的 6 位二进制码盘，最内圈码盘一半透光，一半不透光，最外圈一共分成 $2^6 = 64$ 个黑白间隔。每一个角度方位对应于不同的编码。例如，零位对应于 000000（全

黑）；第 23 个方位对应于 010111。这样在测量时，只要根据码盘的起始和终止位置，就可以确定角位移，而与转动的中间过程无关。一个 n 位二进制码盘的最小分辨率，即能分辨的角度为 $\alpha=360°/2^n$。若 $n=6$，则 $\alpha\approx5.6°$，如要达到 1s 左右的分辨率，至少采用 20 位的码盘。对于一个刻划直径为 400mm 的 20 位码盘，其外圈分划间隔不到 1.2μm。可见码盘的制作不是一件易事。

采用二进制编码器时，任何微小的制作误差，都可能造成读数的粗误差。其主要原因是二进制码在某一较高的数码改变时，所有比它低的各位数码需同时改变。如果由于刻划误差等原因，某一较高位提前或延后改变，就会造成粗误差。

为了清除粗误差，可用循环码代替二进制码。图 11-7 所示为一个 6 位的循环码码盘。对于 n 位循环码码盘，与二进制码一样，具有 2^n 种不同编码，最小分辨率 $\alpha=360°/2^n$。表 11-1 给出了 4 位二进制码与循环码的对照表。从表 11-1 中看出，循环码是一种无权码，从任何数变到相邻数时，仅有一位编码发生变化。如果任一码道刻划有误差，只要误差不太大，只可能有一个码道出现读数误差，产生的误差最多等于最低位的一个比特。所以只要适当限制各码道的制造误差和安装误差，不会产生粗误差。由于这一原因使得循环码码盘获得了广泛的应用。

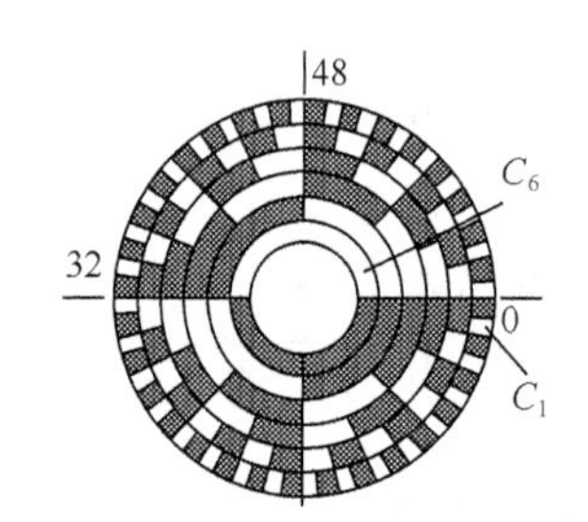

图 11-7　码盘构造

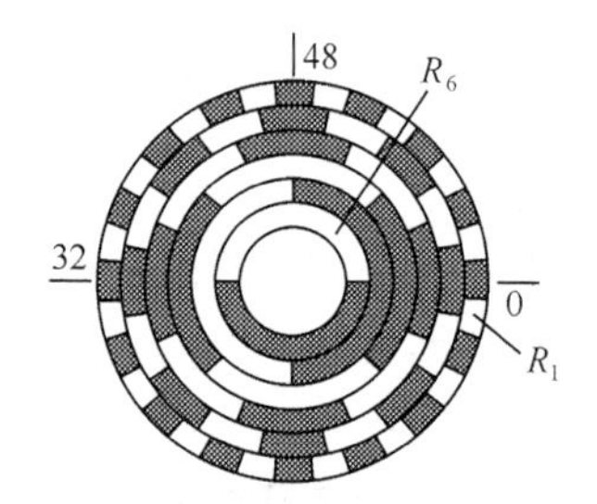

图 11-8　6 位循环码码盘

表 11-1　　4 位二进制码与循环码对照表

十进制数	二进码	循环码	十进制数	二进码	循环码
0	0000	0000	8	1000	1100
1	0001	0001	9	1001	1101
2	0010	0011	10	1010	1111
3	0011	0010	11	1011	1110
4	0100	0110	12	1100	1010
5	0101	0111	13	1101	1011
6	0110	0101	14	1110	1001
7	0111	0100	15	1111	1000

循环码是一种无权码，这给译码造成一定困难。通常先将它转换成二进制码然后再译码。

按表 11-1 所列，可以找到循环码和二进制码之间的转换关系为

$$R_n=C_n$$

$$R_i=C_i\oplus C_{i+1} \qquad (11\text{-}3)$$

或
$$C_i=R_i \oplus C_{i+1}$$

式中：R——循环码；

　　C——二进制码。

根据式（11-3）用与非门构成循环码—二进制码转换器，这种转换器所用元件比较多。如采用存储器芯片可直接把循环码转换成二进制码。

大多数编码器都是单盘的，全部码道在一个圆盘上。但如要求有很高的分辨率时，码盘制作困难，圆盘直径增大，而且精度也难以达到。这时可采用双盘编码器，它的特点是由两个分辨率较低的码盘组合而成的高分辨率编码器。

三、感应同步器

1．结构原理

感应同步器利用两个平面形绕组的互感随相对位置不同而变化的原理，将直线位移或角位移转换成电信号。

感应同步器有直线式和旋转式两种，分别用于直线位移和角位移测量，两者原理相同。直线式（长）感应同步器由定尺和滑尺组成，如图 11-9 所示。旋转式（圆）感应同步器由转子和定子组成，如图 11-10 所示。在定尺和转子上的是连续绕组，在滑尺和定子上的则是分段绕组。分段绕组分为两组，在空间相差 90° 相角，故又称为正、余弦绕组。工作时，如果在其中一种绕组上通以交流激励电压，由于电磁耦合，在另一种绕组上就产生感应电动势，该电动势随定尺与滑尺（或转子与定子）的相对位置不同呈正弦、余弦函数变化，再通过对此信号的检测处理，便可测量出直线或转角的位移量。

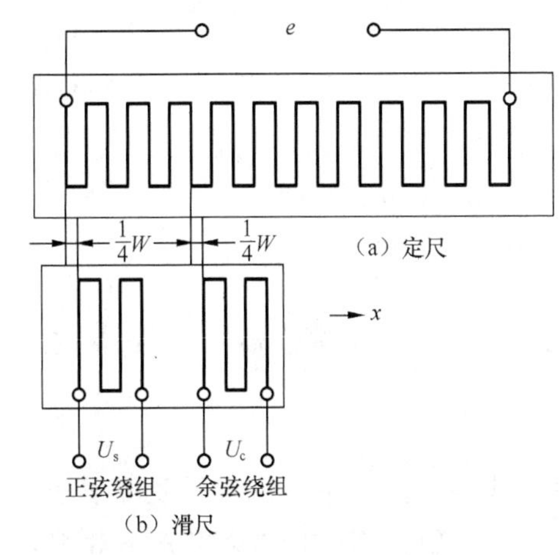

图 11-9　长感应同步器示意图

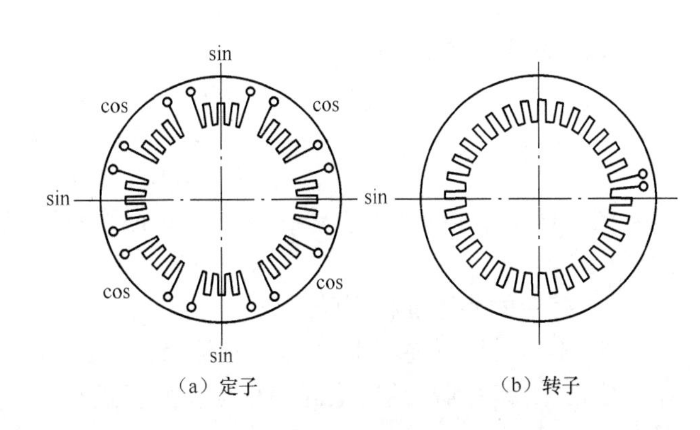

图 11-10　圆感应同步器示意图

2．信号处理方式

从信号处理方式来说，可分为鉴相方式和鉴幅方式两种。它们的特征是用输出感应电动势的相位或幅值来进行处理。下面以长感应同步器为例进行叙述。

（1）鉴相方式

滑尺的正弦、余弦绕组在空间位置上错开 1/4 定尺的节距，激励时加上等幅等频、相位差为 90° 的交流电压，即分别以 $\sin\omega t$ 和 $\cos\omega t$ 来激励，这样，就可以根据感应电势的相位来鉴别位移量，故叫鉴相型。

当正弦绕组单独激励时，励磁电压为 $U_s = U_m \sin\omega t$，感应电势为

$$e_s = k\omega U_m \cos\omega t \sin\theta \tag{11-4}$$

式中：k——耦合系数。

当余弦绕组单独激励时，励磁电压为 $U_c=U_m \cos\omega t$，感应电势为

$$e_c=k\omega U_m \sin\omega t \cos\theta \tag{11-5}$$

按叠加原理求得定尺上总感应电动势为

$$\begin{aligned} e= e_s+ e_c &=k\omega U_m \cos\omega t\sin\theta+k\omega U_m \sin\omega t\cos\theta \\ &=k\omega U_m \sin（\omega t+\theta） \end{aligned} \tag{11-6}$$

式中的 $\theta=2\pi x/\omega$，称为感应电动势的相位角，它在一个节距 W 之内与定尺和滑尺的相对位移有一一对应的关系，每经过一个节距，变化一个周期（2π）。

（2）鉴幅方式

如在滑尺的正、余弦绕组加以同频、同相但幅值不等的交流激磁电压，则可根据感应电势振幅来鉴别位移量，称为鉴幅型。

当加到滑尺两绕组的交流励磁电压为下式时，即

$$U_s=U_s \sin\omega t \tag{11-7}$$

$$U_c=U_c \cos\omega t \tag{11-8}$$

式中：U_s——$U_m \sin\Phi$;

U_c——$U_m \cos\Phi$，U_m 为激励电压幅值，Φ为给定的电相角。

此时它们分别在定尺绕组上感应出电动势

$$e_s=k\omega U_s \sin\omega t\sin\theta \tag{11-9}$$

$$e_c=k\omega U_c \sin\omega t\cos\theta \tag{11-10}$$

定尺的总感应电势为

$$\begin{aligned} e=e_s + e_c &=k\omega U_s \sin\omega t\sin\theta+k\omega U_c \sin\omega t\cos\theta \\ &=k\omega U_m \sin\omega t(\cos\Phi\cos\theta+\sin\Phi\sin\theta) \\ &=k\omega U_m \sin\omega t\cos(\Phi-\theta) \end{aligned} \tag{11-11}$$

式（11-11）把感应同步器两尺的相对位 $x = (2\pi\theta/\omega)$和感应电势的幅值 $k\omega U_m \cos(\Phi-\theta)$联系了起来。

3．感应同步器位移测量系统

图 11-11 所示为感应同步器鉴相测量方式数字位移测量装置方框图。脉冲发生器发出频率一定的脉冲序列，经过脉冲—相位变换器进行 N 分频后，输出参考信号方波 θ_0 和指令信号方波 θ_1。

参考信号方波 θ_0 经过激磁供电线路，转换成振幅和频率相同而相位差为 90° 的正、余弦电压，给感应同步器滑尺的正、余弦绕组激磁。感应同步器定尺绕组中产生的感应电压，经放大和整形后成为反馈信号方波 θ_2。指令信号 θ_1 和反馈信号 θ_2 同时送给鉴相器，鉴相器既判断 θ_2 和 θ_1 相位差的大小，又判断指令信号 θ_1 的相位超前还是滞后于反馈信号 θ_2 的相位。假定开始时 $\theta_1=\theta_2$，当感应同步器的滑尺相对定尺平行移动时，将使定尺绕组中的感应电压的相位 θ_2（即反馈信号的相位）发生变化。此时 $\theta_1\neq\theta_2$，由鉴相器判别之后，将相位差 $\Delta\theta=\theta_2-\theta_1$ 作为误差信号，由鉴相器输出给门电路。此误差信号 $\Delta\theta$ 控制门电路“开门”的时间，使门电路允许脉冲发生器产生的脉冲通过。

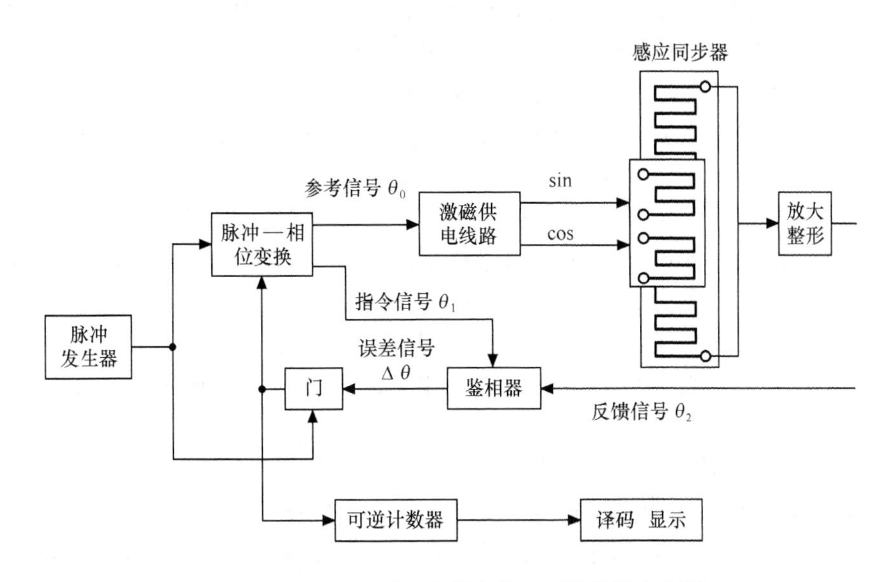

图 11-11　鉴相测量方式数字位移测量装置方框图

通过门电路的脉冲，一方面送给可逆计数器去计数并显示出来；另一方面作为脉冲—相位变换器的输入脉冲。在此脉冲作用下，脉冲—相位变换器将修改指令信号的相位θ_1，使θ_1随θ_2而变化。当θ_1再次与θ_2相等时，误差信号$\Delta\theta=0$，从而门关闭。当滑尺相对定尺继续移动时，又有$\Delta\theta=\theta_2-\theta_1$作为误差信号去控制门电路的开启，门电路又有脉冲输出，供可逆计数器去计数和显示，并继续修改指令信号的相位θ_1，使θ_1和θ_2在新的基础上达到$\theta_1=\theta_2$。因此，在滑尺相对定尺连续不断地移动过程中，就可以实现将位移量准确地用可逆计数器计数和显示出来的目的。

任务二　智能传感器

【知识教学目标】

1. 了解智能传感器的结构和类型。
2. 了解智能传感器的功能
3. 了解智能传感器的应用。

【技能培养目标】

了解智能传感器在生产现场中的应用。

【相关知识】

智能传感器（Intelligent Sensor 或 Smart Sensor）自 20 世纪 70 年代初出现以来，随着微处理器技术的迅猛发展及测控系统自动化、智能化的发展，要求传感器准确度高、可靠性高、稳定性好，而且具备一定的数据处理能力，并能够自检、自校、自补偿。近年来，随着微处理器技术、信息技术、检测技术和控制技术的迅速发展，对传感器提出了更高的要求，不仅要具有传统的检测功能，而且要具有存储、判断和信息处理功能。以上都促使传统传感器产生了一个质的飞跃，由此诞生了智能传感器。所谓智能传感器，就是一种带有微处理机，兼有信息检测、信号处理、信息记忆、逻辑思维与判断功能的传感器。即智能传感器就是将传统的传感器和微处理器及相关电路进行一体化的结构。

智能传感器这一概念，最初是在美国宇航局开发宇宙飞船过程中提出的。宇宙飞船设计人员需要知道宇宙飞船在太空中飞行的速度、位置、姿态等数据，同时为使宇航员在宇宙飞船内能正常工作、生活，还需要控制舱内的温度、湿度、气压、空气成分等，因而需要安装各式各样的传感器。另外，宇航员在太空中，进行各种实验也需要大量的传感器。这样一来，要处理众多的传感器获得的信息，就需要大量的计算机来处理，这在宇宙飞船上显然是行不通的。因此，宇航局的专家们就希望有一种传感器能解决这些问题。于是，就出现了智能传感器。智能传感器可以对信号进行检测、分析、处理、存储和通信，具备了人类的记忆、分析、思考和交流的能力，即具备了人类的智能，所以称之为智能传感器。

计算机软件在智能传感器中起着举足轻重的作用。由于“电脑”的加入，智能传感器可通过各种软件对信息检测过程进行管理和调节，使之工作在最佳状态，从而增强了传感器的功能，提升了传感器的性能。此外，利用计算机软件能够实现硬件难以实现的功能，因为以软件代替部分硬件，可降低传感器的制作难度。

智能传感器系统一般构成框图如图 11-12 所示。其中作为系统“大脑”的微型计算机，可以是单片机、单板机，也可以是微型计算机系统。

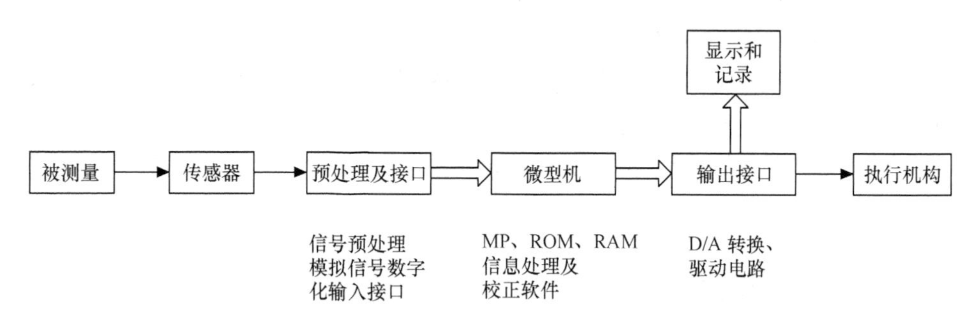

图 11-12　智能传感器的结构框图

一、智能传感器的分类

智能传感器按其结构分为模块式智能传感器、混合式智能传感器和集成式智能传感器 3 种。

模块式智能传感器是初级的智能传感器，它由许多互相独立的模块组成。将微型计算机、信号处理电路模块、输出电路模块、显示电路模块和传感器装配在同一壳体内，组成模块式智能传感器。这种传感器的集成度不高、体积较大，但它是一种比较实用的智能传感器。

模块式智能传感器一般由图 11-13 所示的几个部分构成。

混合式智能传感器将传感器、微处理器和信号处理电路等各个部分以不同的组合方式集成在几个芯片上，然后装配在同一壳体内。目前，混合式智能传感器作为智能传感器的主要类型而被广泛应用。

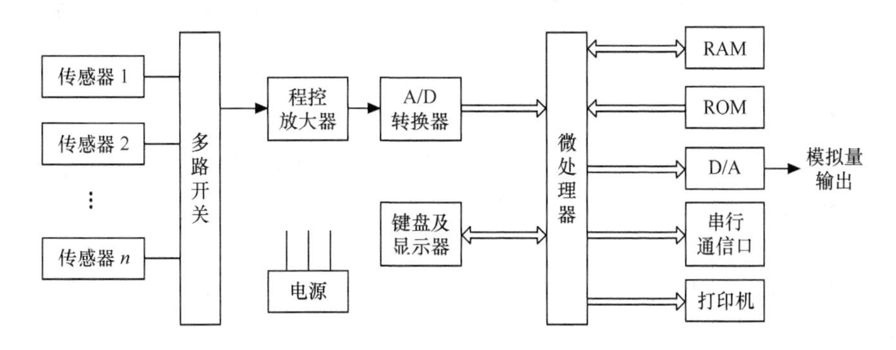

图 11-13　模块式智能传感器的构成

ST3000 系列变送器原理结构如图 11-14 所示。ST3000 系列智能压力、差压变送器，就是根据扩散硅应变电阻原理进行工作的。在硅杯上除制作了感受差压的应变电阻外，还同时制作出感受温度和静压的元件，即把差压、温度、静压 3 个传感器中的敏感元件都集成在一起，组成带补偿电路的传感器，将差压、温度、静压这 3 个变量转换成 3 路电信号，分时采集后送入微处理器。微处理器利用这些数据信息，能产生一个高精确度的输出。图中 ROM 里存有微处理器工作的主程序。PROM 里所存内容则根据每台变送器的压力特性、温度特性而有所不同，它是在加工完成之后，经过逐台检验，分别写入各自的 PD 中使之依照其特性自行修正，保证在材料工艺稍有分散性因素下仍然能获得较高的精确度。

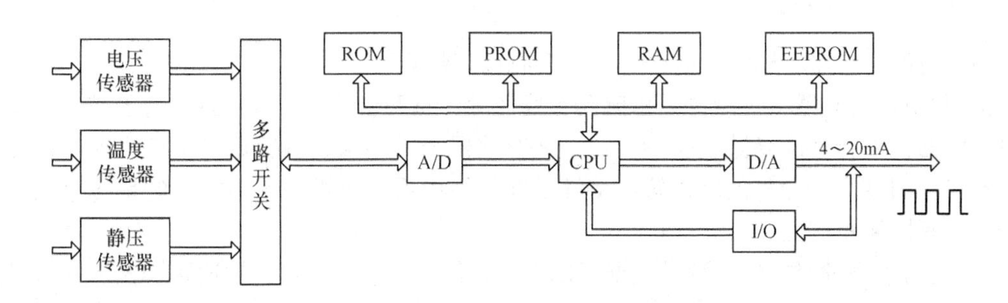

图 11-14　ST3000 系列变送器原理结构

集成式智能传感器将一个或多个敏感元件与微处理器、信号处理电路集成在同一芯片上。它的结构一般是三维器件，即立体器件。这种结构是在平面集成电路的基础上，一层一层向立体方向制作多层电路。这种传感器具有类似于人的五官与大脑相结合的功能。它的智能化程度是随着集成化程度提高而不断提高的。目前，集成式智能传感器技术正在起飞，势必在未来的传感器技术中发挥重要的作用。图 11-15 所示为三维多功能单片智能传感器的结构，在硅片上分层集成了敏感元件、电源、记忆、传输等多个部分，将光电转换等检测功能和特征抽取等信息处理功能集成在一硅基片上。利用这种技术，可实现多层结构，将传感

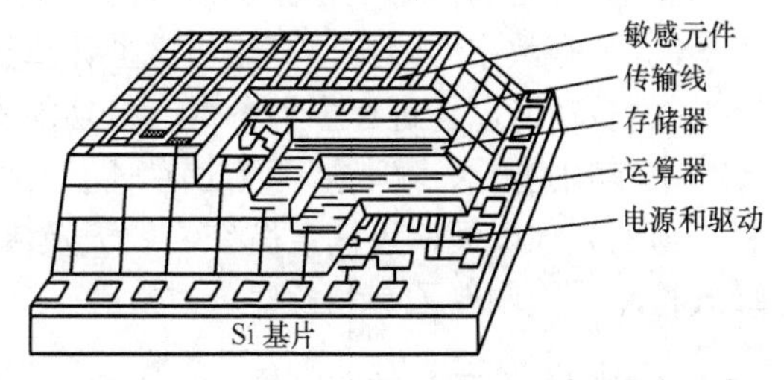

图 11-15　三维多功能单片智能传感器的结构

器功能、逻辑功能和记忆功能等集成在一个硅片上，这是集成式智能传感器的一个重要发展方向。

二、智能传感器的功能

智能传感器是具有判断能力、学习能力和创造能力的传感器。智能传感器具有以下功能。

① 自校准功能。操作者输入零值或某一标准量值后，自校准软件可以自动地对传感器进行在线校准。

② 自补偿功能。智能传感器在工作中可以通过软件对传感器的非线性、温度漂移、响应时间等进行自动补偿。

③ 自诊断功能。智能传感器在接通电源后，可以对传感器进行自检，检查各部分是否正常。在内部出现操作问题时，能够立即通知系统，通过输出信号表明传感器发生故障，并可诊断发生故障的部件。

④ 数据处理功能。智能传感器可以根据内部的程序自动处理数据，如进行统计处理、剔除异常数值等。

⑤ 双向通信功能。智能传感器的微处理器与传感器之间构成闭环，微处理器不但接收、处理传感器的数据，还可以将信息反馈至传感器，对测量过程进行调节和控制。

⑥ 信息存储和记忆功能。

⑦ 数字信号输出功能。智能传感器输出数字信号，可以很方便地和计算机或接口总线相连。

三、智能传感器的特点

与传统的传感器相比，智能传感器主要有以下特点。

① 利用微处理器不仅能提高传感器的线性度，而且能够对各种特性进行补偿。微型计算机将传感器元件特性的函数及其参数记录在存储器上，利用这些数据可进行线性度及各种特性的补偿。即使传感元件的输入输出特性是非线性关系，也没关系，重要的是传感元件具有良好的重复性和稳定性。

② 提高了测量可靠性，测量数据可以存取，使用方便。对异常情况可作出应急处理，如报警或故障显示。

③ 测量精度高，对测量值可以进行各种零点自校准和满度校正，采用了非线性误差补偿等多项新技术，因此测量精度及分辨率都得到了大幅度提高。

④ 灵敏度高，可进行微小信号的测量。

⑤ 具有数字通信接口，能与微型计算机直接连接，相互交换信息。

⑥ 多功能。能进行多种参数、多功能测量，是新型智能传感器的一大特色。

⑦ 超小型化、微型化、微功耗。随着微电子技术的迅速推广，智能传感器正朝着短、小、轻、薄的方向发展，以满足航空、航天及国际尖端技术领域的急需，并且为开发便携式、袖珍式检测系统创造了有利条件。

四、智能传感器的应用

图 11-16 所示为智能应力传感器的硬件结构图。智能应力传感器可用于测量飞机机翼上各个关键部位的应力大小，并判断机翼的工作状态是否正常以及故障情况。它共有 6 路应力传感

器和1路温度传感器，其中每一路应力传感器由4个应变片构成的全桥电路和前级放大器组成，用于测量应力大小。温度传感器用于测量环境温度，从而对应力传感器进行误差修正。采用8031单片机作为数据处理和控制单元。多路开关根据单片机发出的命令轮流选通各个传感器通道，0通道作为温度传感器通道，1～6通道分别为6个应力传感器通道。程控放大器则在单片机的命令下分别选择不同的放大倍数对各路信号进行放大。该智能式传感器具有较强的自适应能力，它可以判断工作环境因素的变化，进行必要的修正，以保证测量的准确性。

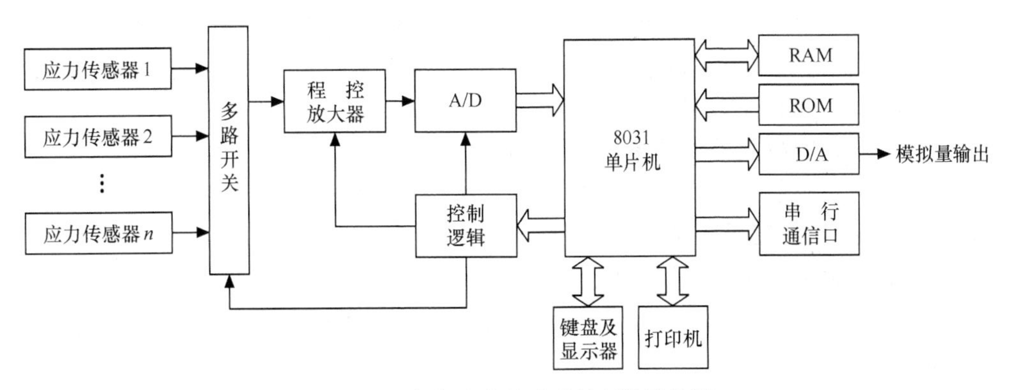

图11-16　智能应力传感器的硬件结构图

智能应力传感器具有测量、程控放大、转换、处理、模拟量输出、打印键盘监控及通过串口与计算机通信的功能。其软件采用模块化和结构化的设计方法，软件结构如图11-17所示。主程序模块完成自检、初始化、通道选择以及各个功能模块调用的功能。其中信号采集模块主要完成数据滤波、非线性补偿、信号处理、误差修正以及检索查表等功能。故障诊断模块的任务是对各个应力传感器的信号进行分析，判断飞机机翼的工作状态及是否存在损伤或故障。

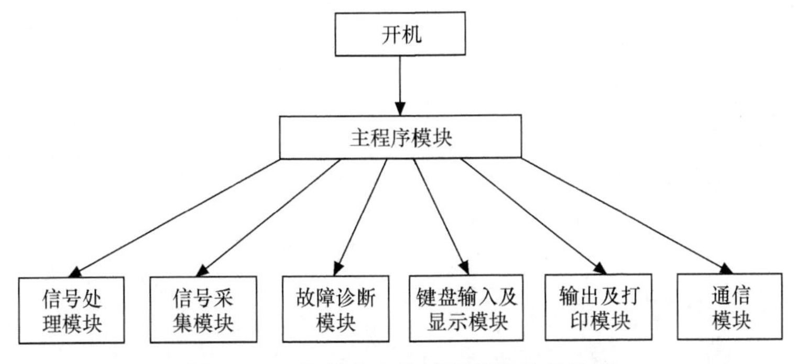

图11-17　智能应力传感器的软件结构图

任务布置

课外学习

1．利用网络搜索智能传感器在工程中的应用。
2．利用网络搜索数字式传感器在工程中的应用。

课后习题

1．光栅传感器的组成及工作原理是什么？

2．什么是光栅的莫尔条纹？莫尔条纹是怎样产生的？它具有什么特点？

3．试述光栅传感器中莫尔条纹的辨向和细分的原理。

4．二进制码与循环码各有何特点？说明它们相互转换的原理？

5．一个21码道的循环码码盘，其最小分辨率α为多少？若每一个α所对应的圆弧长度至少为0.01mm，则码盘直径有多大？

6．感应同步器有哪几种？试述它们的工作原理。

7．智能传感器一般由哪些部分组成？

8．智能传感器有哪些显著特点？

9．智能传感器应用于哪些领域？

单元十二
信号的放大与处理电路

在日常生活和工作中，人们接触到的被测量大多是非电物理量，前面章节讲的传感器就是将非电物理量转换为电量。然而从传感器输出的电量一般都是微弱信号，并且还包括一些噪声信号，不能直接用于推动指示器、记录仪或各种控制机构，因此必须要对传感器输出的微弱信号进行有效的放大与转换处理。本章的主要内容就是讨论如何将传感器输出的信号进行放大、转换、处理等。只有这样才能将传感器输出的有用信号、无用信号、代表不同测量信息的各种信号分离，将微弱信号放大，鉴别被测信号的微小变化，经过运算处理得到被测量的各种所需表征参数，驱动控制机构或显示执行机构动作。

任务一　信号的放大电路

【知识教学目标】

1．了解常用信号放大电路。

2．熟悉各放大器类型。

3．熟悉各放大器的工作原理

【技能培养目标】

1．了解各放大器测量方法。

2．了解零点漂移的抑制方法。

【相关知识】

热电偶传感器是工业中使用最为普遍的接触式测温装置。这是因为热电偶具有性能稳定、测温范围大、信号可以远距离传输等特点，并且结构简单、使用方便。热电偶能够将热能直接转换为电信号，并且输出直流电压信号，使得显示、记录和传输都很容易。

根据传感器输出信号的不同，常见的放大电路有电桥放大器、集成运算放大器、电荷放大器、低漂移直流放大器、高输入阻抗放大器、低噪声放大器等。下面介绍几种常见的放大器。

一、电桥与电桥放大器

传感元件把各种被测非电量转换为电阻、电容、电感的变化后，必须进一步把它转换为电流或电压的变化，才有可能用电测仪表来测定，电桥测量电路正是实现这种变换的一种最常用的方法。

1．电桥

由4个电阻组成一个四边形电路，其中一组对角线接激励源（电压或电流），另一组对角线接到电桥放大器上，如图12-1所示。R_1～R_4称为电桥的桥臂。

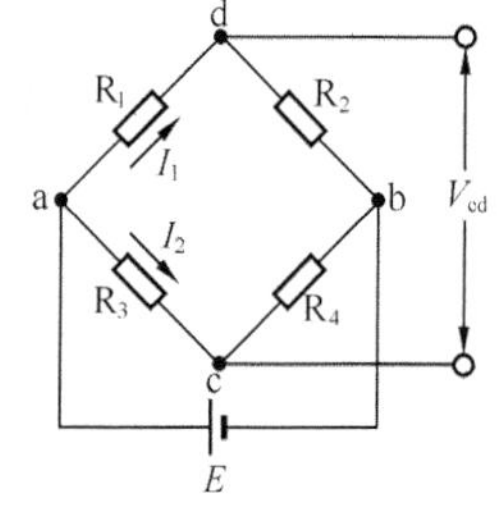

图12-1　电桥电路

在图12-1中，当输出端接到输入阻抗比较高的放大器输入端时，电桥输出端相当于开路，所以输出电流为零。此时有

$$I_1=\frac{E}{R_1+R_2}\;;\;I_2=\frac{E}{R_3+R_4}$$

由此可求出输出电压为

$$V_{cd}=I_1R_1-I_2R_3=\frac{R_1E}{R_1+R_2}-\frac{R_3E}{R_3+R_4} \tag{12-1}$$

由式（12-1）可见，要使电桥输出电压为零（亦即使电桥平衡），必须满足的条件为

$$R_1R_4=R_2R_3 \tag{12-2}$$

式（12-2）为直流电桥平衡条件。它说明欲使电桥达到平衡，其相对的两臂电阻的乘积要相等。

式（12-2）中的任何一个电阻变化，都将使电桥失去平衡，产生输出。测量此输出的大小即可测出被测参数。根据电桥中可变电阻的数目不同，电桥可分为单桥、双桥和全桥3种。

2．电桥放大器

电桥放大器的形式很多。一般要求电桥放大器具有高输入阻抗和高共模抑制比。考虑在实际应用中的种种因素，如供给桥路的电源是接地还是悬空；传感元件是接地还是悬空；输出是否要求线性关系等，应选用不同的电桥放大器。

（1）半桥式放大器

图 12-2 所示为半桥式放大器。这种桥路结构简单，桥路电源 E 不受运放共模电压范围限制，但要求 E 稳定、正负对称、噪声和纹波小。该线路的输出电压为

$$V_o = E\frac{R_f}{R}\left[\frac{x}{1+x}\right] \tag{12-3}$$

式（12-3）表明，当 x 较大时，输出电压与电阻变量呈非线性关系。

本线路抗干扰能力较差，要求输入引线短，并加屏蔽。

（2）电流放大式

图 12-3 所示为电流放大式电桥放大器，这是差动输入式线路。当 R_f>>R、x<<1 时，输出电压为

$$V_o = \frac{E}{2}\left(1+\frac{2R_f}{R}\right)\frac{x}{2+x} \approx \frac{R_f}{2R}Ex \tag{12-4}$$

该电路的特点是电桥供电电源接地。但是电路的灵敏度与电桥阻抗有关。

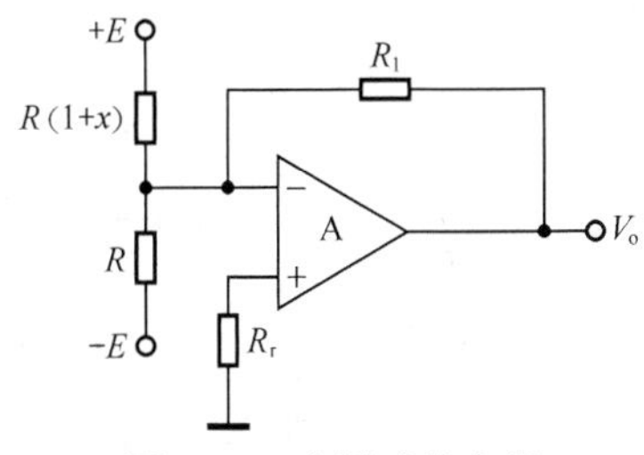

图 12-2　半桥式放大器

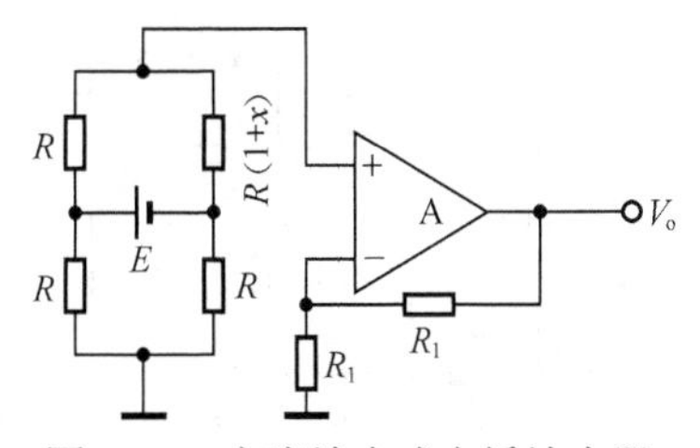

图 12-3　电流放大式电桥放大器

二、高输入阻抗放大器

很多传感器的输出阻抗都比较高，如压电传感器、电容传感器等。为了使此类传感器输出的信号在输入到测量系统时信号不产生衰减，要求测量电路具有很高的输入阻抗。下面介绍自举反馈型高输入阻抗放大器。

图 12-4 所示的电路采用了自举反馈原理，即设想把一个变化的交流信号电压（相位与幅值均与输入信号相同）加到电阻 R_G 不与栅极相连的一端（如图中 A 点），因此使 R_G 两端的交流电压近似相等，即 R_G 上只有很小电流流过，也即 R_G 所引起分路效应很小，从物理意义上理解就是提高了输入阻抗。

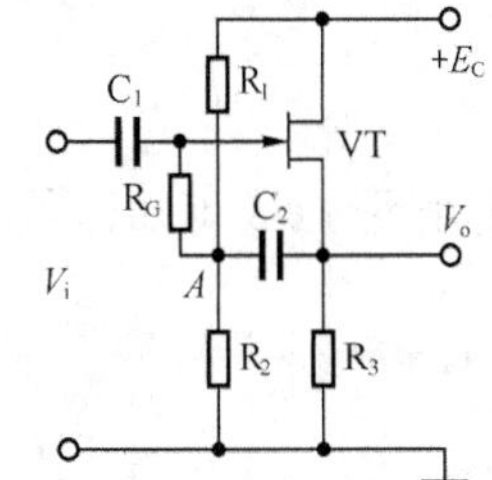

图 12-4　自举型高输入阻抗放大器之一

图 12-4 中的 R_1、R_2 产生偏置电压并通过 R_G 耦合到栅极，电容 C_2 把输出电压耦合到 R_G 的下端，则电阻 R_G 两端电压为 V_i（$1-A_v$）（A_v 为电路的电压增益）。故输入回路的直流输入电阻为

$$R_i = R_G + \frac{R_1 R_2}{R_1 + R_2} \tag{12-5}$$

必须特别指出，自举电容 C_2 的容量要足够大，以防止电阻 R_G 下端 A 点的电压与输入电压有较大的相位差而影响自举效果。为确保 R_G 两端的电压相位差小于 0.6°，则要求 C_2 的容抗 $\frac{1}{\omega C_2}$ 应比（$R_1 // R_2$）阻值小 1%。

由于场效应管是电平驱动元件，栅漏极电流很小，因而本身就具有很高的输入阻抗。加上自举电路后，具有更高的输入阻抗，其输入阻抗可高达 $10^{12}\,\Omega$ 以上。因此场效应管常用于前级阻抗变换，且由于其结构简单、体积小，可以直接装在传感器内，以减少外界干扰，在电容拾音器、压电传感器等容性传感器中有广泛应用。

运算放大器作为前置放大器时，也可利用自举原理提高输入阻抗。

图 12-5 所示电路是一种由集成运算放大器构成的自举型高输入阻抗放大器。本电路是利用自举反馈，使输入回路的电流 I_i 主要由反馈电路的电流 I 来提供。这样，输入电路向信号源吸取的电流 I_i 就可以大大减小、从而提高了本级放大器的输入阻抗。适当选择图 12-5 电路参数，可使这种反相比例放大器的输入电阻高达 100MΩ以上。若 A_1、A_2 为理想运算放大器，可应用弥勒定理，将 R_2 折算到输入端，其等效电路，如图 12-6 所示，其中 A_{o2} 为运算 A_2 的开环电压增益。

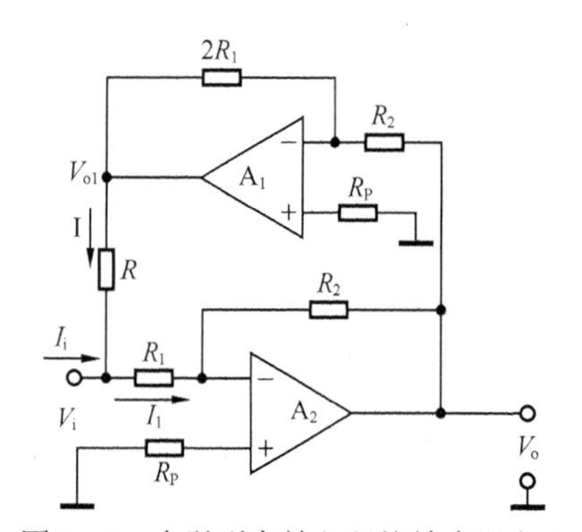

图 12-5　自举型高输入阻抗放大器之二

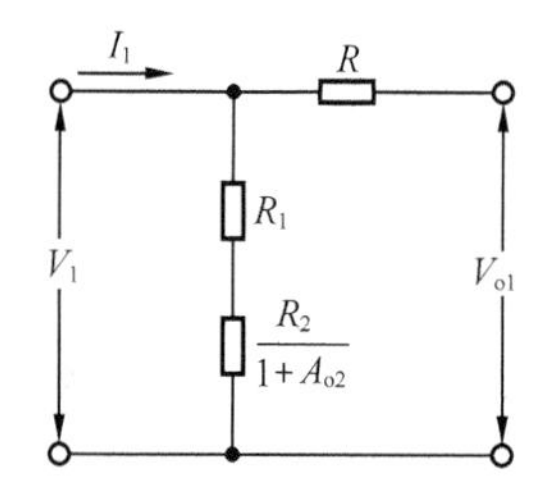

图 12-6　等效输入回路

当 $A_{o2} \to \infty$ 时，$\frac{R_2}{1+A_{o2}} \approx 0$，输入电流为

$$I_i = \frac{V_i}{R_i} + \frac{V_i - V_{o1}}{R}, \tag{12-6}$$

从而由图 12-5 可知，$V_{o1} = -\frac{2R_1}{R_2}V_o$，而 $V_o = -\frac{R_2}{R_1}V_i$，从而可得

$$V_{o1} = \left(-\frac{2R_1}{R_2}\right)\left(-\frac{R_2}{R_1}\right)V_i = 2V_i$$

代入 I_i 可得

$$I_i = \frac{V_i}{R_1} + \frac{V_i - 2V_i}{R} = \frac{R - R_i}{R_1 R}V_i \tag{12-7}$$

式（12-7）表明，当 $R = R_1$ 时，输入电流 I_i 将全部由 A_i 提供，从理论上说，这时输入阻抗

为无限大。实际上，R 与 R_1 之间总有一定偏差，若 $\frac{R-R_1}{R}$ 为 0.01%，当 $R_1=10\text{k}\Omega$，则输入阻抗可高达 $10^8\Omega$，这是一般反相比例放大器所无法达到的指标。

三、电荷放大器

电荷放大器是一种输出电压 U_o 与输入电荷 Q 成正比的放大电路。电荷放大器主要被用来与压电传感器相连，其优点在于可以避免传输电缆分布电容的影响。

图 12-7 所示为用于压电传感器的电荷放大器等效电路，这是一种带电容负反馈的高输入阻抗高增益运算放大器，它的输出电压与传感器产生的电荷分别用 V_o 和 Q 表示。图中，C_f 为放大器反馈电容，R_f 为反馈电阻，C_t 为压电传感器等效电容，C_c 为电缆分布电容，R_t 为压电传感器等效电阻，A_o 为放大器开环放大倍数。

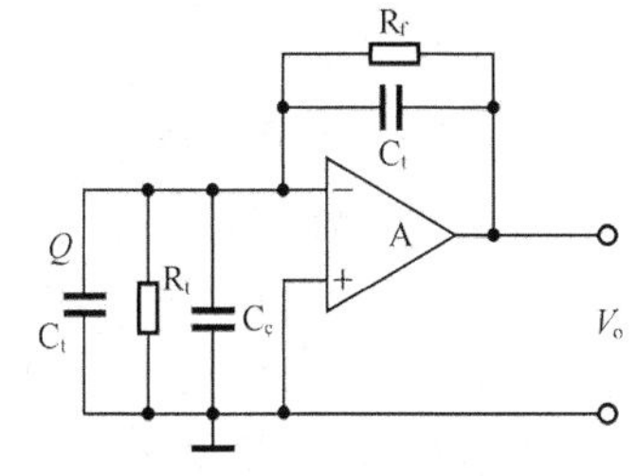

图 12-7　电荷放大器等效电路

为得到输出电压 V_o 与输入电荷 Q 间的关系，先将 C_f 与 R_f 等效到放大器的输入端，然后对各并联电路使用结点电压法求 V_o，得到

$$V_o=\frac{-\text{j}\omega QA_o}{\left[\frac{1}{R_t}+\left(1+A_o\right)\frac{1}{R_f}\right]+\text{j}\omega\left[C_t+C_c+\left(1+A_o\right)C_f\right]} \tag{12-8}$$

一般情况下，R_t、R_f 较大，C_t、C_c 与 C_f 大约是同一个数量级，而 A_o 又较大，因此，在式（12-8）中，分母中的 $(C_t+C_c)<<(1+A_o)C_f$，$[1/R_t+(1+A_o)/R_f]<<\omega(1+A_o)C_f$，由此得到

$$V_o=-\frac{A_oQ}{\left(1+A_o\right)C_f}\approx-\frac{Q}{C_f} \tag{12-9}$$

显然，只要 A_o 足够大，则输出电压 V_o 只与电荷 Q 和反馈电容 C_f 有关，与电缆分布电容无关，说明电荷放大器的输出不受传输电缆长度的影响。

四、低漂移直流放大器

低漂移直流放大器在检测系统中占有很重要的地位。在实际测量中，传感器输出的信号多是变化非常缓慢、非周期性的近似直流信号。例如热电偶、压力传感器等输出信号都是近似直流信号。当放大器对这些信号进行放大测量时，由于直流放大器存在着漂移这一难以克服的缺陷，当漂移信号与有用信号混杂在一起时，势必限制了测量精度，也限制了被检测的最小电平，因此为了能检测微弱的缓变信号，就需要设计一种低漂移直流放大器。

在直接耦合放大器中，可以采取各种措施降低零点漂移，如采用差动放大电路，元件参数对称及互补等；但是这类放大器的零漂不能做得很小，不能用来放大微伏级范围的微弱信号。

在第四代集成运算放大器中，已成功地采用了“动态校零”的稳零技术。动态校零技术就是利用零偏电压（放大器输入为零时输出对零位电压的偏移）自动补偿放大器的零漂。其基本思想是假定放大器的零偏电压是个缓慢的变量，一般来说，这种变化是连续的，因此对同一放大器而言，它在 t 时刻的零偏压和 $t+\Delta t$ 时刻的零偏压是相等的，条件是 Δt 足够小。根据这个假定，可以用放大器的前一时刻的零偏压来抵消相邻的下一时刻的零偏压，从而保证放大器输出无零偏压，实现零漂的自动补偿。

双通道放大器也称斩波稳定复合型放大器，其特点是低漂移、宽频带，常用于数字电压表的前置输入级或用以构成A/D转换部分的主积分器。

（1）电路原理

双通道放大器的方框图如图12-8所示。整个放大器由两个通道组成。辅助放大器A_2是一个调制型放大器，构成辅通道，直流信号或低频信号由它放大后送至主放大器放大。主放大器 A_1 是直接耦合型放大器，构成主通道，高频信号直接送入主放大器放大。因此对直流或低频信号而言，辅助放大器与主放大器是串联的。这样，主辅两通道的结合，使放大器既具有辅助放大器的低漂移特性，又具有主放大器的宽频带特性。

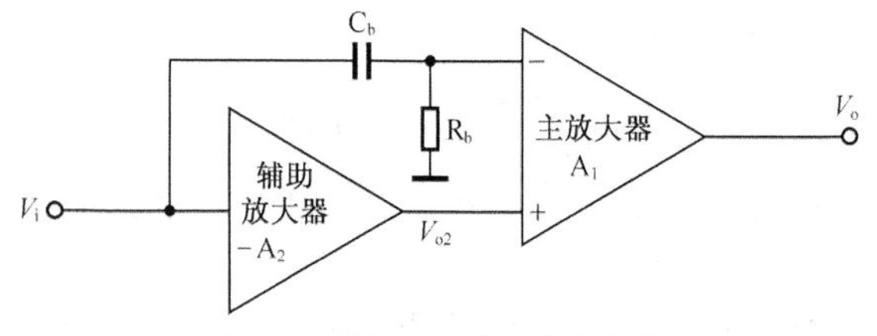

图12-8　双通道放大器方框图

（2）放大器增益及漂移特性

设运放A_1的增益为V_{v1}，失调电压为V_{os1}，运放A_2的增益为A_{v2}。

A_2的输出电压为　$V_{o2}=-A_{v2}\left(V_i+V_{os2}\right)$

A_1的输出电压为　$V_o=-A_{v1}\left(V_i+V_{os1}-V_{o2}\right)$

将V_{o2}代入上式可得　$V_o=-A_{v1}\left(V_i+V_{os1}+A_{v2}V_i+A_{v2}V_{os2}\right)$

$$=-\left[V_i\left(A_{v1}+A_{v1}A_{v2}\right)+A_{v1}V_{os1}+A_{v1}A_{v2}V_{os2}\right] \tag{12-10}$$

将式（12-10）对V_i求一阶导数，就可得放大器的增益为$A_v=\left|\dfrac{\partial V_o}{\partial V_i}\right|=A_{v1}+A_{v1}A_{v2}$，可趋近于零。

由于$A_{v1}A_{v2}>>A_{v1}$，所以

$$A_v\approx A_{v1}A_{v2} \tag{12-11}$$

式（12.10）右边第二、三项为输出失调误差项，把它们折算到放大器的输入端，并考虑到A_2放大器是调制型放大器，其失调电压$V_{os2}\approx 0$，故等效输入失调电压为

$$A_{os}=\frac{V_{os1}}{A_{v2}}+V_{os2}\approx\frac{V_{os1}}{A_{v2}} \tag{12-12}$$

由式（12-12）可见，只要A_{v2}足够大，双通道放大器的失调电压就会变得足够小，从而有效地抑制了零点漂移现象。

任务二　信号处理电路

【知识教学目标】

1．了解信号处理的作用。

2．熟悉常用信号处理电路类型。

3．理解各信号处理电路的工作原理。

【技能培养目标】

1．了解信号处理电路的应用。

2．能够对选择低频和高频信号。

【相关知识】

非电量经传感器转换成电量之后，为了对这些被测信号特性作进一步的分析研究，必须对变换后的电量进行处理，然后再送入记录仪器或显示装置。

信号处理的内容主要是根据被测信号的特性及对被测信号的分析、研究、应用的具体要求而定。在传感器处理电路中通常要对信号进行滤波，滤去不必要的高频或低频信号，或是取得某特定频率的信号；有时要把双极性信号转换为单极性信号，即对信号取绝对值；在震动测量中感兴趣的往往是被测信号的峰值，并且希望将其保持下来；在检测非正弦或随机信号时，往往需要取得被测信号的真有效值，来分析功率谱密度及频谱特性。

一、绝对值检测电路

绝对值检测电路又称全波整流电路，它能将双极性信号变为单极性信号，主要用在幅值检测等方面。

从电子技术课程中可知，半导体二体管具有单向导电特性，可以作为检波元件使用。但由于二极管存在死区电压，因此，当输入小信号时，误差很大。如果把二极管置于运算放大器的反馈回路中，可以使检波性能十分精确。绝对值电路就是一种带有二极管反馈回路的运算放大器，可实现对信号的检波，故又称精密整流电路。

1. 线性检波（半波整流）电路

图 12-9 所示为常用的半波整流电路以及它的波形。该电路具有反相结构，反相输入端为虚地。当输入电压 v_i 为正极性时，放大器输出 v_o' 为负，VD_2 导通，VD_1 截止，输出电压 v_o 为零。当输入电压 v_i 为负极性时，放大器输出为正，VD_1 导通，VD_2 截止，电路处于反相比例运算状态。根据上述分析可得

$$v_o=\begin{cases}0 & v_i \geqslant 0 \\ \dfrac{R_f}{R_1}|v_i| & v_i < 0\end{cases}$$

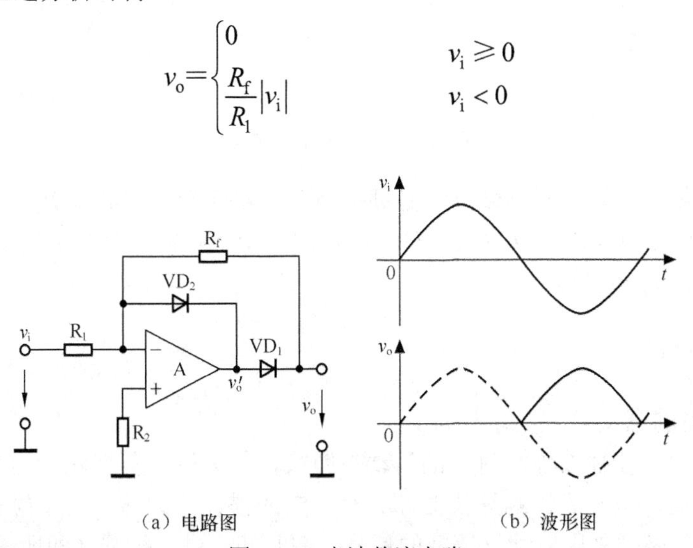

（a）电路图　　（b）波形图

图 12-9　半波整流电路

显然，只要运算放大器的输出电压 U_o 在数值上大于整流二极管的正向导通电压，VD_1 和 VD_2 中总有一个处于导通状态，另一个处于截止状态，电路就能正常检波。所以，这个电路能检波的最小输入电压为 V_D/A_o，其中 V_D 为二极管正向压降，A_o 为运算放大器开环电压增益。

可见二极管正向压降的影响被削弱了 A_o 倍，从而使检波特性大大改善，例如，运算放器的开环电压增益为 5×10^4，二极管的正向压降为 0.5V，则最小检波电压为 10μV。如果需要检波的是正极性的输入电压，只要把电路中的两个二极管同时反接即可。

2．绝对值电路

在半波整流电路的基础上，加一级加法运算放大器，就组成了简单的绝对值电路。图 12-10 即为简单绝对值电路以及它的波形。电路图中，$R_1=R_2$，$2R_5=R_4=R_6$，$R_3=R_1/\!/R_2$，$R_7=R_4/\!/R_5/\!/R_6$，A_1 构成半波整流电路，在 R_1=R_2 的条件下，v_1 与输入电压 v_i 的关系为

$$v_1=\begin{cases}0 & v_i\leqslant 0\\ -v_i & v_i>0\end{cases} \tag{12-13}$$

v_1 与 v_i 由反相加法运算放大器 A_2 求和。当 $v_i\leqslant0$ 时，$v_1=0$，由于 $R_4=R_6$，所以 $v_o=-v_i$

当 $v_i>0$ 时，$v_1=-v_i$，由于 R_5=$R_6/2$，所以 $v_o=-2v_1-v_i=v_i$ 即 $v_o=|v_i|$。这样，不论输入信号极性如何，输出信号总为正，而且数值上等于输入信号的绝对值，从而实现了绝对值输出。

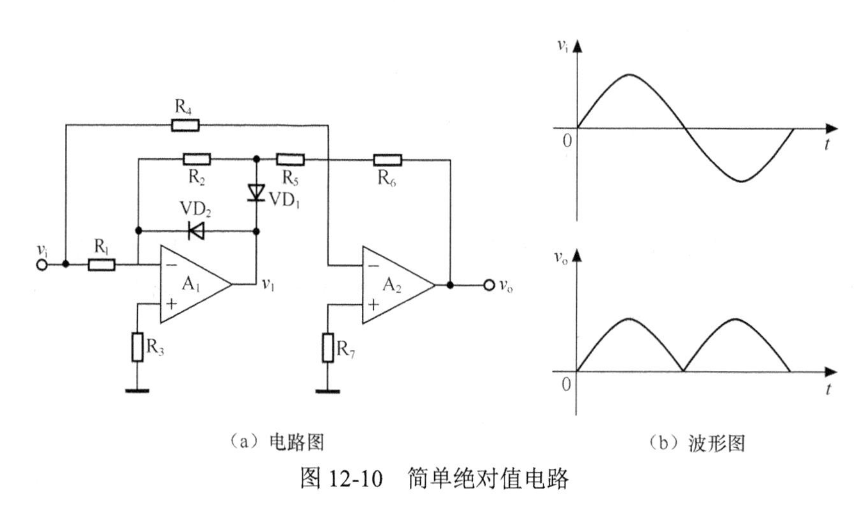

（a）电路图　　（b）波形图

图 12-10　简单绝对值电路

这种电路的缺点是要达到高精度，必须使电阻严格匹配，即要求 $R_1=R_2$，$2R_5=R_4=R_6$。在实际中，这是较困难且不方便的。另外，上述电路由于是在运算放大器反相端输入，所以，输入电阻较低，仅为 $R_1/\!/R_4$。

二、峰值保持电路

1．峰值测量的意义

在实际工作中，往往被检测对象的运动参数最值得关注。需要精确地测出随时间迅速变化的某参数的峰值，但一般的测量仪器都具有一定的惯性，因此，为了检测被测对象运动参数的瞬时峰值，就必须采用持续周期短的信号，在时间上进行扩展（即所谓保持），以便于指示和记录。

例如，在轧钢过程中，轧机断辊事故绝大多数是出现在轧机“咬钢”的短暂过程中。人们自然会问是什么原因。经研究发现：钢坯在进入轧机的短暂过程中，轧制力 F 随时间 t 的变化情况如图 12-11 所示。

从图 12-11 中曲线看出，就轧机咬钢过程而言，轧制力在极短时间内迅速上升到峰值 F_p，之后在极短时间内迅速下降到正常轧制力 F_c。因此，在咬钢过程中，承受的是冲击负荷。尽管冲击负荷持续时间很短，但是它的数值却很大，往往比正常负荷高很多。如果冲击负荷超过轧机的允许负荷，就很容易出现断辊事故。为了保证轧钢生产的顺利进行，应保证轧机咬钢时所承受的冲击负荷小于轧机允许的最高负荷，这就应及时而准确地将冲击负荷的最高值——轧制力峰值 F_p 测量出来，为安全生产提供可靠数据。

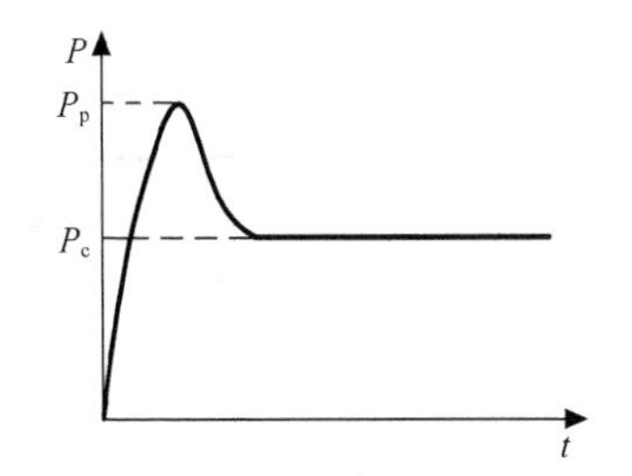

图 12-11　轧钢咬钢过程中轧制力的变化规律

其他如冶金工业生产中的扫描式辐射表面温度测量、核工程中的高强度冲击力的测量等最后都归结为峰值测量技术问题，因此峰值测量技术在工程中占有很重要的地位。

2．峰值保持电路的工作原理

从上面的分析看出，峰值保持器是一种特殊的采样保持器，又叫峰值检波器。对于峰值保持电路，要求其输出信号 V_o 能自动跟踪输入信号 V_i 到峰值，并自动保持下来，之后输入信号的变化，只有其幅值大于先前所保持的峰值时，输出才继续跟踪输入一直到新的峰值。用数学语言说就是，峰值保持器的输出最终保持的是峰值。峰值保持器的输入和输出信号随时间变化的波形关系如图 12-12（a）所示。图 12-12（b）所示为峰值保持电路原理图，它由二极管 VD、电容 C 以及由运算放大器构成的电压跟随器组成。

当输入信号时，由于二极管 VD 正向电阻很小，电容 C 很快被充电到输入电压 V_i 的峰值，输出电压 V_o 也很快达到最大值，这是电容 C 的充电过程，也称跟踪阶段。当 V_i 过峰值下降，二极管 VD 就截止。由于 VD 的反向电阻及运算放大器的输入阻抗都很高，所以电容 C 上电荷放得很慢，这样使输出电压保持下来，此时电路处于保持阶段。

上述电路由于二极管 VD 有 0.5～0.7V 的不灵敏区，且二极管还存在非线性，故精度不高。此外，受二极管截止时的漏电流和存储电容 C 的漏电流及输出放大器输入阻抗的限制，都会使存储电容上的电压产生漂移，而二极管的反向漏电流又随反向电压的增高而增大，因而上述电路的峰值保持时间不长。下面介绍两种工程实用的峰值保持电路。

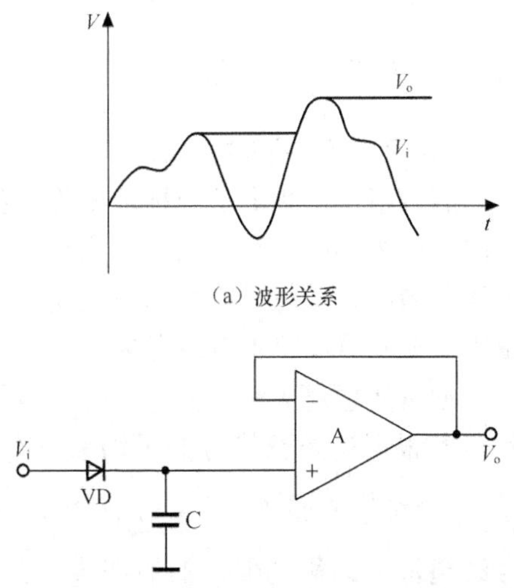

图 12-12　峰值保持电路

3．低漂移率峰值保持电路

图 12-13 所示为一个低漂移率同相型峰值保持电路。图中 A_2 是具有场效应管作为输入级的高阻抗运算放大器，它置于总反馈回路内，有利于提高跟踪精度。A_1 选用具有高共模抑制比的运算放大器，它主要为存储电容提供稳定的充电电流。

当 $V_i > V_o$ 时，VD_1 导通，场效应管 VT_1 的栅源电压近于 0.6V，故 VT_1 导通，运放 A_1 通过 VD_1、VT_1 对电容 C_1、C_2 充电，使输出跟踪输入。

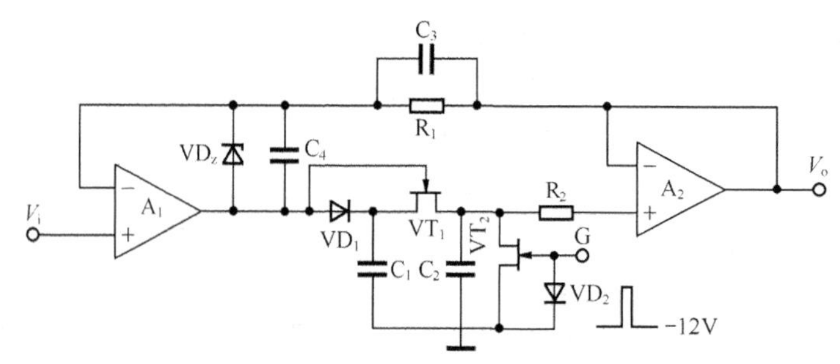

图 12-13　低漂移率同相型峰值保持电路

当 $V_i < V_o$ 时，VD_1 截止，A_1 的输出端也即 VT_1 的栅极为负电压，而 VT_1 的源极由于 C_1 的缓慢放电，所以仍为正电压，因而 VT_1 截止。这时电容 C_2 与 A_1 输出端之间的漏电流通道被 VD_1 相 VT_1 切断，电路进入保持阶段。在保持阶段电容 C_1 和 C_2 上几乎相等，即 VT_1 漏源之间的压降很小，因此 VT_1 所产生的漏电流非常微小。这样该电路可以看成具有双重保持功能的峰值保持器，即 VD_1、C_1 为第一重，VT_1、C_2 为第二重。因而该电路与一般峰值保持器相比，其保持电压的漂移率可改善两个数量级，可达到 0.09mV/s。稳压管 VD_2 的作用是使 A_1 的负输出电压嵌位在−10V，以免 A_1 过载饱和。

VT_2 为场效应开关管，用以清除保持电压。当复位指令出现时，场效应管 VT_2 导通，C_2 通过 VT_2 放电，V_{C2} 回零。复位指令消失后，VT_2 截止，又开始新的峰值保持过程。R_2 为保护电阻，防止电压突变而使 A_2 过载。C_3 与 C_4 可提高电路的稳定性及改善动态响应特性。

三、有效值检测电路

1．有效值检测的意义

有效值在工程上是一种常见的重要参数。在电子技术中它反映了交流电量（电流、电压、功率）的大小；在机械振动中它反映了动能和位能的大小；在随机振动测量中，测出了某一窄频带内的有效值，就可以得到功率谱密度，从而对随机振动进行谱分析或控制；在噪声测量中，有效值反映了噪声电平和噪声功率大小。

通常要想对正弦波信号进行有效值测量，常用被测信号的平均值乘以波形因数而间接得到。其根据是正弦信号的平均值与有效值之间有确定的关系，即正弦信号的有效读数等于 $\pi/2\sqrt{2}$ *平均值读数，$\pi/2\sqrt{2}$ 称为波形因数。测量交流电压有效值的电压表实际上多是测量信号经整流后的平均值，然后在表头刻度时乘以波形因数。这种方法只有当被测信号是正弦波时才正确。若正弦波有畸变，则这种方法在原理上就不正确了。当用该工作原理的仪器去测量非正弦信号，那就更不正确了。因此，有必要寻求一种直接测量任意波形信号有效值的方法。

2．有效值检测的原理和方法

从物理学和数学知识可知，一个随时间变化的物理量 y 的有效值 Y 定义为

$$Y=\sqrt{\frac{1}{T}\int_0^T y^2\bullet \mathrm{d}t} \tag{12-14}$$

式中：T——该物理量变化的周期或指该量从加入到稳定指示所需的时间。

在电工学中，电流、电压的有效值分别定义为

$$I=\sqrt{\frac{1}{T}\int_{0}^{T}i^{2}\cdot \mathrm{d}t} \tag{12-15}$$

$$V=\sqrt{\frac{1}{T}\int_{0}^{T}v^{2}\cdot \mathrm{d}t} \tag{12-16}$$

式中：i——随时间周期变化或任意变化的电流；

v——随时间周期变化或任意变化的电压。

从有效值的定义式可知，为了检测有效值，必须先将输入信号平方，然后再求该平方值的平均根值。所有的有效值检测电路都应能完成这两种运算。

为说明有效值检测电路的工作原理，下面详细介绍通用性较强的采用折线逼近法来获得抛物线特性的有效值检测的工作原理。图 12-14 所示即为采用 5 段相应的折线去逼近某一条所需的抛物线。显然折线段数越多，则越接近抛物线。在实际电路中，用 5 段折线来逼近，就可满足一定的测量精度要求。

图 12-15 所示为折线逼近式有效值电路。为了便于说明电路的工作原理，设输入信号 v_i 为正弦信，即 $v_i=V_m\sin\omega t$。信号经桥式整流后加到 R_1、R_2、R_3、R_4 组成的分压器上，并对电容 C 充电。为简化电路分析，设电路中的二极管均为理想二极管，即不存在死区电压，且电流与电压呈线性关系。

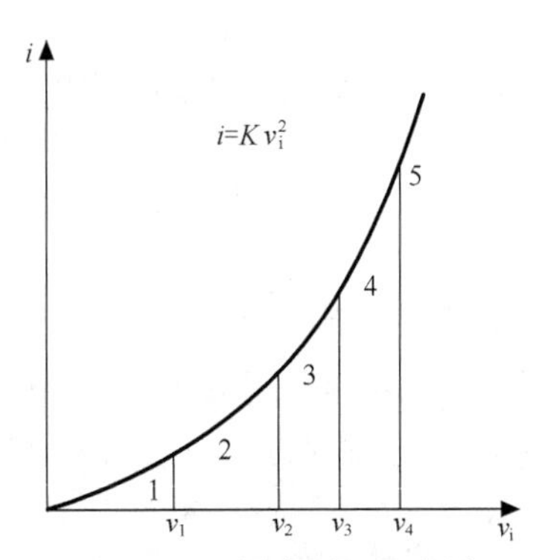

图 12-14　折线逼近示意图

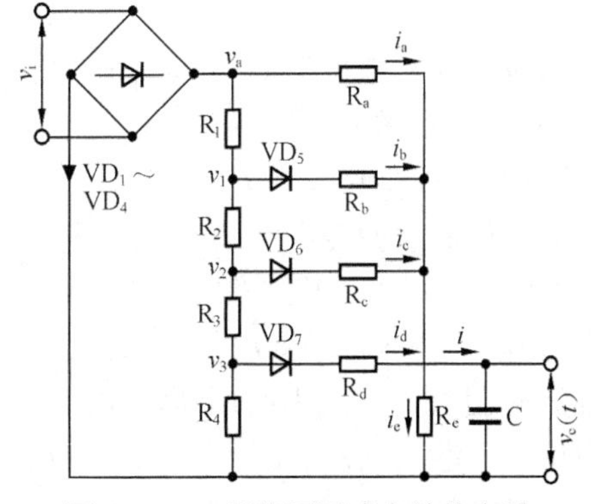

图 12-15　折线逼近式有效值电路

在输入电压 v_i 的作用下，经过一段时间后，电容 C 上的平均电压将趋于稳定。电容 C 上电压的稳定过程如图 12-16 所示。

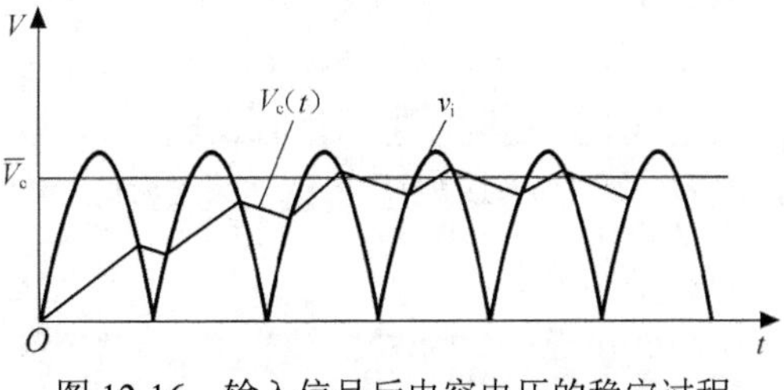

下面需要知道的是稳定后电容上的电压 $V_c(t)$与输入电压 v_i 的关系，因此下面着重分析电容上电压稳定后的电路工作情况。

图 12-16　输入信号后电容电压的稳定过程

图 12-17 给出了电容电压稳定后的 $V_c(t)$ 和 $i\sim v_i$ 的波形图。图 12-17（b）以输入信号 v_i 的零点作为坐标原点。在 $v_i<NV_c(t)$（N 为分压系数，$N=\dfrac{R_1+R_2+R_3+R_4}{R_1+R_2+R_3+R_4+R_a}$）时，整流电桥处于截止工作状态，电桥无电流流出，此时 $v_a=NV_c(t)$，

电容C处于放电工作状态，放电电流$-i$包括电阻R_e中的电流i_e和流经电阻R_a中的电流$-i_a$。放电电流$-i$的绝对值随着电容放电，以近似线性的速率减小，如图12-17（b）中的折线1所示。

当输入电压v_i随时间逐渐增加至$v_i \geqslant NV_c(t)$时，整流电桥开始处于正常工作状态，$v_a = v_i$。此时$-i_a$随着v_i的增大而进一步减小，因而放电电流$-i$也随着v_i的增大而进一步减小。随着v_i的进一步增大，当达到$v_a = v_i \geqslant V_c(t)$时，电流$(-i_a)$开始变换方向，$i_a = [v_a - V_c(t)]/R_a$，$i$的变化如图12-17（b）中的折线段2的下半部分所示。在i_a的数值小于i_e的情况下，电容C仍处于放电状态，但放电电流值随v_a的增加而减小。v_i继续增大，当达到$i_a \geqslant i_e$时，电容C由放电变为充电，电容C的端电压从$V_c(t)$开始由下降变为上升。电流$i = i_a - i_e$，变化的斜率不变，如图中折线段2的上半部分所示。此时v_i在电阻链R_1、R_2、R_3、R_4上的分压$v_i < V_c(t)$，VD_5仍截止。

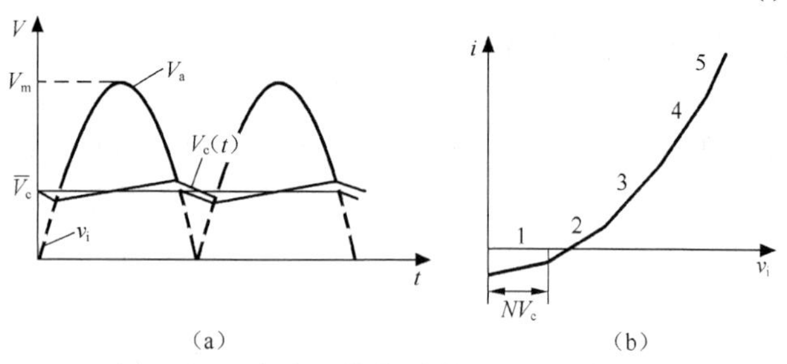

图12-17　电容平均电压稳定后的工作状态

v_i随时间继续增加，当$v_i \geqslant V_c(t)$时，二极管VD_5导通，v_1开始经电阻R_b，以$i_b = \dfrac{[v_1 - V_c(t)]}{R_b}$对电容C充电。充电电流$i = i_a + i_b - i_e$，它的变化斜率由于$i_b$的加入而发生变化，如图中折线段3所示。$v_i$进一步增大，$v_2$、$v_3$…依次大于$V_c(t)$，二极管$VD_6$、$VD_7$…依次导通，充电电流$i_c$、$i_d$…依次增加，从而变为$i_a+i_b+i_c-i_e$、$i_a+i_b+i_c+i_d-i_e$…，如图中折线4、5…，直至$v_i$增至$V_m$为止。充电电流变化曲线如图中折线4、5…所示。

v_i增至V_m之后，开始随时间而下降。于是充电电流也开始下降，逐步由$i_a+i_b+i_c+i_d \cdots -i_e$变为$i_a+i_b+i_c-i_e$、$i_a+i_b-i_e$和$i_a-i_e$，$v_i$继续下降，当达到$i_a \leqslant i_e$时，电容C开始由充电变为放电。放电电流$-i$随着$i_a$的减小而逐渐增大。当$V_c(t) > v_i \geqslant NV_c(t)$时，$i_a$改变方向。当$v_i \leqslant NV_c(t)$时，整流电桥处于截止状态，$i_a = -V_c(t)/(R_a+R_1+R_2+R_3+R_4)$，直至$v_i = 0$，然后开始第二循环。

在上述循环过程中，可以把电流i分解为两部分：一部分是电容C向R_e放电的电流，其值为$i_e = V_c(t)/R_e$；另一部分是随v_i变化的电流i'，它可以是经电阻R_a向电容C充电的电流i_a，也可以是同时经R_b、R_c、R_d…向电容C充电的电流i_b，i_c和i_d之和。当电容C的端电压$V_c(t)$达到动态平衡时，电容C放电所失去的电荷量应等于它被充电所获得的电荷量。当电容C上的平均电压V_c达到稳定时，可以近似地认为，电容C以恒定电压$\overline{V_c}$放电于是有

$$\frac{\overline{V_c}}{R_e}T = \int_0^T i' \cdot \mathrm{d}t \tag{12-17}$$

式中的i'随输入电压v_i变化而变化，当$v_i < NV_c(t)$时

$$i' = -\frac{V_c(t)}{R_a + R_1 + R_2 + R_3 + R_4}$$

当$v_{\rm i} > V_{\rm c}(t) > \dfrac{R_2+R_3+R_4}{R_1+R_2+R_3+R_4}v_{\rm i}$时

$$i' = \frac{v_{\rm i} - V_{\rm c}(t)}{R_{\rm a}}$$

当　$\dfrac{R_2+R_3+R_4}{R_1+R_2+R_3+R_4}v_{\rm i} > V_{\rm c}(t) > \dfrac{R_3+R_4}{R_1+R_2+R_3+R_4}v_{\rm i}$

$$i' = \frac{v_{\rm i} - V_{\rm c}(t)}{R_{\rm a}} + \frac{\dfrac{R_2+R_3+R_4}{R_1+R_2+R_3+R_4}v_{\rm i} - V_{\rm c}(t)}{R_{\rm b}}$$

从以上分析可以看出，电阻R_1、R_2、R_3、R_4组成的分压器决定了i—$v_{\rm i}$曲线的折点电压v_1、v_2、v_3…；而电阻$R_{\rm a}$、$R_{\rm b}$、$R_{\rm c}$…决定了电流i，亦即各段折线的斜率。因此，合理地选择电路的电阻值，就可以得到一条与抛物线相逼近的i—$v_{\rm i}$折线。

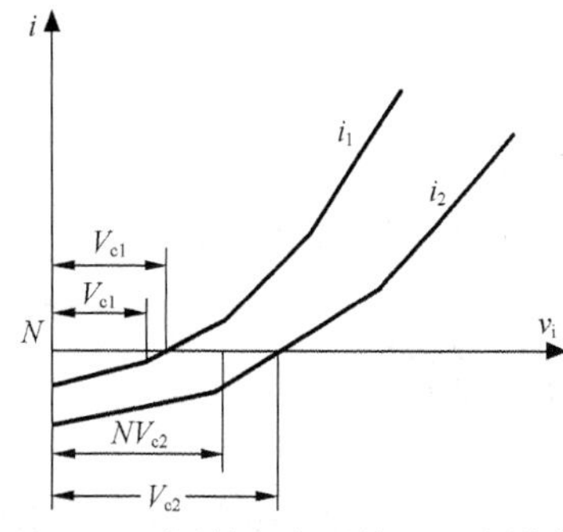

图12-18　不同输入电压的i—$v_{\rm i}$折线特性

对于该电路，当选定测量$v_{\rm i1}$和$v_{\rm i2}$两个不同的电压信号时，与它相对应，将在电容C两端得到两个不同的平均电压$V_{\rm c1}$和$V_{\rm c2}$。由于电路参数没有变化，所以在不同的$v_{\rm i}$时，所得到的i—$v_{\rm i}$折线是平行的。但是，由于$V_{\rm c}$值的不同，整个折线将产生位移，如图12-18所示。由于折线实际逼近于一条抛物线，因此，充电电流i_1和i_2可以写为

$$\begin{cases} i_1 = K_1 v_{\rm i}^2 - i_{\rm a1} \\ i_2 = K_2 v_{\rm i}^2 - i_{\rm a2} \end{cases} \tag{12-18}$$

式中：$i_{\rm a1} = \dfrac{\overline{V_{\rm c1}}}{R_{\rm a}+R_1+R_2+\cdots}$；　　$i_{\rm a2} = \dfrac{\overline{V_{\rm c2}}}{R_{\rm a}+R_1+R_2+\cdots}$

由图12-15的电路可知，当$i=0$时，$v_{\rm i}=V_{\rm c}(t)$。

由式（12-18）可得　$\begin{cases} i_{\rm a1} = K_1\overline{V_{\rm c1}}^2 \\ i_{\rm a2} = K_2\overline{V_{\rm c2}}^2 \end{cases}$

将$i_{\rm a1}$和$i_{\rm a2}$代入，于是有$\dfrac{\overline{V_{\rm c1}}}{\overline{V_{\rm c2}}} = \dfrac{K_2}{K_1}$，或写成$K_1\overline{V_{\rm c1}} = K_2\overline{V_{\rm c2}}$。

同理，对于n个不同的输入电压，则有$K_1\overline{V_{\rm c1}} = K_2\overline{V_{\rm c2}} = \cdots = K_{\rm n}\overline{V_{\rm cn}} =$常数。

上述结果表明，由图12-15所示电路所形成的i—$v_{\rm i}$折线是一组随输入电压$v_{\rm i}$幅值的不同而不同的折线族，它满足$K\overline{V_{\rm c}}$=常数。设常数为H，并将$i' = K_{\rm vi}{}^2$代入式（12-17），则可得

$$\overline{V_{\rm c}} = \sqrt{R_{\rm e}H}\sqrt{\frac{1}{T}\int_0^T v_{\rm i}^2{\rm d}t} \tag{12-19}$$

上式表明，图12-15所示电路中电容C上的平均电压正比于被测电压$v_{\rm i}$的有效值。因此，

采用此电路即可实现有效值检测。

上述分析结果是在假定图12-15电路中所采用的整流元件VD_1～VD_7为理想二极管的情况下获得的。若采用一般的晶体二极管作整流元件，则不可能得到如此精确的测量结果。众所周知，一般的整流元件都是非线性的，它的正向特性不是直线。二极管在小电流情况下，非线性是很严重的，同时，在正向导通时，它还存在一个“阈值”电压，而它的反向特性又不可避免地有漏电流存在，因此，为了提高测量精度，在有效值测量电路中都采用精密整流器作为电路中的整流元件。

任务布置

课外学习

查阅噪声抑制方法。

课后习题

1．常见的放大器的种类有哪些？
2．各种放大器的特点是什么？
3．各种放大器主要用于什么样的信号电路？
4．常见的信号处理电路有哪些？
5．常见信号处理电路主要应用什么场所？
6．峰值处理有何意义？

单元十三
信号的转换

现在的测控系统中，特别是智能控制，在测量非电物理量时，通过传感器转换成电量后往往要送入单片机进行处理，单片机处理后的数据，也要送给执行机构或显示装置，然而单片机要处理的信息只能是数字信息，所以要把模拟信号转换成数字信号，在执行控制机构中往往用到的又是模拟信息，这样又要把数字信号转换成模拟信号。有时传感器输出的信息要经过很长的距离才能到达测量仪器，这样在传输过程中势必要受到外界的干扰，特别是模拟小信号在强的电磁场中。信号干扰一般都是对信号幅度的干扰，而对信号的频率一般没有干扰，为了解决干扰问题，可以先把模拟量转换成频率量，传输后再变成模拟量。这就是本章要解决的问题。

任务一　D/A 转换电路

【知识教学目标】

1. 了解 D/A 转换电路的作用。
2. 熟悉常用 D/A 转换电路的类型。
3. 了解 D/A 转换电路的工作原理。

【技能培养目标】

1. 了解 D/A 转换电路的应用。
2. 集成 DAC 器件。

【相关知识】

一、DAC 的基本概念和原理

数字量用代码按数位组合起来表示，对于有权码，每位代码都有一定的权。为了将数字量转换成模拟量，必须将每一位的代码按其权的大小转换成相应的模拟量，然后将这些模拟量相加，即可得到与数字量成正比的总模拟量，从而实现了数字量—模拟量转换。这就是构成 D/A 转换器的基本思路。

图 13-1 所示为 D/A 转换器的输入、输出关系框图，D_0～D_{n-1} 是输入的 n 位二进制数，v_o 是与输入二进制数成比例的输出电压。

图 13-2 所示为一个输入为 3 位二进制数时 D/A 转换器的转换特性，它具体而形象地反映了 D/A 转换器的基本功能。

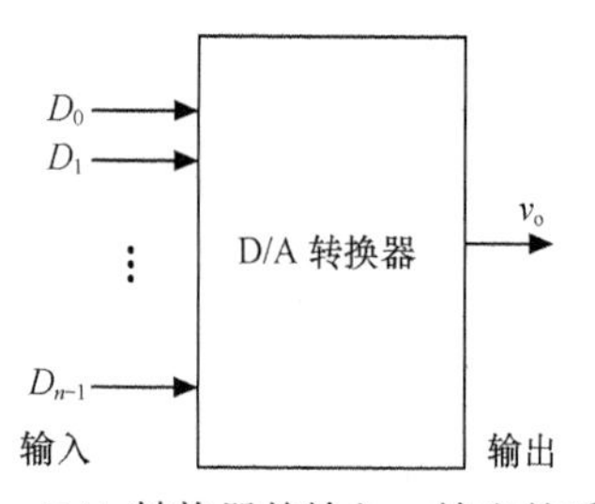

图 13-1　D/A 转换器的输入、输出关系框图

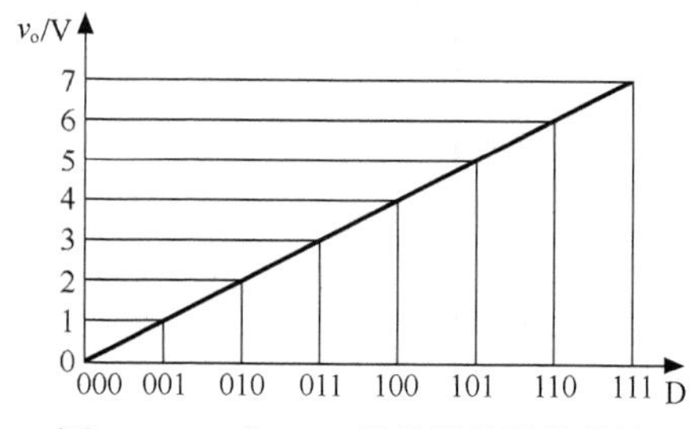

图 13-2　3 位 D/A 转换器的转换特性

DAC（数字模拟转换器）的功能是把输入的数字量转换成与输入数字量成正比的模拟量电压或电流去驱动、控制执行机构。设 DAC 输入的数字量为 n 位二进制数码 D（$=D_{n-1}D_{n-2}\cdots D_0$），$D_{n-1}$ 为最高位，D_0 为最低位，则 D 的数值可表示为

$$D=(D_{n-1}2^{n-1}+D_{n-2}2^{n-2}+\cdots+D_0 2^0)=\sum_{i=0}^{n-1}D_i 2^i \tag{13-1}$$

DAC 电路的输出量 A 应该是与 D 成正比的模拟量，即

$$A=KD=K\sum_{i=0}^{n-1}D_i 2^i \tag{13-2}$$

式中：K——模拟参考量或称为转换比例系数；

D_i——数字量 D 的第 i 位代码，其值为 0 或 1，2^i 为第 i 位的权。

式 13-2 为转换特性表达式。

DAC 的种类很多，按电阻网络的结构不同，有权电阻型 DAC、T 形电阻 DAC 和倒置 T 形电阻 DAC 等；按电子开关电路的形式不同，有 CMOS 开关 DAC 和双极型开关 DAC。

二、T 形电阻网络 DAC

图 13-3 所示为一个 4 位 T 形电阻网络 DAC 电路图。它由电阻网络、模拟开关和求和放大器 3 部分组成。每个支路由一个电阻和一个模拟开关串联而成，其中的模拟开关分别受各位输入数码的控制。当数码 D_i 为 1 时，开关接通参考电压源 U_{REF}；当数码 D_i 为 0 时，开关接地。

下面分析 T 形电阻 DAC 的工作原理。如图 13-3 所示，假设输入的数字信号为 $D_3D_2D_1D_0$ = 0001，此时只有 S_0 接至 U_{REF}，而 S_1、S_2、S_3 均接地，根据戴维南定理可知，自 a_0 点向右逐级化简，每经过一级节点，输出电压都要衰减 1/2，因此，U_{REF} 在 a_3 点所提供的电压为 $U_{REF}/2^4$。同理，当输入信号分别为 0010、0100、1000 时，S_1、S_2、S_3 分别单独接至 U_{REF}，由于无论在 a_0、a_1、a_2、a_3 任何一点向左端看的等效电阻均为 $2R$（不包括 S_3 支路的电阻），所以在 a_3 点产生的电压应分别为 $U_{REF}/2^3$、$U_{REF}/2^2$、$U_{REF}/2^1$。

根据叠加原理，将 U_{REF} 加在每个开关上所产生的输出电压分量叠加，即可得 T 形电阻网络的输出电压为

$$U_E=(D_3\times2^3+D_2\times2^2+D_1\times2^1+D_0\times2^0)U_{REF}/2^4 \tag{13-3}$$

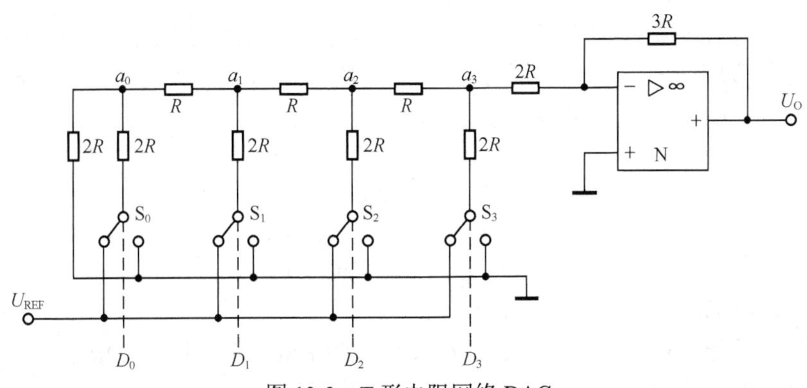

图 13-3　T 形电阻网络 DAC

因为整个 T 形电阻网络的等效输出电阻为 R，于是得

$$U_O=-U_E=-(D_3\times2^3+D_2\times2^2+D_1\times2^1+D_0\times2^0)U_{REF}/2^4 \tag{13-4}$$

式（13-4）表明，输出电压 U_O 与输入的数字量成正比。由此，不难推导出对于 n 位的转换器有

$$U_O=-(D_{n-1}\times2^{n-1}+D_{n-2}\times2^{n-2}+\cdots+D_1\times2^1+D_0\times2^0)U_{REF}/2^n \tag{13-5}$$

由式（13-5）可以看出，输入的数字量在输出端得到了与之成正比的模拟量，即完成了数/模转换。

三、倒 T 形电阻网络 DAC

在单片集成 D/A 转换器中，使用最多的是倒 T 形电阻网络 D/A 转换器。

把 T 形 DAC 的电阻网络倒置，即电阻网络的输入端改接参考电压源，而把各支路开关改接到输出放大器的输入端，如图 13-4 所示，即成为倒 T 形电阻网络 DAC。

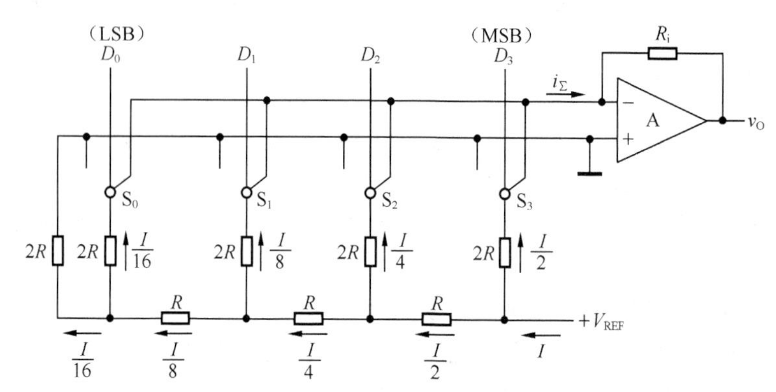

图 13-4 倒 T 形电阻网络 DAC 电路原理图

S_0～S_3 为模拟开关，R-$2R$ 电阻解码网络呈倒 T 形，运算放大器 A 构成求和电路。S_i 由输入数码 D_i 控制，当 D_i=1 时，S_i 接运放反相输入端（“虚地”），I_i 流入求和电路；当 D_i=0 时，S_i 将电阻 $2R$ 接地。

无论模拟开关 S_i 处于何种位置，与 S_i 相连的 $2R$ 电阻均等效接“地”（地或虚地）。这样流经 $2R$ 电阻的电流与开关位置无关，为确定值。

分析 R-$2R$ 电阻解码网络不难发现，从每个触点向左看的二端网络等效电阻均为 R，流入每个 $2R$ 电阻的电流从高位到低位按 2 的整倍数递减。设由基准电压源提供的总电流为 I（$I=V_{REF}/R$），则流过各开关支路（从右到左）的电流分别为 $I/2$、$I/4$、$I/8$ 和 $I/16$。

按分流原理，倒 T 形电阻网络内各支路电流分别为

$$I_3 = I_{REF}/2^1 = U_{REF}/(2^1R)$$
$$I_2 = I_{REF}/2^2 = U_{REF}/(2^2R)$$
$$I_1 = I_{REF}/2^3 = U_{REF}/(2^3R)$$
$$I_0 = I_{REF}/2^4 = U_{REF}/(2^4R)$$

相加即可得总电流。

假设所有电子开关都将 $2R$ 接至运算放大器的反相输入端（即 $D_3D_2D_1D_0$=1111），则流入运算放大器反相输入端的电流为

$$I=I_3+I_2+I_1+I_0=I_{REF}(1/2^1+1/2^2+1/2^3+1/2^4)$$

一般情况下，D_i 可能为 1、也可能为 0，则

$$I=I_3D_3+I_2D_2+I_1D_1+I_0D_0=(U_{REF}/R)\times(D_32^3+D_22^2+D_12^1+D_02^0)/2^4$$

经运算放大器反相比例运算后，得到输出模拟电压为

$$U_O=-IR=-(D_32^3+D_22^2+D_12^1+D_02^0)\times(U_{REF}/2^4)$$

当输入 n 位二进制数码时，输出模拟量与输入数字量之间的关系表达式为

$$U_O=-(D_{n-1}\times2^{n-1}+D_{n-2}\times2^{n-2}+\cdots+D_1\times2^1+D_0\times2^0)U_{REF}/2^n \qquad (13\text{-}6)$$

上式与式（13-5）完全相同。

要使 D/A 转换器具有较高的精度，对电路中的参数有以下要求。

① 基准电压稳定性好。

② 倒 T 形电阻网络中 R 和 $2R$ 电阻的比值精度要高。

③ 每个模拟开关的开关电压降要相等。为实现电流从高位到低位按 2 的整倍数递减，模拟开关的导通电阻也相应地按 2 的整倍数递增。

四、DAC 的主要技术指标

1．转换精度

D/A 转换器的转换精度通常用分辨率和转换误差来描述。

① 分辨率——D/A 转换器模拟输出电压可能被分离的等级数。输入数字量位数越多，输出电压可分离的等级越多，即分辨率越高。n 位 D/A 转换器的分辨率可表示为 $\frac{1}{2^n-1}$。它表示 D/A 转换器在理论上可以达到的精度。

② 转换误差——转换误差的来源很多，如转换器中各元件参数值的误差、基准电源不够稳定和运算放大器的零漂的影响等。

2．转换速度

① 建立时间（t_{set}）——指输入数字量变化时，输出电压变化到相应稳定电压值所需时间。

② 转换速率（SR）——大信号工作状态下模拟电压的变化率。

3．温度系数

指在输入不变的情况下，输出模拟电压随温度变化产生的变化量。一般用满刻度输出条件下温度每升高 1℃，输出电压变化的百分数作为温度系数。

五、集成 DAC 器件简介

用 DAC0808 这类器件构成 D/A 转换器时需要外接运算放大器和产生基准电流用的电阻 R_1，如图 13-5 所示。

在 V_{REF}=10V、R_1=5kΩ、R_f=5kΩ的情况下，可知输出电压为

$$v_O = \frac{R_f V_{REF}}{2^8 R_1}\sum_{i=0}^{7} D_i \cdot 2^i = \frac{10}{2^8}\sum_{i=0}^{7} D_i \cdot 2^i \qquad (13\text{-}7)$$

当输入的数字量在全 0 和全 1 之间变化时，输出模拟电压的变化范围为 0～9.96V。

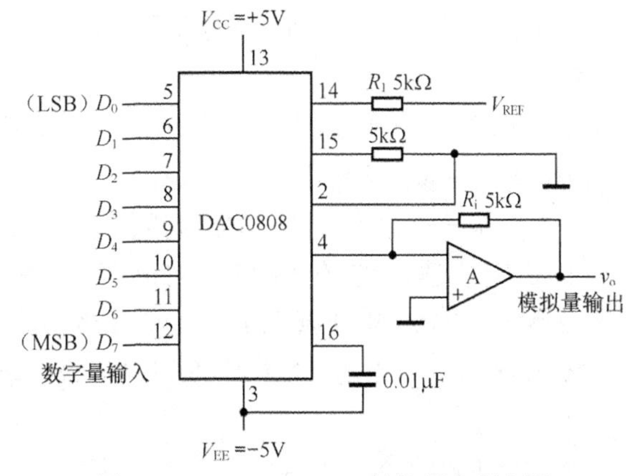

图 13-5　DAC0808 D/A 转换器典型应用

任务二　A/D 转换电路

【知识教学目标】

1．了解 A/D 转换电路的作用。

2．熟悉常用 A/D 转换电路的类型。

3．理解 A/D 转换电路的工作原理。

4．掌握 A/D 转换电路的应用。

【技能培养目标】

了解 A/D 转换电路在信号处理中的应用。

【相关知识】

一、A/D 转换的一般步骤和取样定理

在 A/D 转换器中，因为输入的模拟信号在时间上是连续量，而输出的数字信号代码是离散量，所以进行转换时必须在一系列选定的瞬间（亦即时间坐标轴上的一些规定点上）对输入的模拟信号取样，然后再把这些取样值转换为输出的数字量。因此，一般的 A/D 转换过程是通过取样、保持、量化和编码这 4 个步骤完成的，如图 13-6 所示。

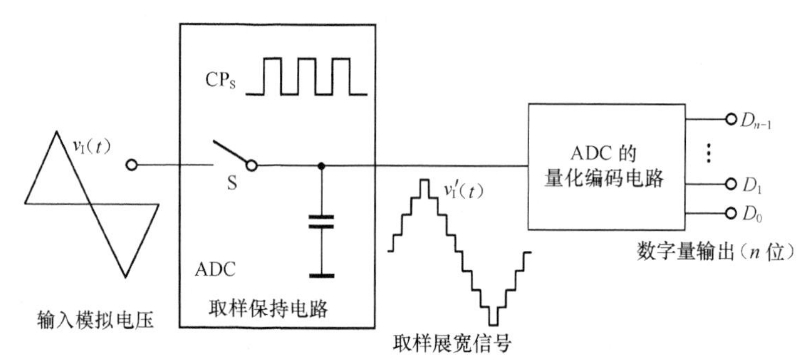

图 13-6　模拟量到数字量的转换过程

1．取样定理

可以证明，为了正确无误地用图 13-7 中所示的取样信号 v_S 表示模拟信号 v_I，必须满足的条件为

$$f_S \geqslant 2f_{i.max} \tag{13-8}$$

式中：f_S——取样频率；

$f_{i.max}$——输入信号 v_I 的最高频率分量的频率。

在满足取样定理的条件下，可以用一个低通滤波器将信号 v_S 还原为 v_I，这个低通滤波器的电压传输系数 $|A(f)|$ 在低于 $f_{i.max}$ 的范围内应保持不变，而在 $f_S - f_{i.max}$ 以前应迅速下降为零，如图 13-8 所示。因此，取样定理规定了 A/D 转换的频率下限。

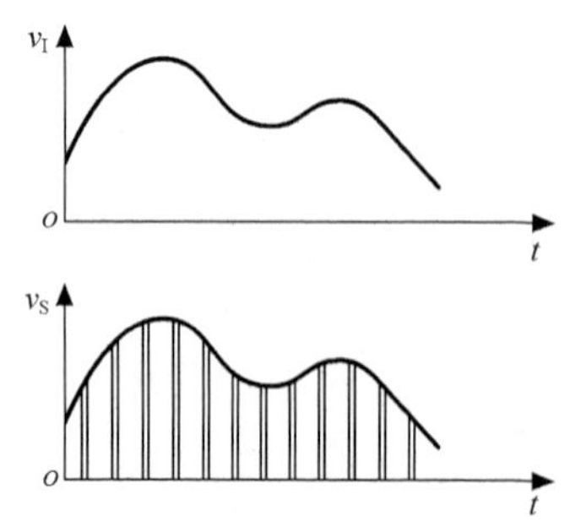

图 13-7　对输入模拟信号的采样

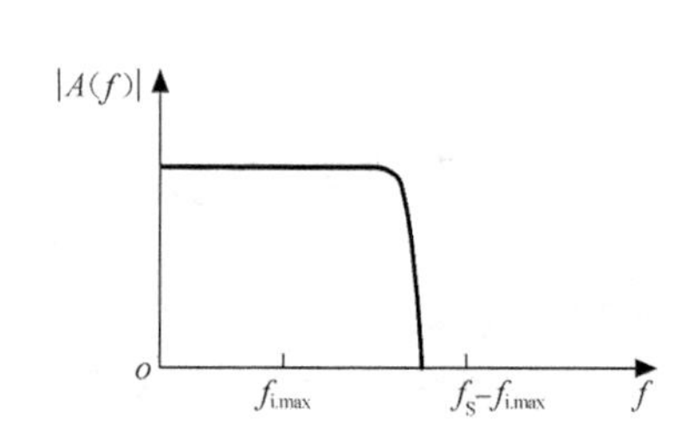

图 13-8　还原取样信号所用滤波器的频率特性

因为每次将取样电压转换为相应的数字量都需要一定的时间，所以在每次取样以后，必须把取

样电压保持一段时间。可见，进行 A/D 转换时所用的输入电压，实际上是每次取样结束时的 v_I 值。

2．量化和编码

数字信号不仅在时间上是离散的，而且在数值上的变化也不是连续的。这就是说，任何一个数字量的大小，都是以某个最小数量单位的整倍数来表示的。因此，在用数字量表示取样电压时，也必须把它化成这个最小数量单位的整倍数，这个转化过程就叫做量化。所规定的最小数量单位叫做量化单位，用$\varDelta$表示。显然，数字信号最低有效位中的 1 表示的数量大小，就等于$\varDelta$。把量化的数值用二进制代码表示，称为编码。这个二进制代码就是 A/D 转换的输出信号。

二、取样—保持电路

取样—保持电路组成及工作原理如下。

图 13-9 所示为一种基本的取样、保持电路，其中 N 沟道 MOS 管 T 作为取样开关用。

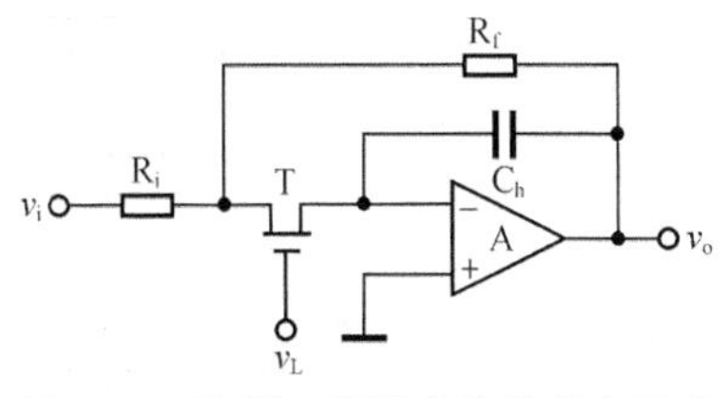

图 13-9　取样—保持电路的基本形式

当控制信号 v_L 为高电平时，T 导通，输入信号 v_i 经电阻 R_i 和 T 向电容 C_h 充电。若取 R_i=R_f，则充电结束后 $v_o=-v_i=v_C$。当控制信号返回低电平，T 截止。由于 C_h 无放电回路，所以 v_o 的数值被保存下来。

其缺点是取样过程中需要通过 R_i 和 T 向 C_h 充电，所以使取样速度受到了限制。同时，R_i 的数值又不允许取得很小，否则会进一步降低取样电路的输入电阻。

三、逐次逼近型 A/D 转换器

逐次逼近转换过程与用天平称物重非常相似。逐次逼近型 ADC 是直接转换型 ADC 中最常见的一种，其基本转换器过程是将大小不同的参考电压与取样保持后的电压 v_i 逐步进行比较，比较结果以相应的二进制代码表示。

图 13-10 中 5 位移位寄存器可进行并入/并出或串入/串出操作，其输入端 F 为并行置数使能端，高电平有效。其输入端 S 为高位串行数据输入。数据寄存器由 D 边沿触发器组成，数字量从 Q_4～Q_1 输出。

电路工作过程如下：当启动脉冲上升沿到达后，FF_0～FF_4 被清零，Q_5 置 1，Q_5 的高电平开启与门 G_2，时钟脉冲 CP 进入移位寄存器。在第一个 CP 脉冲作用下，由于移位寄存器的置数使能端 F 已由 0 变 1，并行输入数据 *ABCDE* 置入，$Q_AQ_BQ_CQ_DQ_E$=01111，Q_A 的低电平使数据寄存器的最高位（Q_4）置 1，即 $Q_4Q_3Q_2Q_1$=1000。D/A 转换器将数字量 1000 转换为模拟电压 v_o'，送入比较器 C 与输入模拟电压 v_i 比较，若 $v_i>v_o'$，则比较器 C 输出 v_C 为 1，否则为 0。比较结果送 D_4～D_1。

第二个 CP 脉冲到来后，移位寄存器的串行输入端 S 为高电平，Q_A 由 0 变 1，同时最高位 Q_A 的 0 移至次高位 Q_B。于是数据寄存器的 Q_3 由 0 变 1，这个正跳变作为有效触发信号加到 FF_4 的 CP 端，使 v_C 的电平得以在 Q_4 保存下来。此时，由于其他触发器无正跳变触发脉冲，v_C 的信号对它们不起作用。Q_3 变 1 后，建立了新的 D/A 转换器的数据，输入电压再与其输出电压 v_o' 进行比较，比较结果在第三个时钟脉冲作用下存于 Q_3。如此进行，直到 Q_E 由 1 变 0 时，使触发器 FF_0 的输出端 Q_0 产生由 0 到 1 的正跳变，作触发器 FF_1 的 CP 脉冲，使上一次 A/D 转换后的 v_C 电平保存于 Q_1。同时使 Q_5 由 1 变 0 后将 G_2 封锁，一次 A/D 转换过程结束。

于是电路的输出端 $D_3D_2D_1D_0$ 得到与输入电压 v_i 成正比的数字量。

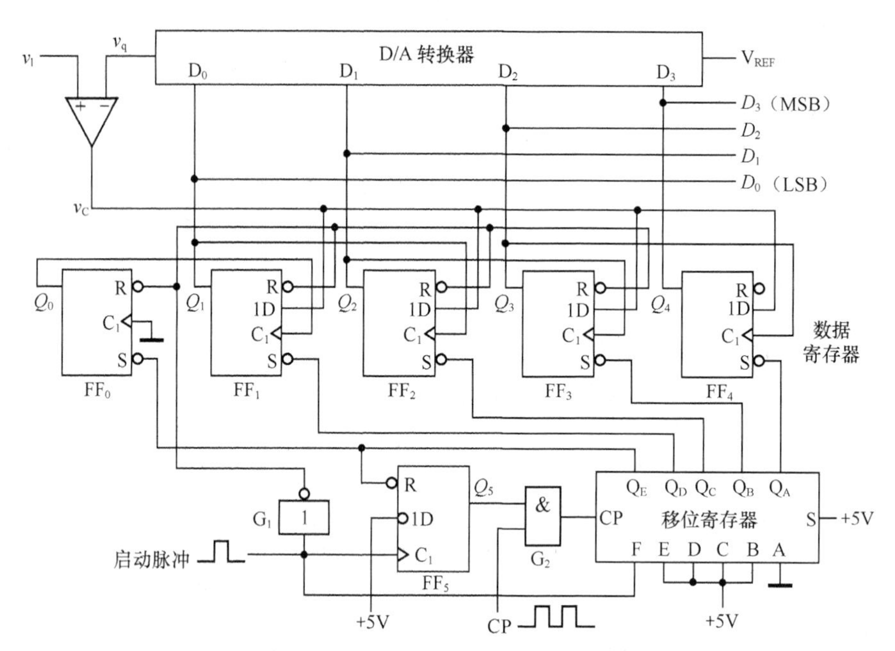

图 13-10　4 位逐次比较型 A/D 转换器的逻辑电路

由以上分析可见，逐次比较型 A/D 转换器完成一次转换所需时间与其位数和时钟脉冲频率有关，位数愈少，时钟频率越高，转换所需时间越短。这种 A/D 转换器具有转换速度快，精度高的特点。常用的集成逐次比较型 A/D 转换器有 ADC0808/0809 系列（8 位）、AD575（10 位）、AD574A（12 位）等。

四、双积分型 ADC

双积分型 A/D 转换器是一种间接 A/D 转换器。它的基本原理是对输入的模拟电压和参考电压分别进行两次积分，将输入电压平均值变换成与之成正比的时间间隔，然后利用时钟脉冲和计数器测出此时间间隔，进而得到相应的数字量输出。由于该转换电路是对输入电压的平均值进行转换，所以它具有很强的抗工频干扰能力，在数字测量中得到广泛应用。

图 13-11 所示为这种转换器的原理电路，它由积分器（由集成运放 A 组成）、过零比较器（C）、时钟脉冲控制门（G）和定时器/计数器（FF_0～FF_n）等几部分组成。图 13-12 所示为双积分型 A/D 转换器各点工作波形。

积分器：积分器是转换器的核心部分，它的输入端所接开关 S_1 由定时信号 Q_n 控制。当 Q_n 为不同电平时，极性相反的输入电压 v_i 和参考电压 V_{REF} 将分别加到积分器的输入端，进行两次方向相反的积分，积分时间常数 $\tau=RC$。

过零比较器：过零比较器用来确定积分器输出电压 v_o 的过零时刻。当 $v_o \geqslant 0$ 时，比较器输出 v_C 为低电平；当 $v_o<0$ 时，v_C 为高电平。比较器的输出信号接至时钟控制门（G）作为关门和开门信号。

计数器和定时器：它由 $n+1$ 个接成计数器的触发器 FF_0～FF_n 串联组成。触发器 FF_0～FF_{n-1} 组成 n 级计数器，对输入时钟脉冲 CP 计数，以便把与输入电压平均值成正比的时间间隔转变成数字信号输出。当计数到 2^n 个时钟脉冲时，FF_0～FF_{n-1} 均回到 0 状态，而 FF_n 反转为 1 态，Q_n=1 后，开关 S_1 从位置 A 转接到 B。

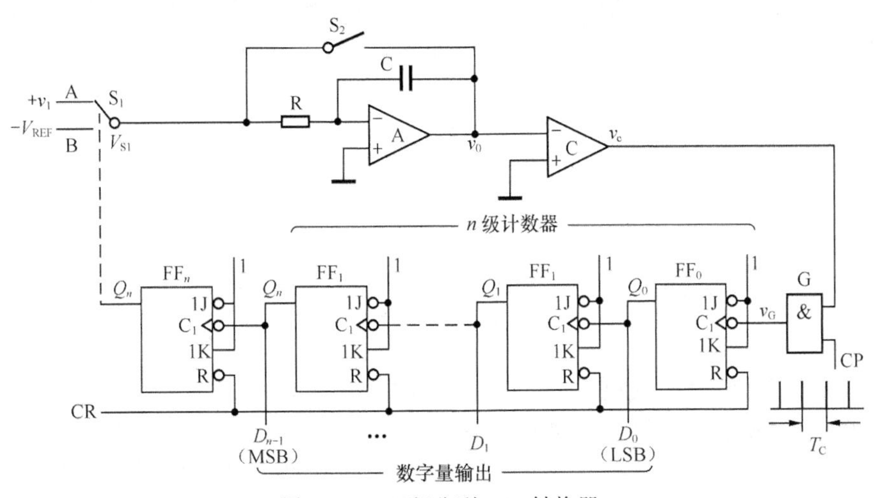

图 13-11　双积分型 A/D 转换器

时钟脉冲控制门：时钟脉冲源的标准周期 T_C，作为测量时间间隔的标准时间。当 v_C=1 时，与门打开，时钟脉冲通过与门加到触发器 FF_0 的输入端。

下面以输入正极性的直流电压 v_i 为例，说明电路将模拟电压转换为数字量的基本原理。电路工作过程分为以下几个阶段进行。

（1）准备阶段

首先控制电路提供 CR 信号使计数器清零，同时使开关 S_2 闭合，待积分电容放电完毕，再使 S_2 断开。

（2）第一次积分阶段

在转换过程开始时（t=0），开关 S_1 与 A 端接通，正的输入电压 v_i 加到积分器的输入端。积分器从 0V 开始对 v_i 积分，则

$$v_o = -\frac{1}{\tau}\int_0^t v_i \mathrm{d}t \qquad (13\text{-}9)$$

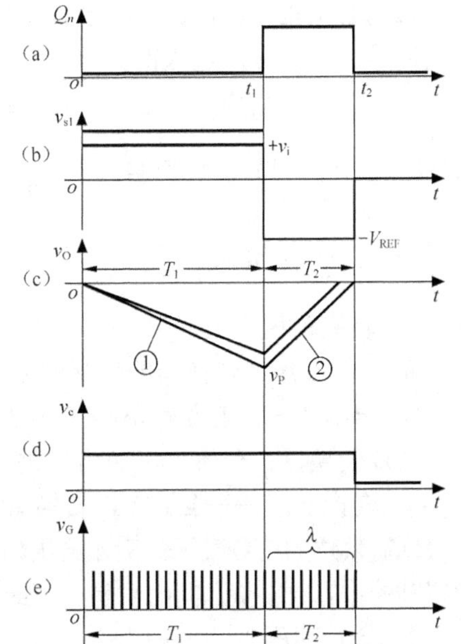

图 13-12　双积分型 A/D 转换器各点工作波形

由于 v_o<0V，过零比较器输出端 v_C 为高电平，时钟控制门 G 被打开。于是计数器在 CP 作用下从 0 开始计数。经过 2^n 个时钟脉冲后，触发器 FF_0～FF_{n-1} 都翻转到 0 态，而 Q_n=1，开关 S_1 由 A 点转到 B 点，第一次积分结束。第一次积分时间为

$$t=T_1=2^nT_C$$

在第一次积分结束时积分器的输出电压 V_P 为

$$V_P = -\frac{T_1}{\tau}V_i = -\frac{2^nT_C}{\tau}V_i \qquad (13\text{-}10)$$

（3）第二次积分阶段

当 $t=t_1$ 时，S_1 转接到 B 点，具有与 v_i 相反极性的基准电压 $-V_{REF}$ 加到积分器的输入端；积分器开始向相反进行第二次积分；当 $t=t_2$ 时，积分器输出电压 $v_o>0V$，比较器输出 $v_C=0$，时钟脉冲控制门 G 被关闭，计数停止。在此阶段结束时 v_o 的表达式可写为

$$v_o(t_2)=V_P-\frac{1}{\tau}\int_{t_1}^{t_2}(-V_{REF})\mathrm{d}t=0 \tag{13-11}$$

设 $T_2=t_2-t_1$，于是有

$$\frac{V_{REF}T_2}{\tau}=\frac{2^n T_C}{\tau}V_i$$

则

$$T_2=\frac{2^n T_C}{V_{REF}}V_i \tag{13-12}$$

可见，T_2 与 V_i 成正比，T_2 就是双积分 A/D 转换过程的中间变量。

设在此期间计数器所累计的时钟脉冲个数为λ，则

$$T_2=\lambda T_C \tag{13-13}$$

所以

$$\lambda=\frac{T_2}{T_C}=\frac{2^n}{V_{REF}}V_i \tag{13-14}$$

式（13-14）表明，在计数器中所计得的数λ（$\lambda=Q_{n-1}\cdots Q_1Q_0$），与在取样时间 T_1 内输入电压的平均值 V_i 成正比。

最后必须指出，在第二次积分阶段结束后，控制电路又使开关 S_2 闭合，电容 C 放电，积分器回零。电路再次进入准备阶段，等待下一次转换开始。

常见的单片集成双积分式 A/D 转换器有 ADC－EK8B（8 位，二进制码）、ADC-EK10B（10 位，二进制码）、MC14433（$3\frac{1}{2}$位，BCD 码）等。

五、ADC 的主要技术指标

1．转换精度

单片集成 A/D 转换器的转换精度用分辨率和转换误差来描述。

① 分辨率——它说明 A/D 转换器对输入信号的分辨能力。

A/D 转换器的分辨率以输出二进制（或十进制）数的位数 n 来表示。

② 转换误差——表示 A/D 转换器实际输出的数字量和理论上的输出数字量之间的差别。常用最低有效位的倍数表示。例如给出相对误差$\leqslant\pm LSB/2$，这就表明实际输出的数字量和理论上应得到的输出数字量之间的误差小于最低位的半个字。

2．转换时间

转换时间指 A/D 转换器从转换控制信号到来开始，到输出端得到稳定的数字信号所经过的时间。

【例 13-1】某信号采集系统要求用一片 A/D 转换集成芯片在 1s（秒）内对 16 个热电偶的输出电压分时进行 A/D 转换。已知热电偶输出电压范围为 0～0.025V（对应于 0℃～300℃温度范围），需要分辨的温度为 0.1℃，试问应选择多少位的 A/D 转换器，其转换时间为多少？

解：对于从 0℃～300℃温度范围，信号电压范围为 0～0.025V，分辨的温度为 0.1℃，这相当于$\frac{0.1}{300}=\frac{1}{3000}$的分辨率。11 位 A/D 转换器的分辨率为$\frac{1}{2^{11}}=\frac{1}{2048}$，所以必须选用 12 位的 A/D 转换器。

系统的取样速率为每秒 16 次，取样时间为 62.5ms。对于这样慢的取样，任何一个 A/D 转换器都可以达到。可选用带有取样保持（S/H）的逐次比较型 A/D 转换器或不带 S/H 的双积分式 A/D 转换器均可。

六、集成 A/D 转换器及其应用

在单片集成 A/D 转换器中，逐次比较型使用较多，下面以 ADC0804 为例介绍 A/D 转换器及其应用。

1. ADC0804 引脚及使用说明

ADC0804 是采用 CMOS 集成工艺制成的逐次比较型 A/D 转换器芯片，如图 13-13 所示，分辨率为 8 位，转换时间为 100μs，输出电压范围为 0～5V，增加某些外部电路后，输入模拟电压可为±5V。该芯片内有输出数据锁存器，当与计算机连接时，转换电路的输出可以直接连接到 CPU 的数据总线上，无需附加逻辑接口电路。图 13-14 所示为 ADC0804 控制信号的时序图。

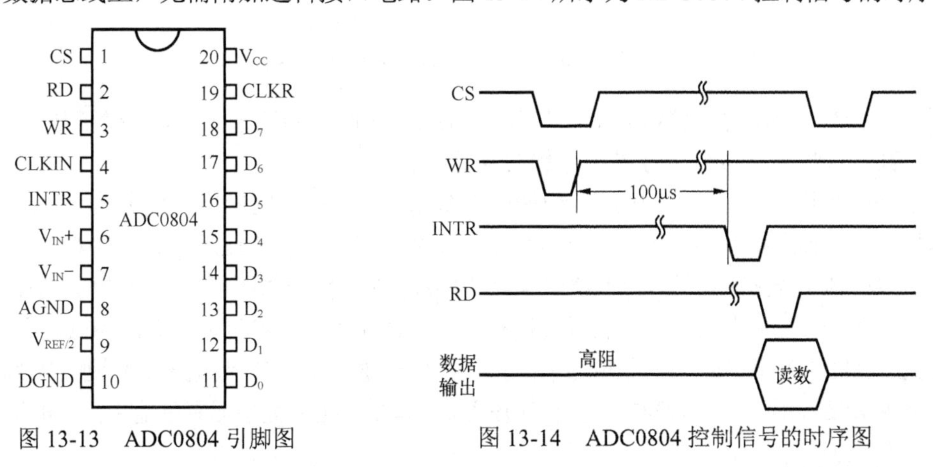

图 13-13　ADC0804 引脚图　　图 13-14　ADC0804 控制信号的时序图

如图 13-13 所示，ADC0804 引脚名称及意义如下。

V_{IN+}、V_{IN-}：ADC0804 的两个模拟信号输入端，用以接收单极性、双极性和差模输入信号。

D_7～D_0：A/D 转换器数据输出端，该输出端具有三态特性，能与微机总线相连接。

AGND：模拟信号地。

DGND：数字信号地。

CLKIN：外电路提供时钟脉冲输入端。

CLKR：内部时钟发生器外接电阻端，与 CLKIN 端配合，可由芯片自身产生时钟脉冲，其频率为 1/（1.1RC）。

CS：片选信号输入端，低电平有效，一旦 CS 有效，表明 A/D 转换器被选中，可启动工作。

WR：写信号输入，接受微机系统或其他数字系统控制芯片的启动输入端，低电平有效，当 CS、WR 同时为低电平时，启动转换。

RD：读信号输入，低电平有效，当 CS、RD 同时为低电平时，可读取转换输出数据。

INTR：转换结束输出信号，低电平有效。输出低电平表示本次转换已经完成。该信号常作为向微机系统发出的中断请求信号。

2．ADC0804 的典型应用

在现代过程控制及各种智能仪器和仪表中，为采集被控（被测）对象数据以达到由计算机进行实时检测、控制的目的，常用微处理器和 A/D 转换器组成数据采集系统。单通道微机化数据采集系统的示意图如图 13-15 所示。

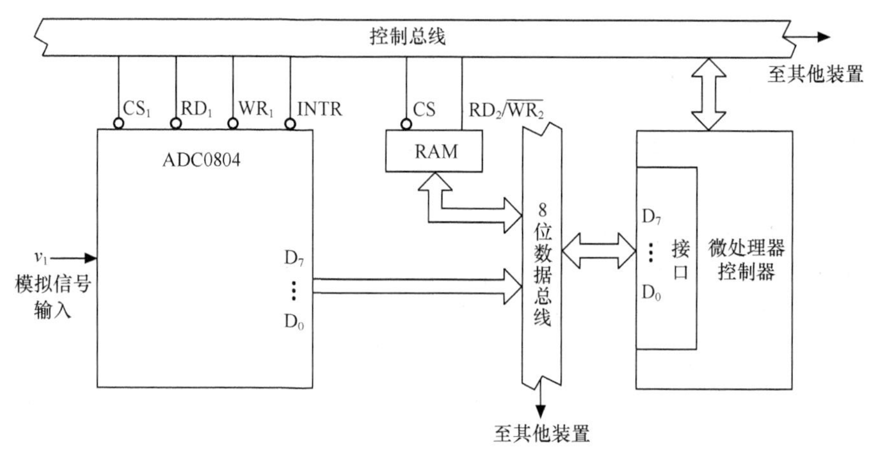

图 13-15　单通道微机化数据采集系统示意图

系统由微处理器、存储器和 A/D 转换器组成，它们之间通过数据总线（DBUS）和控制总线（CBUS）连接，系统信号采用总线传送方式。

现以程序查询方式为例，说明 ADC0804 在数据采集系统中的应用。采集数据时，首先由微处理器执行一条传送指令，在指令执行过程中，微处理器在控制总线的同时产生 CS_1、WR_1 低电平信号，启动 A/D 转换器工作，ADC0804 经 100μs 后将输入模拟信号转换为数字信号存于输出锁存器，并在 INTR 端产生低电平表示转换结束，并通知微处理器可来取数。当微处理器通过总线查询到 INTR 为低电平时，立即执行输入指令，以产生 CS、RD_2 低电平信号到 ADC0804 相应引脚，将数据取出并存入存储器中。整个数据采集过程中，由微处理器有序地执行若干指令完成。

七、V/F 转换电路

采用电压频率（V/F）转换器以频率形式传输模拟信息是远距离传输模拟信息而又不损失精度的最好解决方法之一。电压频率转换器将模拟输入信号转换为与电压幅值对应的频率信号输出，它是模数转换器的另一种形式，是一种输出频率与输入信号成正比的电路。其组成原理如图 13-16 所示。

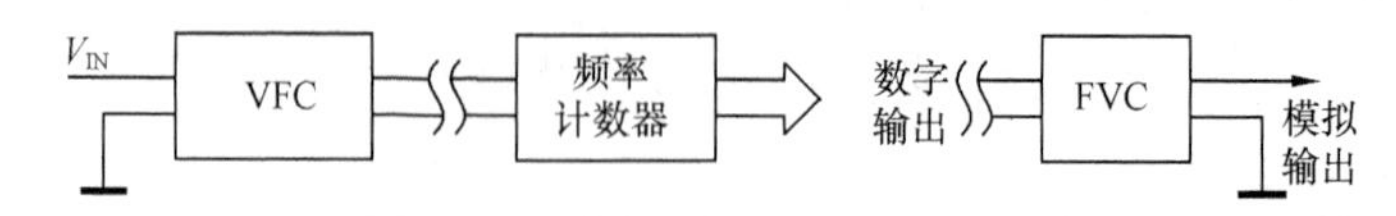

图 13-16　采用压频转换进行远距离传送信号的组成框图

AD650 是美国 ANALOG DEVICES 公司推出的高精度电压频率（V/F）转换器，它既能用作电压频率转换器，又可用作频率电压转换器，因此在通信、仪器仪表、雷达等远距离传输领域得到广泛的应用。

1．电路工作原理

AD650 电压频率转换器工作原理如图 13-17 所示，它由积分器、比较器、精密电流源、单稳多谐振荡器和输出晶体管构成。输入信号电流可直接由电源提供，亦可由电阻（R_1+R_3）端输入电压产生。由 1mA 内部电流源开关控制、以精确脉冲形式提供的内部反馈电流使这种电流源精确、平衡。这种电流脉冲可看成是由精密的电荷群构成。三极管每产生一个脉冲所需要的电荷群数量依赖于输入电流信号的幅度。由于每单位时间传递到求和点的电荷数量对输入信号电流幅度呈线性函数关系，所以可实现电压一频率转换。其特征频率 f_{OUT} 正比于 V_{IN}，并与电路中的阻容值有关。由于电荷平衡式结构对输入信号作连续积分，所以具有优良的抗噪声性能。

2．特点

AD650 电路具有以下特点。

① 满刻度频率高（达 1MHz）。

② 很低的非线性度（在 10kHz 满刻度时非线性度小于 0.002%，在 100kHz 满刻度时非线性度小于 0.005%，在 1MHz 满刻度时非线性度小于 0.07%）。

③ 输出电压范围宽（用作 F/V 转换器，其输出电压范围为 0～10V）。

④ 温度范围宽（−40℃～85℃）。

⑤ 既能用作电压频率转换器，又可用作频率电压转换器。

3．引脚排列及功能

AD650 电路的引脚排列如图 13-18 所示，其功能和符号如表 13-1 所示。

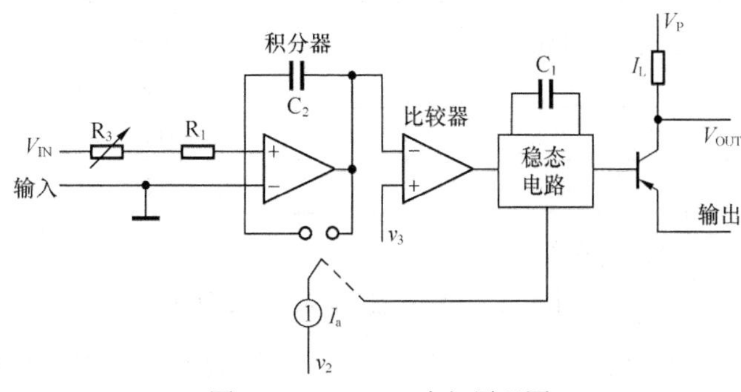

图 13-17　AD650 内部原理图

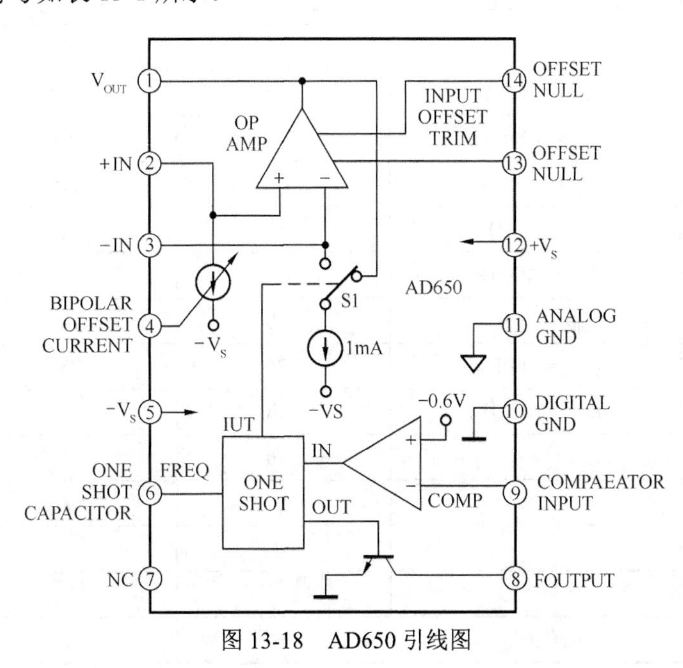

图 13-18　AD650 引线图

表 13-1　　AD650 功能和符号

引脚序号	符　号	功　能
1	V_{OUT}	电压输出
2	+IN	输入
3	-IN	输入
4	I_{OFFSET}	失调电流
5	$-V_S$	负电源
6	C_1	定时电容
7	NC	空脚
8	F_{OUT}	频率输出
9	C_2	比较器电容
10	D_{GND}	数字地
11	A_{GND}	模拟地
12	$+V_S$	正电源
13	Tr1	失调调整 1
14	Tr2	失调调整 2

4．电参数

AD650 电路的特性参数如表 13-2 所示。

表 13-2　　AD650 电气性能参数

参数名称	测试条件 $V_S=\pm15V$，$T_A=25℃$	规范值		单　位
		最　小	最　大	
输出频率范围		0	1	MHz
非线性度	f_{max} = 10kHz	—	0.005	%
	f_{max} = 100kHz	—	0.02	
	f_{max} = 500kHz	—	0.05	
	f_{max} = 1MHz	—	0.1	
漫刻度校准误差	f_{max} = 100kHz	-5	5	%
	f_{max} = 1MHz	−10	10	
温度系数	f_{max} = 10kHz	−75	75	ppm/℃
	f_{max} = 100kHz	−150	150	
输入电压范围		−10	10	V
输入偏置电流		—	100	nA
输入失调电压		-4	4	mA
电源电压		±9	±18	V
功耗电流		—	10	mA

5．典型应用电路

AD650 可用于高分辨率数模转换器、长期高精度积分器、双线高抗噪声数字传输和数字电压表，并可广泛用于航空航天、雷达、通信、导航等远距离字传输领域。AD650 的输入电压可以是正电压输入、负电压输入或正负电压输入。−5～+5V 正负电压输入的电压频率转换器应用电路如图 13-19 所示。

AD650 的输出频率 f_{OUT} 与输入电压 V_{IN} 的关系可描述为

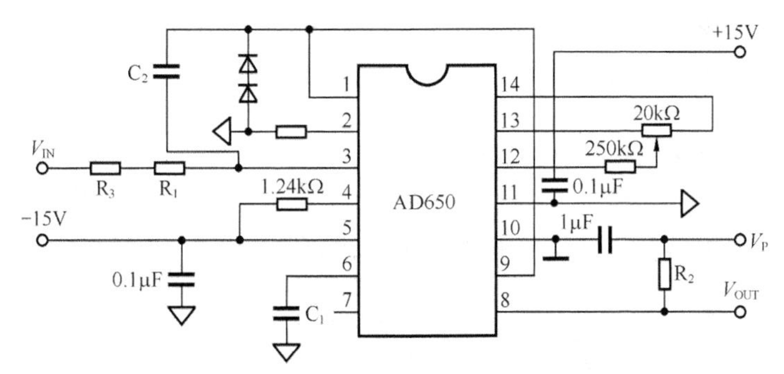

图 13-19　−5～+5V 正负电压输入电压频率转换器应用电路

$$f_{OUT}=V_{IN}/7.5C_1(R_1+R_3) \tag{13-15}$$

式中：R_1、R_2、R_3、C_2 的取值由式（13-16）～式（13-18）决定；

$V_{IN\cdot max}$——最大输入电压；

f_{max}——满刻度频率；

V_P——输出电路的电源电压，一般为 5V；

I_L——负载电流。

定时电容 C_1 的取值依据图 13-20 选取。

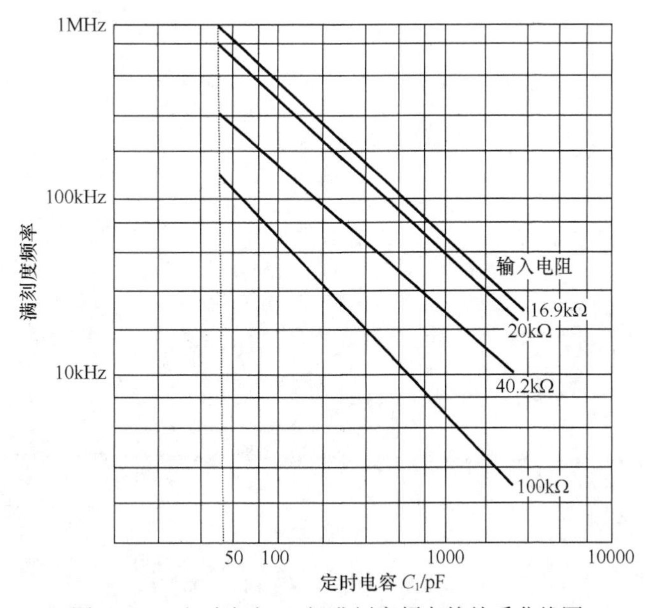

图 13-20　定时电容 C_1 与满刻度频率的关系曲线图

$$R_1+R_3=V_{IN\cdot max}/0.25 \tag{13-16}$$

$$R_{2min}=VP/(8-I_L) \tag{13-17}$$

$$C_2=(10-4)\ /f_{max}\quad (1000pF\cdot min) \tag{13-18}$$

课后习题

1．什么是 D/A 转换？
2．简述常见的 D/A 转换电路原理。
3．什么是 A/D 转换？
4．常见的 A/D 转换形式有哪几种？
5．A/D 转换的机理是什么？
6．画出 AD650 芯片的电压频率转换基本电路。

单元十四
典型检测系统简介

随着新型检测技术的不断成熟和发展，它在大型设备安全经济运行和检测中得到了越来越广泛的应用。例如，电力、石油、汽车工业等行业的一些大型设备，通常设置故障检测系统对温度、压力、转速、振动、距离和材料类型等多种参数进行长期动态检测，以便及时发现异常情况，加强故障预防，达到早期诊断的目的，本单元针对几种典型的检测系统进行分析。

任务一　单片机自动测温系统

【知识教学目标】

1．了解测温系统的构成。

2．了解测温系统中应用的传感器。

3．了解测温系统软硬件的组成。

4．理解测温系统工作原理。

【技能培养目标】

1．了解热电偶的使用方法。

2．能够进行参数的测量。

【相关知识】

一个典型的单片机自动测温系统由 3 大部分组成：测量放大电路、A/D 转换电路和显示电路。单片机自动测温系统广泛应用于发电厂、化工厂的测温及温度控制电路。

一、硬件的设计

1．热电偶温度传感器

本系统使用镍铬—镍硅热电偶，被测温度范围为 0℃～655℃，冷端补偿采用补偿电桥法，采用不平衡电桥产生的电势来补偿热电偶因冷端温度变化而引起的热电势变化值。不平衡电桥由电阻 R_1、R_2、R_3（锰铜丝绕制）、R_{Cu}（铜丝绕制）四桥臂和桥路稳压源组成，串联在热电偶回路中。R_{Cu} 与热电偶冷端同处于±0℃，而 $R_1=R_2=R_3=1\Omega$，桥路电源电压为 4V，由稳压电源供电。R_S 为限流电阻，其阻值因热电偶不同而不同，电桥通常取在 20℃时平衡，这时电桥的 4 个桥臂电阻 $R_1=R_2=R_3=R_{Cu}$，a、b 端无输出。当冷端温度偏离 20℃时，如升高时，R_{Cu} 增大，而热电偶的热电势却随着冷端温度的升高而减小。U_{ab} 于热电势叠加后输出电势则保持不变，从而达到了冷端补偿的自动完成。

2．测量放大电路

实际电路中，从热电偶输出的信号最多不过几十毫伏（<30mV），且其中包含工频、静电和磁偶合等共模干扰，对这种电路放大就需要放大电路具有很高的共模抑制比以及高增益、低噪声和高输入阻抗，因此宜采用测量放大电路。测量放大器又称数据放大器、仪表放大器或桥路放大器，它的输入阻抗高，易于与各种信号源匹配，而它的输入失调电压和输入失调电流及输入偏置电流小，并且温漂较小。由于时间温漂小，因而测量放大器的稳定性好。由三运放组成测量放大器，差动输入端 R_1 和 R_2 分别接接到 A_1 和 A_2 的同相端。输入阻抗很高，采用对称电路结构，而且被测信号直接加到输入端，从而保证了较强的抑制共模信号的能力。A_3 实际上是一个差动跟随器，其增益近似为 1。测量放大器的放大倍数为 $A_V=V_0/(V_2-V_1)$，$A_V=R_f/R(1+(R_{f1}+R_{f2})/R_W)$。在此电路中，只要运放 A_1 和 A_2 性能对称（主要指输入阻抗和电压增益），其漂移将大大减小，具有高输入阻抗和共模抑制比，对微小的电压很敏感，适宜于测量远距离传输过来的信号，因而十分易于与微波输出的传感器配合使用。R_W 是用来调整放大倍数的外接电阻，在此采用多圈电位器。

在实际电路中，A_1、A_2采用低漂移高精度 OP-07 芯片，其输入失调电压温漂 aV_{IOS} 和输入失调电流温漂 aI_{IOS} 都很小。OP-07 的彩超高工艺和“齐纳微调”技术，使其 V_{IOS}、I_{IOS}、aV_{IOS} 和 aI_{IOS} 都很小，可广泛应用于稳定积分、精密加法、比较检波和微弱信号的精密放大等。OP-07 要求双电源供电，使用温度为 0℃～70℃，一般不需调零，如果需要调零可采用 R_W 进行调整。A_3 采用 741 芯片，它要求双电源供电，供电范围为±（3～18）V，典型供电为±15V，一般应大于或等于±5V，其内部含有补偿电容，不需外接补偿电容。

3．A/D 转换电路

经过测量放大器放大后的电压信号，其电压范围为 0～5V，此信号为模拟信号，计算机无法接受，故需源 A/ D 转换。实际电路中，选用 ICL7109 芯片。ICL7109 是一种高精度，低噪声，低漂移，价格低廉的双积分型 12 位 A/D 转换器。由于目前 12 位逐次逼近式 A/D 转换器价格较高，因此在速度要求不太高的场合，如用于称重测压力、测温度等各种传感器信号的高精度测量系统中时，可采用廉价的双积分式 12 位 A/D 转换 ICL7109。ICL7109 主要有如下特性：高精度（精确到 $1/2^{12}$=1/4096）；低噪声（典型值为 15μV_{P-P}）；低漂移（<1μV/℃）；高输入阻抗（典型值 $10^{12}\Omega$）；低功耗（<20mW）；转换速率最快达 30 次/秒，当采用 3.58MHz 晶振作振源时，速率为 7.5 次/秒；片内带有振荡器，外部可接晶振或 RC 电路以组成不同频率的时钟电路；12 位二进制输出，同时还有一位极性位和一位溢出位输出；输出与 TTL 兼容，以字节方式（分高低字节）三态输出，并且具有 VART 挂钩方式，可以用简单的并行或串行口接到微处理系统；可用 RVN/HOLD（运行/保持）和 STATUS（状态）信号监视和控制转换定时；所有输入端都有抗静电保护电路。

IC7109 内部有一个 14 位（12 位数据和一位极性，一位溢出）的锁存器和一个 14 位的三态输出寄存器，同时可以很方便地与各种微处理器直接连接，而无需在外部加额外的锁存器。ICL7109 有两种接口方式：一种是直接接口；另一种是挂钩接口。在直接接口方式中，当 ICL7109 转换结束时，由 STATUS 发出转换结束指令到单片机，单片机对转换后的数据分高位字节和低位字节进行读数。在挂钩接口方式时，IC7109 提供工业标准的数据交换模式。适用于远距离的数据采集系统。IC7109 为 40 线双列直插式封装，各引脚功能参考相关文献。

4．ICL7109 与 89C51 的接口

本系统采用直接接口方式，7109 的 MODE 端接地，使 7109 工作于直接输出方式。振荡器选择端（即 OS 端，24 脚）接地，则 7109 的时钟振荡器以晶体振荡器工作，内部时钟等于 58 分频后的振荡器频率，外接晶体为 6MHz，则时钟频率=6MHz/58=103kHz。积分时间=2048×时间周期=20ms，与 50Hz 电源周期相同。积分时间为电源周期的整数倍，可抑制 50Hz 的串模干扰。

在模拟输入信号较小时，如 0～0.5V 时，自动调零电容的大小可选比积分电容 C_{INT} 大一倍以减小噪声，C_{AZ} 的值越大，噪声越小，如果 C_{INT} 选为 0.15μF，则 $C_{AZ}=2C_{INT}$=0.33μF。

由传感器传来的微弱信号经放大器放大后为 0～5V，这时噪声的影响不是主要的，可把积分电容 C_{INT} 选大一些，使 $C_{INT}=2C_{AZ}$，选 C_{INT}=0.33μF，C_{AZ}=0.15μF，通常 C_{INT} 和 C_{AZ} 可在

0.1～1μF 间选择。积分电阻 R_{INT} 等于满度电压时对应的电阻值（当电流为 20μA，输入电压=4.096V 时，R_{INT}=200kΩ），此时基准电压 V_{RI} 和 V_{RI} 之间为 2V，由电阻 R_1、R_3 和电位器 R_2 分压取得。

本电路中，CE/LOAD 引脚接地，使芯片一直处于有效状态。RUN/HOLD（运行/保持）引脚接+5V，使 A/D 转换连续进行。

A/D 转换正在进行时，STATUS 引脚输出高电平。STATUS 引脚降为低电平时，由 P2.6 输出低电平信号到 ICL7109 的 HBEN，读高 4 位数据、极性和溢出位；由 P2.7 输出低电平信号到 LBEN，读低 8 位数。本系统尽管 CE/LOAD 接地，RUN/HOLD 接+5V，A/D 转换连续进行，然而如果 89C51 不查询 P1.0 引脚，那么就不会给出 HBEN、LBEN 信号，A/D 转换的结果也就不会出现在数据总路线 D_0～D_7 上。由于不需要采集数据时，不会影响 89C51 的工作，因此这种方法可简化设计，节省硬件和软件。

5．显示电路

采用 3 位 LED 数码管显示器，数码管的段控用 P1 口输出，位控由 P3.0、P3.1、P3.2 控制。7407 是 6 位的驱动门，它是一个集电极开路门，当输入为“0”时，输出为“0”；输入为“1”时，输出断开，须接上位电路。共用两片 7407，分别作为段控和位控的驱动。数码管选用共阳极接法，当位控为“1”时，该数码管选通，动态显示用软件完成，以节省硬件开销。

硬件原理如图 14-1 所示。

二、软件设计

1．ICL 模块

从 A/D 转换器读取结果的模块，它连续读 3 次，读出 3 个结果分别存放于内部 30H～35H 单元（双字节存放）。

2．WAVE 数字滤波模块

它是将 ICL 模块输出的 3 个结果排序，取中间的数作为选用的测量值。此模块可以避免因电路偶然波动而引起的脉冲量的干扰，使显示数据平稳。

3．MODIFY 模块

它是补偿热电偶冷端器 25℃时的量值，相当于仪表中的零点调到 25℃。此模块称为零点校正模块（此温度为室温）。

4．YA 查表模块

它是核心模块。表格数据是按一定规律增长的数据（1℃～655℃），表格中电压值与温度值一一对应，表格中的电压值是热电偶输出信号乘以放大倍数（150）以后的结果，变成十六进制数进行存放，低位在前，高位在后，因而它的数据地址可以代表温度值，用查找的内容的地址减去表格首地址 0270H 后再除以 2（双字节存放）即为温度值。此数据为十六进制数，还需进行二十进制转换（CLEAN），再送显示器显示。

5．查表法

采用二分查找法，DP 先找对半值（MIDDLE）同转换数据比较（COMPARE），看属于哪一半，修改表格上下限值，再进行对半比较，经过若干次，直到找到数据为止。如果找不到，也就是说被转换数据介于表格中两相邻值之间，则再调用取近值模块（NERA），选择与被转换数据接近的那个数据作为查到的数据，然后调用温度值模块（FIND），整个查表模块就完成了从输入到输出的变化。

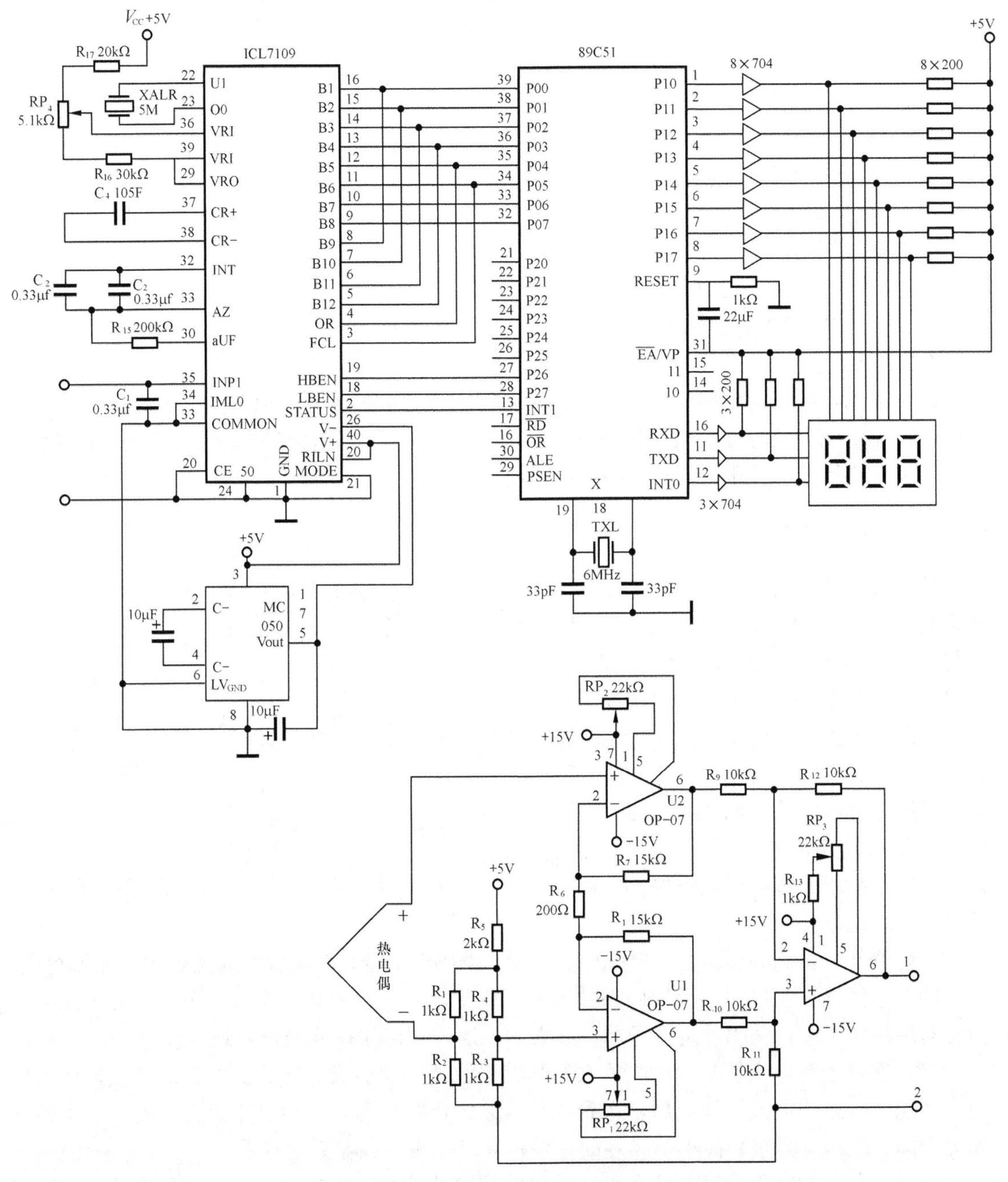

图 14-1　热电偶传感器测温系统硬件原理图

6．DIR

采用动态 3 位显示，显示时间由实验测定，各模块设计完成后进行测试，尽量使其内聚性强，模块间偶合性强，并采用数据偶合。

任务二　超声波汽车测距告警装置

【知识教学目标】

1．了解测温系统的构成。

2．了解超声波测距系统中应用的传感器。

3．了解软硬件的组成。

4．理解系统工作原理。

【技能培养目标】

1．了解系统中传感器的选用方法。

2．能够进行参数的测量。

【相关知识】

超声波测距装置主要用于机场、货运码头等车辆较多的场合，以避免车辆相互间的碰撞和刮擦，要求能够及时提醒驾驶员注意周围车辆情况，及早采取有效措施，防止发生事故；也可用于车辆行驶中车距的保持和控制，以防止追尾。

一、工作原理分析

此装置在单片机的控制下，利用超声波测距原理，测量低速行驶车辆之间或车辆与固体物体之间的距离，当车辆之间的距离小于安全距离时，就发出声光报警，并显示距离的大小，提醒驾驶员及时采取减速、制动等措施，从而达到避免发生碰撞、拖挂等事故，其原理图如图14-2所示。整个系统由超声波发射器、超声波接收器、8031单片机系统和声光报警、距离显示等部分组成。

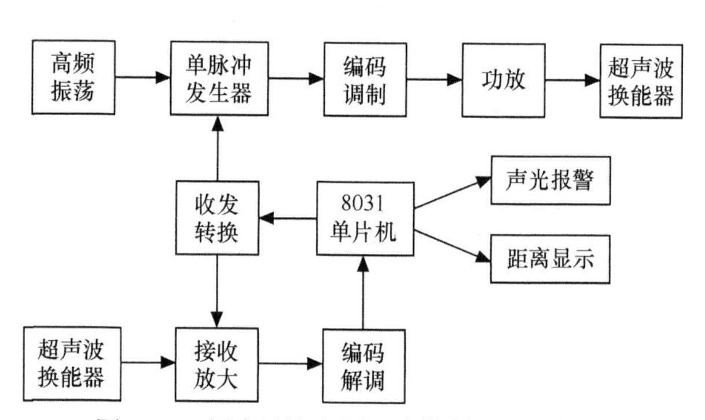

图14-2　超声波汽车测距告警装置原理框图

放射器部分由高频振荡器、单脉冲发生器、编码调制器、功率放大器及超声换能器组成。单脉冲发生器在振荡的每个周期内都被触发，产生固定脉宽的脉冲序列，来自单片机的编码信号对脉冲序列进行编码调制，经功率放大后，通过超声波换能器发射超声波。

接收部分由超声换能器、接收放大器和编码解调器等组成。接收到的超声波反射信号经超声换能器转换、放大、解调后，送到单片机系统进行处理，并通过距离显示器显示车辆与物体之间的距离。当该距离小于设定的告警距离时，启动报警系统报警。

在多台车辆同时作业时，某台车辆发出的超声波信号可能被其他车辆接收，从而因造成系统混乱而产生误报。为解决这一问题，系统对不同的车辆进行不同的编目调制，使每辆车只能接收到其本身发射的信号。

为有效消除干扰，编码解调采用积累检测解调。编码解调的框图如图14-3所示。V_1

为被放大后的含有干扰的接收信号，经门限检测电路与门限电压 V_0 比较后输出脉冲 V_2（当 $V_1 > V_2$ 时，输出脉冲，反之无输出）。单稳电路 1 和单稳电路 2 相互配合与或非门共同构成一个可以重新触发的单稳电路，通过此单稳电路，实现对脉冲序列的延时积累，其输出为 V_3，V_3 经积分器积分后输出 V_4，最后经整形电路整形后输出 V_5，并送入单片机处理。

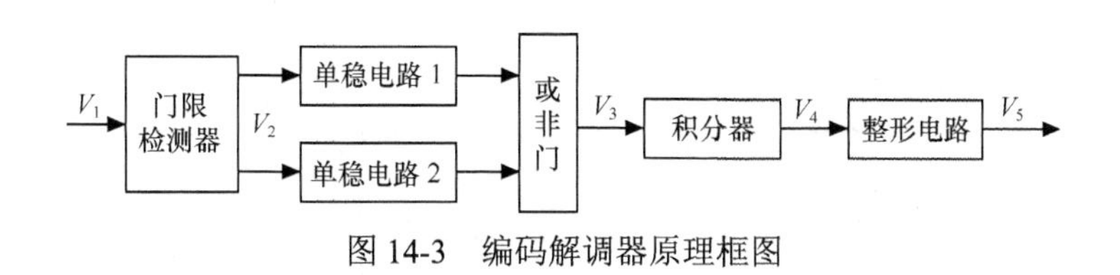

图 14-3　编码解调器原理框图

单稳电路时间常数的选择，要求使其展宽时间大于载波脉冲周期。若载波脉冲周期为 25μs，取单稳电路的展宽时间为两个载波脉冲周期，则当触发脉冲 V_2 为单个脉冲时，经单稳电路之后，其输出脉冲 V_3 的宽度为 50μs，则当触发脉冲 V_2 为两个连续脉冲时，经单稳电路之后，其输出脉冲 V_3 的宽度为 75μs，触发脉冲为 3 个连续脉冲时，其输出脉冲 V_3 的宽度为 100μs，其余依此类推。即使由于干扰而使中间的某一触发脉冲丢失，也可被后一个脉冲所触发。所以，在单稳电路展宽时间取两个载波脉冲周期时，在 V_2 的脉冲串中，只要不连续丢失两个以上脉冲，单稳电路的暂稳态就可以保持到被 V_2 脉冲串的最后一个脉冲触发。因此，单稳电路的展宽时间应根据实际干扰环境选取。展宽时间过短，则不利于对码元“1”的检测；展宽时间过长，又不利于对码元“0”的检测。

系统中的发射和接收部分由单片机控制轮流工作。在单片机编码发送完毕后，即转入接收状态，同时关闭发射部分的单脉冲发生器；当接收一定时间后再转入发射状态重发编码时，同时关闭接收放大器。因此，为保证测距正确，接收时间必须根据实际量程来限时。声波传播的距离 s、速度 c 及时间 t 之间的关系为

$$s = c \times t$$

若系统量程为 5m，则接收时间 T_s 应满足的关系式为

$$T_s = (2 \times 5)/340 = 29.4\text{ms}$$

二、软件设计

系统上电初始化后，先使安装在车辆四侧的超声波发射装置处于发射状态并输出调制编码，同时开始计时，在调制编码发送完毕后，使接收装置处于接收状态，并巡回检测四侧接收装置是否接收到返回的信号。当某一侧检测到返回信号时，就结束计时，并保存计时时间，同时接收返回信号编码，并将其与发送编码进行比较，若两者相符，则计算车辆与物体间的距离，并显示距离。然后将计算所得的距离与设定的告警距离进行比较，若小于告警距离就发出报警，否则返回重发。若接收编码与发射编码不相符，则返回重发。若四侧接收装置均没有检测到返回信号，则判断接收时限是否已到，若接收时限未到，则继续巡回检测接收装置，否则返回发射状态重发编码。软件设计流程图如图 14-4 所示。

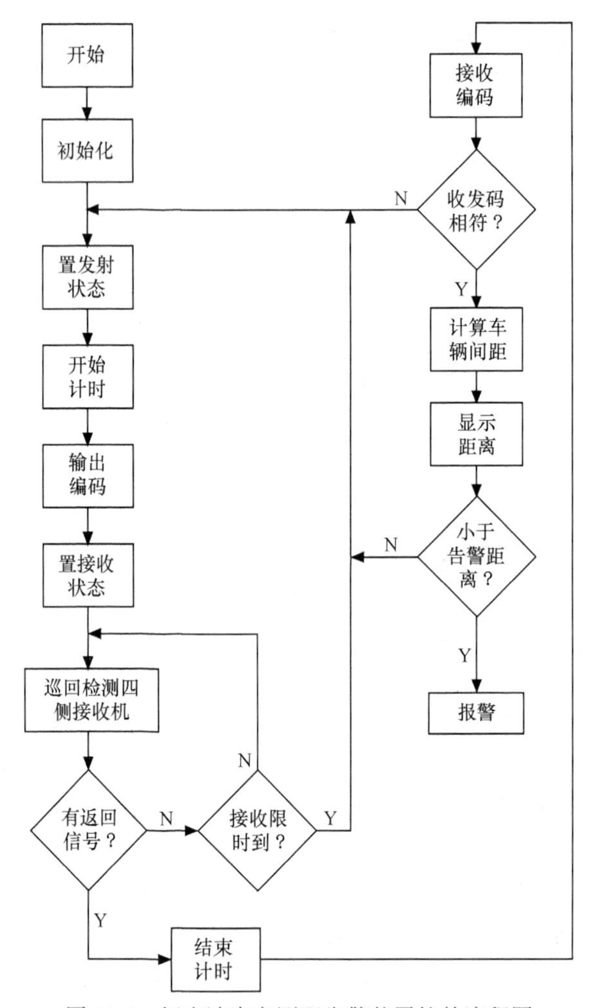

图 14-4 超声波汽车测距告警装置软件流程图

任务三 传感器在 MPS 系统中的应用

【知识教学目标】

1．了解 MPS 系统的组成。

2．了解 MPS 系统中常见的传感器及应用。

3．理解各工作站的工作原理。

【技能培养目标】

1．了解 MPS 系统的应用。

2．了解各传感器的调试。

【相关知识】

MPS 是模拟生产系统的英文缩写，用于模拟一个典型的顺序控制系统。如图 14-5 所示，MPS 由 5 个不同的工作站组成，采用气压驱动，由 S7-300 型可编程序控制器控制。本单元仅简要介绍各工作站所用到的主要传感器及其作用。

1—工作站 1　2—工作站 2　3—工作站 3　4—工作站 4　5—工作站 5

图 14-5　MPS 全景图

一、工作站 1 中使用的来料检测传感器

工作站 1 的任务是送料。它由圆柱形料仓、推出气缸、真空吸盘、摆动气缸及传感器组成。启动后若料仓中有料，推出气缸将物料推出，工作站 2 的摆动气缸摆向物料并用真空吸盘吸取，然后再摆向工作站 2，将物料送到工作站 2。

1—光纤对射式传感器　2—圆柱形料仓

图 14-6　工作站 1 的传感器

在本站主要使用了 4 种感测装置：如图 14-6 所示，为光纤对射式传感器，用于检测圆柱形料仓中有无物料；干簧片式传感器检测物料推出气缸是否伸出到位；真空阀检测真空吸盘吸取物料时的真空度；行程开关检测摆动缸的摆动是否到位。光纤对射式传感器由发射器和接收器组成。干簧片式传感器实际是一个干簧继电器，由气缸活塞的磁环发信，对气缸的伸出和缩回是否到位进行检测。真空阀实质是一个检测负压的压力继电器，通过压力大小控制电路的通断。

二、工作站 2 中使用的材料检测传感器

工作站 2 的任务是选送料。它由无杆气缸带动的升降平台，气缸带动的厚度检测传感器，传送物料的推出气缸，检测物料颜色的电容式、电感式及漫射式光电传感器以及检测无杆气缸升降是否到位的霍尔式传感器组成。它对工作站 1 送来的物料进行颜色辨别，其信息通过 PLC 传送到工作站 5；用厚度检测传感器对物料的厚度进行检测，符合要求的物料经推出气缸推入滑槽，滑入工作站 3，不符合要求的物料随平台下降，从下方推出。

电容式传感器可以检测各种材质的物体，电感式传感器只能检测金属物体，漫射式光电传感器则对表面吸收光的黑色物体不敏感。利用它们的特性组合，可以判别到来的 3 种材料：第一种是表面镀铬的圆柱形塑料件，3 种传感器都有输出；第二种是红色圆柱形塑

料件，只有电容式和光电式传感器有输出；第三种是黑色圆柱形塑料件，只有电容式传感器有输出。它们的位置如图14-7（a）所示。利用这3种状态，PLC便可识别物料的颜色，并将信号送到工作站5，用于3种工件的分类。利用霍尔传感器作接近开关来检测无杆气缸的升降位置。物料厚度的检测是一个模拟量的检测，其传感器采用的是一个线性度很好的线绕电位器式传感器，其安装位置如图14-7（b）所示。传感器的滑动臂由气缸带动，当气缸压到物料上时会回缩，气缸的回缩量随物料厚度不同而不同，从而将厚度的差别变成电阻的变化，其分压值通过A / D转换器送PLC，与设定值进行比较，进而确定该物料是否符合要求。

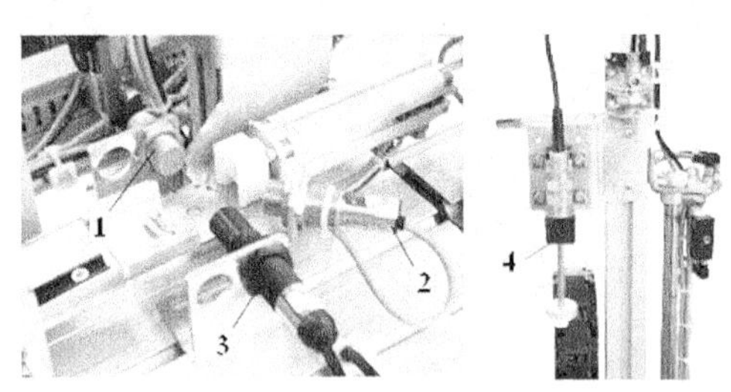

（a）物料颜色识别传感器　　（b）厚度检测传感器

1—光电传感器　2—电容传感器　3—电感传感器　4—电位器传感器

图14-7　工作站2的传感器

三、工作站3中使用的多种传感器

工作站3的任务是对物料进行加工。它由转盘、电钻和物料夹紧气缸组成。所用的传感器有检测是否来料的电容式传感器、检验孔径的测杆、检测转盘旋转90°的电感式传感器和检测夹紧装置的干簧式传感器。

转盘周边有4个凸起的位置，以防止物料因惯性而滑出。每个凸起位置的底部开有直径约15mm的孔，侧面开有直径约10mm的孔。在转盘下方正对15mm小孔处装一个电容式传感器，当工作站2送来的物料到达凸起位置时，转盘开始旋转90°，使物料到达电钻的下方。夹紧气缸的活塞杆通过10mm的孔伸出对物料进行夹紧。夹紧后电钻开始工作，在另一气缸带动下对物料进行钻孔加工。气缸伸出到位表明钻孔完成，气缸缩回，夹紧气缸随后缩回，转盘再旋转90°，物料到达下一个工位。在这个工位上由一个气缸带动一根金属杆下降，插入前一位置所钻的孔内，如果气缸能下降到位则说明所钻的孔符合要求，可进行下一步加工。检验完毕，转盘再转90°，将工件送至第4个工位，由工作站4的吸取装置（或抓取装置）运送到工作站5。以上过程连续循环。

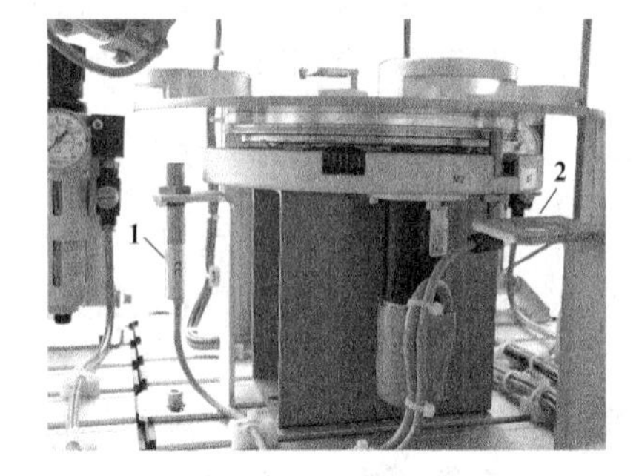

1—电容式传感器　2—电感式传感器

图14-8　工作站3的传感器

本站的物料夹紧检测、钻头下降检测、钻孔检验及3个气缸的到位检测全部采用干簧片式传感器；检测物料的到达与否采用电容式传感器，以保证对所有物体（金属或非金属）都能检测；在转盘底面每隔90°共装有4个金属凸块，当金属凸块靠近固定在底座上的电感式传感器时，电感式传感器发出信号表明转动到位。如图14-8所示，电感式和电容式传感器的安装高度和位置应有区别，以免电容式传感器将金属凸块视作新来的物料或者电感式传感器将物料视作旋转到位的金属凸块。

四、工作站 4 中使用的位置传感器

工作站 4 的任务是工件传递。它由升降气缸、吸盘、伸缩气缸和摆动气缸组成。其功能是将工作站 3 加工完的工件传送到工作站 5。当工作站 3 的转动到位信号发出后，转盘停止转动，同时工作站 4 开始工作。工作站 4 的摆动气缸摆向工作站 3，伸缩气缸伸出，伸到位后，升降气缸带动吸盘下降吸取工件。吸取工件后，升降缸上升，伸缩缸缩回，摆动缸摆向工作站 5。此时，伸缩缸再次伸出，升降气缸下降，下降到位，吸盘停止吸气，将工件放在工作站 5 的传送带上，然后升降气缸和伸缩气缸先后缩回，一个动作过程结束。

本站检测气缸到位的传感器都是干簧片式传感器，缺点是使用时其两个金属片间可能出现粘连，造成误动作。

五、工作站 5 中使用的光断续器

工作站 5 的任务是将工件分类送出。用对射式光断续器检测传送带上由工作站 4 送来的工件。PLC 结合工作站 2 发出的颜色判别信号，使相应的阻挡气缸带动挡板伸出，伸出到位后，传送带开始移动，向前传送工件。工件遇到挡板后，滑入 3 个滑槽中对应的滑槽，实现物料的分类摆放。如图 14-9 所示，在滑槽的前端装有一个直射式光断续器，在物料滑入滑槽时，将发射光隔断，表明物料已滑入槽内，则阻挡气缸缩回，传送带停止移动，一个工作过程结束，等待新的工件到来。若滑槽已满，该反射式光断续器发出信号，不会自动进入下一个循环。

图 14-9　工作站 5 的直射式光断续器

参考文献

［1］吴道悌．非电量电测技术［M］．陕西：西安交通大学出版社，2001.9

［2］强锡富．传感器［M］．北京：机械工业出版社，2003.10

［3］郁有文．传感器原理及工程应用［M］．陕西：西安电子科技大学出版社，2002.7

［4］何希才．传感器及其应用电路［M］．北京：电子工业出版社，2001.9

［5］肖景和．红外线热释电与超声波遥控电路［M］．北京：人民邮电出版社，2003.9

［6］俞志根．传感器与检测技术［M］．北京：科学出版社，2007.7

［7］王煜东．传感器应用技术［M］．陕西：西安电子科技大学出版社，2006.9

［8］陈永甫．红外探测与控制电路［M］．北京：人民邮电出版社，2004.6